中国古建筑营造技术丛书

中国园林古建筑制图

滕光增　胡　浩　主编

中国建材工业出版社

图书在版编目(CIP)数据

中国园林古建筑制图 / 滕光增，胡浩主编. —北京：中国建材工业出版社，2016.9（2024.10重印）
（中国古建筑营造技术丛书）
ISBN 978-7-5160-1612-1

Ⅰ. ①中… Ⅱ. ①滕… ②胡… Ⅲ. ①古典园林—园林建筑—建筑制图—中国 Ⅳ. ①TU986.4

中国版本图书馆 CIP 数据核字（2016）第 174040 号

内 容 简 介

本书为建筑工程制图技术的基础教程，旨在培养学员具备规范的作图意识和较强的识图能力，掌握园林古建作图工具的使用，理解投影的基本原理，灵活运用制图原理绘制园林古建筑设计的平面图、立面图、剖面图及施工详图。本书采用逐步引导、循序渐进的讲解方式，与园林古建筑工作环境紧密结合，大量选用已实施的园林古建筑设计方案图示，以工作任务为导向，对理论的阐述以够用为原则，突出实用性。

本书适用于高校古建专业教学、岗前培训、在职专业技术指导等。

中国园林古建筑制图
滕光增　胡　浩　主编

出版发行：中国建材工业出版社
地　　址：北京市西城区白纸坊东街 2 号院 6 号楼
邮　　编：100054
经　　销：全国各地新华书店
印　　刷：北京雁林吉兆印刷有限公司
开　　本：787mm×1092mm　1/16
印　　张：11.5
字　　数：280 千字
版　　次：2016 年 9 月第 1 版
印　　次：2024 年 10 月第 3 次
定　　价：58.00 元

本社网址：www.jccbs.com　微信公众号：zgjskjcbs
本书如有印装质量问题，由我社事业发展中心负责调换，联系电话：（010）63567692

《中国古建筑营造技术丛书》
编委会

序　一

中国古建筑，以其悠久的历史、独特的结构体系、精湛的工艺技术、优美的造型和深厚的文化内涵，独树一帜，在世界建筑史上，写下了光辉灿烂的不朽篇章。

这一以木结构为主的结构体系适应性强，从南到北，从西到东都有适应的能力。其主要的特点是：

一、因地制宜，取材方便，形式多样。比如屋顶瓦的材料，就有烧制的青灰瓦、琉璃瓦，也有自然的片石瓦、茅草屋面、泥土瓦当屋面。俗话“一把泥巴一片瓦”就是“泥瓦匠”的形象描述。又如墙体的材料，也有土墙、石墙、砖墙、板壁墙、编竹夹泥墙等。这些材料在不同的地区、不同的民族、不同的建筑物上根据不同的情况分别加以使用。

二、施工速度快，维护起来也方便。以木结构为主的体系，古代工匠们创造了材、分、斗口等标准化的模式，制作加工方便，较之以砖石为主的欧洲建筑体系动辄数十年上百年才能完成一座大型建筑要快很多，维修保护也便利得多。

三、木结构体系最大的特点就是抗震性能强。俗话说“墙倒屋不塌”，木构架本身是一弹性结构，吸收震能强，许多木构古建筑因此历经多次强烈地震而保存下来。

这一结构体系的特色还很多，如室内空间可根据不同的需要而变化，屋顶排水通畅等。正是由于中国古建筑的突出特色和重大价值，它不仅在我国遗产中占了重要位置，在世界遗产中也占了重要地位。在目前国务院已公布的两千多处全国重点文物保护单位中，古建筑（包括宫殿、坛庙、陵墓、寺观、石窟寺、园林、城垣、村镇、民居等）占了三分之二以上。现已列入世界遗产名录的我国33处文化与自然遗产中，有长城、故宫、承德避暑山庄及周围寺庙、曲阜孔庙孔府孔林、武当山古建筑群、布达拉宫、苏州古典园林、颐和园、天坛、丽江古城、平遥古城、明清皇家陵寝明十三陵、清东西陵、明孝陵、显陵、沈阳福陵、昭陵、皖南古村落西递、宏村等，就连以纯自然遗产列入名录的四川黄龙、九寨沟也都有古建筑，古建筑占了中国文化与自然遗产的五分之四以上。由此可见古建筑在我国历史文化和自然遗产中之重要性。

然而，由于政治风云，改朝换代，战火硝烟和自然的侵袭破坏，许多重要的古建筑已经不存在，因此对现在保存下来的古建筑的保护维修和合理利用问题显得十分重要。

保护维修是古建筑保护与利用的重要手段，不维修好不仅难以保存，也不好利用。保护维修除了要遵循法律法规、理论原则之外，更重要的是实践与操作，这其中的关键又在于工艺技术实际操作的人才。

由于历史的原因，我国长期以来形成了“重文轻工”、“重士轻匠”的陋习，在历史上一些身怀高超技艺的工匠技师得不到应有的待遇和尊重，因此古建筑保护维修的专门技艺人才极为缺乏。为此中国营造学社的创始人朱启钤社长就曾为之努力，收集资料编辑了

《哲匠录》一书，把凡在工艺上有一技之长，传一艺、显一技、立一言者，不论其为圣为凡，不论其为王侯将相或梓匠轮舆，一视同仁，平等对待，为他们立碑树传，都尊称为“哲匠”。梁思成先生在20世纪30年代编著《清式营造则例》的时候也曾拜老工匠为师，向他们请教，力图尊重和培养实际操作的技艺人才。这在今天来说，我觉得依然十分重要。

今天正处在国家改革开放，经济社会大发展，文化建设繁荣兴旺的大好形势之下，古建筑的保护与利用得到了高度的重视，保护维修的任务十分艰巨，其中至关重要的仍然还是专业技艺人才的缺乏或称之为断代。为了适应大好形势的需要，为保护维修、合理利用我国丰富珍贵的建筑文化遗产，传承和弘扬古建筑工艺技术，中国建材工业出版社的领导和一些专家学者、有识之士，特邀约了古建筑领域的专家学者同仁，特别是从事实际操作设计施工的能工技师“哲匠”们共同编写了《中国古建筑营造技术丛书》，即将陆续出版，闻之不胜之喜。我相信此丛书的出版必将为中国古建筑的保护维修、传承弘扬和专业技术人才的培养起到积极的作用。

编者知我从小学艺，60多年来一直从事古建筑的学习与保护维修和调查研究工作，对中国古建筑营造技术尤为尊重和热爱，特嘱我为序。于是写了一点短语冗言，请教方家高明，并借以作为对此丛书出版之祝贺。至于丛书中丰富的内容和古建筑营造技术经验、心得、总结等，还请读者自己去阅览、参考和评说，在此不作赘述。

羅哲文

序二　古建筑与社会

梁思成作为“中国建筑历史的宗师”（李约瑟语），毕生致力于中国古代建筑的研究和保护。如果不是因为梁思成的坚决反对，现在的人们恐怕很难见到距今有800多年历史的北京北海团城，这里曾经的建筑以及发生过的故事也只能靠人们的想象而无法触摸了。

历史的记忆有多种传承方式，古建筑算得上是很直观的传承方式之一。古建筑不仅仅凝聚了先人们的设计思想、构造技术和材料使用等，古建筑还很好地传承了先人们的绘画、书法以及人文、美学等文化因素。对于古建筑的保护、修复，实则是对于人类社会历史的保护和传承。从这个角度而言，当年梁思成嘱咐他的学生罗哲文所言“文物、古建筑是全人类的财富，没有阶级性，没有国界，在变革中能把重点文物保护下来，功莫大焉”，当是对于保护古建筑之意义所做出的一个具有历史责任感的客观判断。正是因为这一点，二战时期盟军在轰炸日本之前，还特意将日本的重要文物古迹予以标注以免被炸毁坏。

除了关注当下的经济社会，人们对于自己祖先的历史和未来未知的前景总是具有浓厚的兴致，了解古建筑、触摸古建筑，是人们感知过去社会和历史的有效方式，而古建筑的营造与修复正是为了更好地传承人类历史和社会文化。对于社会延续和文化传承而言，任何等级的古建筑的作用和意义都是正向的，不分大小，没有轻重之别，因为它们对于繁荣人类文明、滋润社会道德等，具有普遍意义和作用。

罗哲文先生在为本社“中国古建筑营造技术丛书”撰写的序言中引用了“哲匠”一词，这个词实际上是对从事古建筑保护修复工作的专业技艺人才的恰当称谓。没有一代又一代技艺高超“哲匠”们的保护修复，后人就不可能看到流传千年的文物古迹。古建筑的营造与保护修复工作还是一项要求非常高的综合性工作，“哲匠”们不仅要懂得古建筑设计、构造、建造等，还要熟知各种修复材料，具备相关的物理化学知识，了解书法绘画等审美意识，掌握一定的现代技术手段，甚至于人文地理历史知识等也是需要具备的。古建筑的保护修复工作要求很高，周而复始，“哲匠”们要做好这项工作不仅要有漫长的适应过程，更得心怀一颗“平常心”，要经受得住外界的诱惑，耐得住性子忍受寂寞孤独。仅仅是因为这些，就应该为“哲匠”们树碑立传，我们应该大力倡导工匠精神。

古建筑贯通古今，通过古建筑的营造与保护修复工作，后人们可以更直接地与百年、千年之前的社会进行对话。社会历史通过古建筑得以部分再现，人类文化通过古建筑得以传承光大。人具有阶层性，社会具有唯一性，古建筑则是不因人的高低贵贱而具有共同的鉴赏性，因而是社会的、大众的。作为出版人，我们愿意以奉献更多、更好古建筑出版物的形式，为社会与文化的传承做出贡献。

中国建材工业出版社社长、总编辑

陆文君

2016 年 3 月

序　三

近年来，“古建筑保护”不时触碰公众的神经，受到了越来越广泛的社会关注。为推进城镇化进程中的古建筑保护与传承，国家给予了高度重视，如建立政府与社会组织之间的沟通、协调和合作机制，支持基层引进、培养人才，提供税收优惠政策支持，加大财政资金扶持力度等。尽管如此，人才匮乏、工艺失传、从业人员水平良莠不齐、古建工程质量难以保障……，古建行业仍面临着一系列困局，资质队伍相对匮乏与古建筑保护任务繁重的矛盾非常突出。在社会各界大力呼吁将“传承人”制度化、规范化的背景下，培养一批具备专业技能的建筑工匠、造就一批传承传统营造技艺的“大师”，已成为古建行业发展的客观需求与必然趋势。

我过去的工作单位——原北京房地产职工大学，现北京交通运输职业学院，早在1985年就创办了中国古建筑工程专业，培养了成百上千名古建筑专业人才。现在，这些学员分布在全国各地，成为各地古建筑研究、设计、施工、管理单位的骨干力量。我在担任学校建筑系主任期间，一直负责这个专业的教学管理和教学组织工作。根据行业需要，出版社几年前曾组织编写了几本中国古建筑营造技术丛书，获得了良好的口碑和市场反馈。当年计划出版的这套古建筑营造丛书，由于种种原因，迟迟未全部面世。随着时间的增长及发展古建行业的大背景的需要，加之中国建材工业出版社佟令玫副总编辑多次约我组织专业人才，进一步完善丰富《中国古建筑营造技术丛书》。为了弥补当年的遗憾，这次组织参与我校教学工作的各位专家充实了编写委员会，共同商议丛书的编写重点和体例规范，集中将各位专家在各门课程上多年积累的很有分量的讲稿进行整理，准备出版，我想不久的将来，一套比较完整的中国古建筑营造技术丛书，将公诸于世。

值此丛书即将陆续出版之际，我代表丛书编委会，感谢所有成员和参与过丛书出版工作的所有人所付出的努力，感谢所有关注、关心古建筑营造技术传承的领导、同仁和朋友！古建筑保护与修复的任务是艰巨的，传统营造技艺传承的路途是漫长的，希望本套丛书的出版能为中国古建筑的保护修复、传承弘扬和专业技术人才培养起到积极的作用。

刘全义

2016年2月

前　言

我国历史悠久，幅员辽阔，古代遗留下来的宫殿、坛庙、寺院、园林、民居等古代建筑成千上万，独具风格，自成体系，是中华民族一笔极为丰厚的文化艺术遗产。为更好地传承这一宝贵的文化遗产，有效地保护好这些古建筑文物，必须建立专门档案，保存现状测绘图和相关技术资料。学习和掌握古建筑制图与识图的基础知识和基本技能，是收集古建筑技术资料、测绘文物古建筑、建立古建筑档案、有效地进行文物保护的需要，也是培养古建筑专业人才的重要内容。

从参加工作至今，经手的项目大大小小也有上百项，所遇到的问题也是五花八门、多种多样，其中有很大一部分是由于图纸表达不清、不全，不能完全指导施工所导致，感受颇深。曾经想把工作中的问题总结出来，通过某种方式告诉大家，奈何找不到合适的机会。如今，刘全义老师找到我们，提出想编写一本关于古建筑如何规范化制图的书籍，以帮助初学者更容易、更直接地了解古建筑制图的基本要求。深知本人才疏学浅，掌握的知识还不够充实，但也想借此机会提高自己，更主要的是想把自己多年来在设计工作中的感悟做一个详细的分析，让大家更容易接受。

为了满足读者对中国古建筑外形、结构和构造的了解，能够更好地阅读或绘制古建筑施工图，我们编写了这本《中国园林古建筑制图》。本书第 1 章为绪论，全书主体内容由两大部分构成，第 2 章至第 7 章以画法几何的部分基本知识为主，从投影的基本概念到投影制图，循序渐进地介绍了制图基本原理；第 8 章至第 17 章详细介绍了中国园林古建筑的制图方法和实现过程。在内容的选择上，本书依据我国高等职业教育中国古建筑工程专业《中国古建筑制图》课程的教学大纲，本着“够用即可”的原则，从浅入手，使读者通过对点、线、面、体的投影基本知识到古建筑制图的学习，结合一定的实践，初步掌握古建筑制图的相关知识，具备绘制一般性的古建筑施工图的能力。本书适用于教学、在职人员培训、在岗人员技术指导。

本书的编写得到了刘全义老师及单位领导、朋友的大力支持，在此深表感谢。文中错误之处，敬请批评指正。

编者

2016 年 6 月

目　录

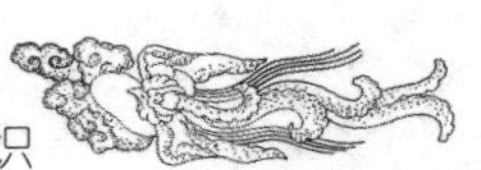

第一部分　制 图 原 理

第1章　投影的基本知识

本章要点

图纸是人们表达设计思想、传递设计信息、交流创新构思的重要工具之一，也是一种重要的技术资料，在建筑工程设计、施工、检验、技术交流等方面具有极其重要的地位，因此，图纸被誉为工程技术界的通用语言。制图原理是绘制和阅读图纸的技术基础，是每位从事建筑工程相关领域的技术人员都必须学习和熟练掌握的基本技能。

本章介绍投影的基本概念、三面正投影图的形成和特性。

1.1　投影的基本概念及分类

1.1.1　投影的概念

在日常生活中，人们看到物体的图画一般都是立体的，房屋建筑也是如此，这种立体图能够表现出房屋的大小、大致形状和色彩，但是不能准确地反映出房屋的真实形状与尺寸，更不能满足建筑施工的技术要求。为了能在图纸上准确地表达出房屋的形状与尺寸，人们采用了投影的原理。

光线照射物体而形成影子（图 1-1），利用这一自然现象并假设光线按规定的方向且能穿透物体，使物体各棱线及内部情况都能反映出来，这就是投影（图 1-2）。

如果只研究物体所占空间的形状和大小，而不涉及物体的材料、重量以及物理性质，就可以把物体所占空间的立体图形称之为形体。在画法几何中，用一组假想的光线将形体的形状投影到一个平面上去，这种把空间形体转化为平面图形的方法称为投影法。

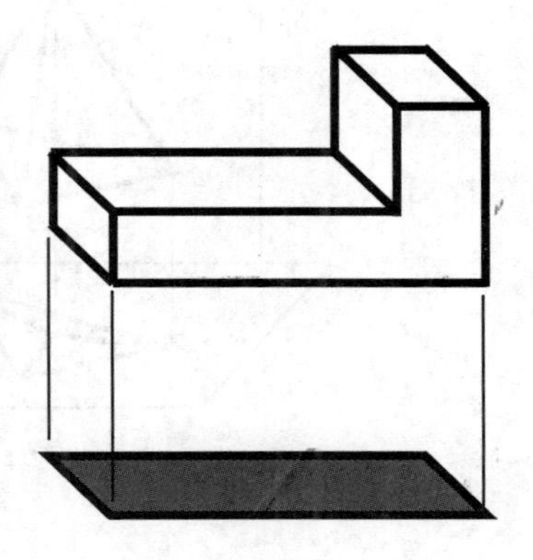

图 1-1　投影示意图

如图 1-3 所示，三角板在光源 S 的照射下，在 H 面上留下了投影。可以看出空间形体、投射线、投影面是投影过程中不可缺少的，我们就把它们定义为投影的三要素。

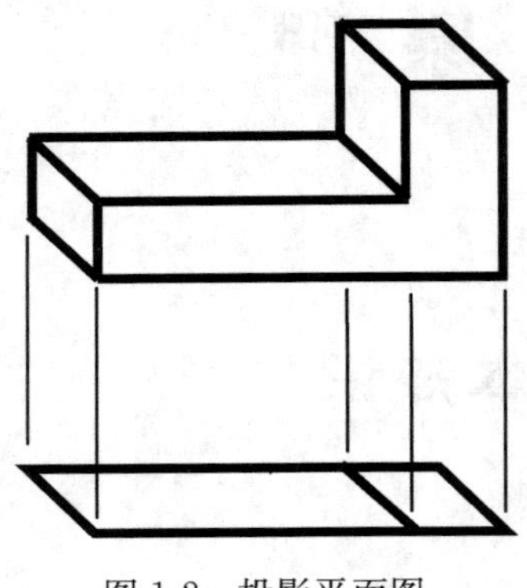

图 1-2　投影平面图

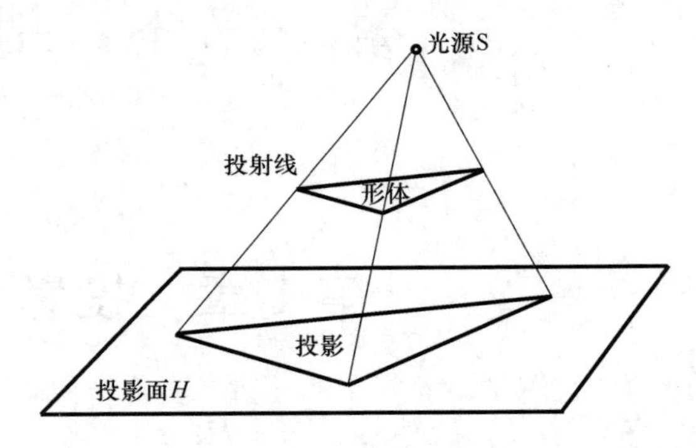

图 1-3　投影要素

1.1.2　投影的分类

投影可以分为中心投影和平行投影两大类。

1. 中心投影法

由点光源发出放射性的投射线（投射线相交于一点）而产生投影的方法，称为中心投影法，所得的投影称为中心投影（图 1-4）。

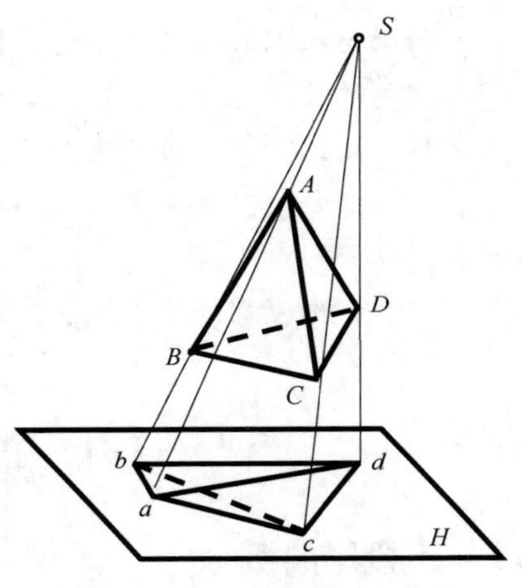

图 1-4　中心投影

2. 平行投影法

当投射中心无限远时，可以认为投射线相互平行，投射线相互平行而产生投影的方法，称为平行投影法，所得的投影称为平行投影。平行投影又可以分为两种：

① 正投影：投射线与投影面垂直时为正投影法，所得的投影称为正投影[图 1-5(a)]。

② 斜投影：投射线与投影面倾斜时为斜投影法，所得的投影称为斜投影[图 1-5(b)]。

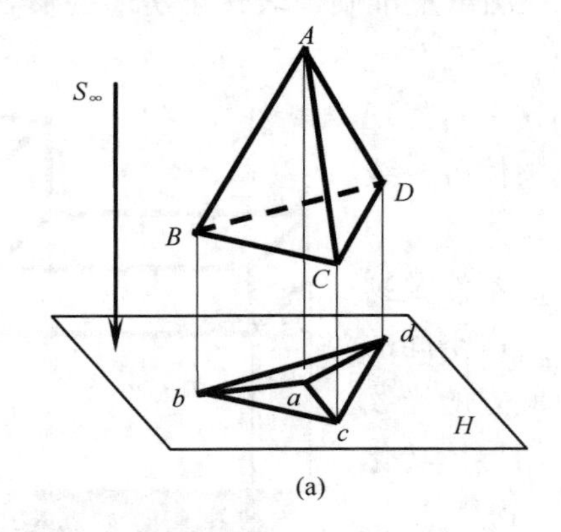

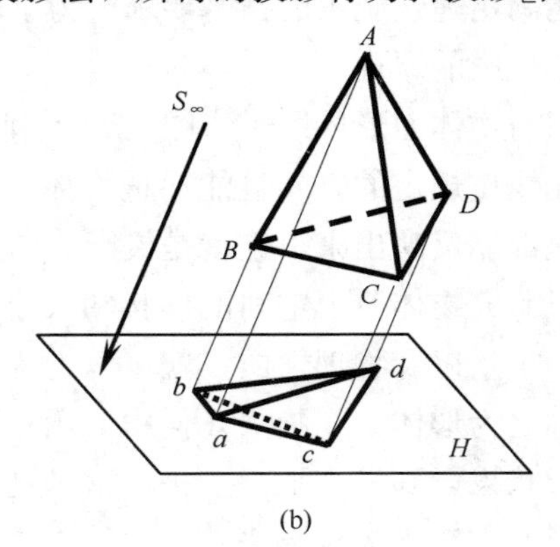

图 1-5　平行投影
(a)正投影；(b)斜投影

各种投影在建筑工程中应用非常广泛，如透视投影图就是采用中心投影的原理，这种投影图立体感强，直观性好，比较逼真，但不能反映形体的真实形状和大小；用斜投影法可以绘制轴测投影图，有立体感、直观性好。正投影法可以准确地画出形体的形状和尺寸，是绘制建筑工程图的主要方法。在后面的章节中所述投影除特别说明外均指正投影法。

1.2　正投影的几何性质

正投影法是绘制建筑工程图的主要方法，因此，了解正投影的几何性质对于学好后面的课程非常必要。正投影的几何性质主要有以下几点：

（1）从属性

点在直线上，则点的投影一定在直线的投影上。如图1-6所示，如点 M 在直线 AB 上，则 M 的投影 m 一定在直线 AB 的投影 ab 上。

（2）定比性

直线上的点分线段所成的比例，等于点的投影分线段的投影所成的比例。如图1-6所示，$AM:BM=am:bm$。

（3）平行性

空间两条直线平行，则它们的投影也平行，并且线段的长度之比等于投影的长度之比。如图1-7所示，直线 $AB/\!/CD$，则 $ab/\!/cd$；且 $AB:CD=ab:cd$。

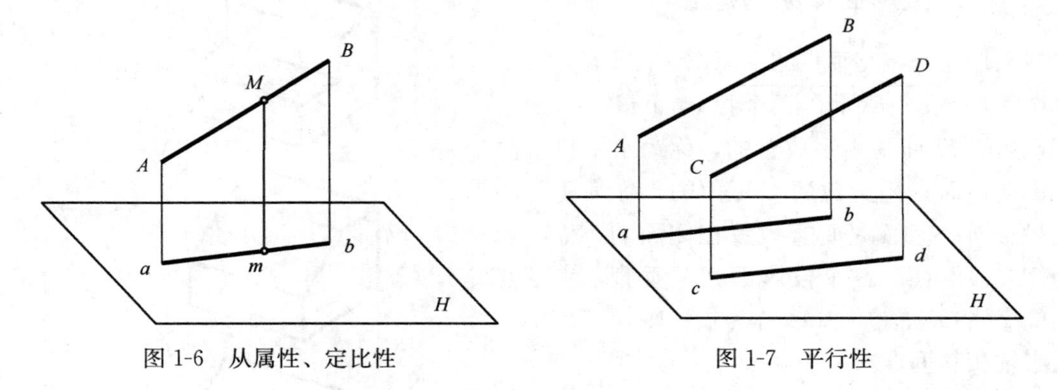

图1-6　从属性、定比性

图1-7　平行性

（4）显实性

若空间线段或平面平行于投影面，则它们的正投影反映实长或实形，如图1-8所示，直线 $AB/\!/H$，则 $|ab|=|AB|$；$\triangle CDE/\!/H$，则 $\triangle cde\equiv\triangle CDE$。

（5）积聚性

若空间直线或平面垂直于投影面，则直线的正投影积聚为一点，平面的正投影积聚为一条直线，如图1-9所示，直线 $AB\perp H$，点 M 在直线 AB 上，则 AB 和 M 在 H 平面上的正投影积聚成一个点；$\triangle CDE\perp H$，则 $\triangle CDE$ 在 H 平面上的正投影积聚成一条线。

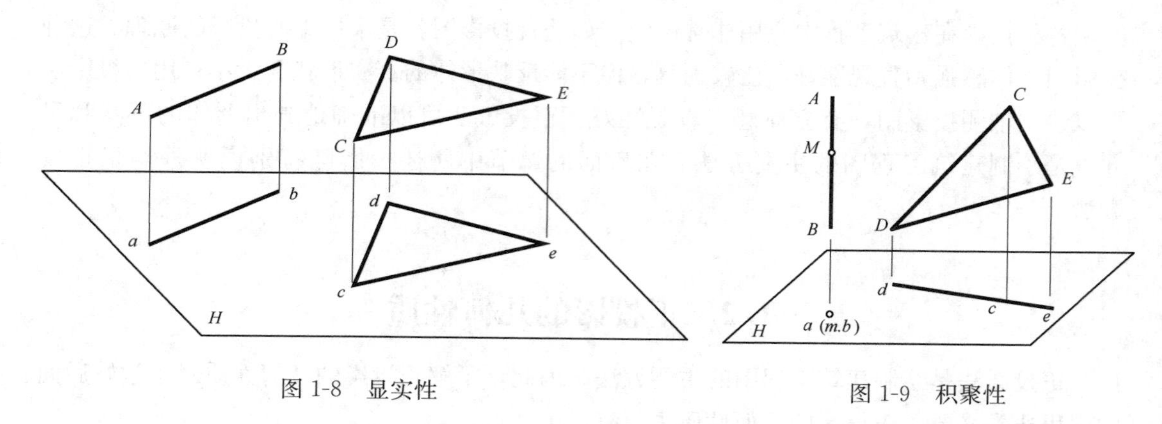

图 1-8　显实性　　图 1-9　积聚性

1.3　三面正投影图

常用的工程图主要采用的是正投影法，用这种方法绘制的图纸具有形状真实、度量方便等优点，符合工程施工的要求。但是要想在投影图中准确地表示空间物体的位置和形状，仅仅依靠一个投影图往往是不准确的，如图 1-10 所示，三个形状不同的物体，可以得到相同的投影。因此，需要两个以上的投影面（通常是三个投影面），从不同的方向作投影，这样才能准确地表明空间物体准确的位置、形状和大小。

1.3.1　三投影面体系的建立

采用三个相互垂直的平面作为投影面，如图 1-11（a）所示，三个投影面 *H*、*V*、*W*，其中 *H* 面是水平放置的，称为水平投影面；*V* 面是垂直放置在正面的，称为正立投影面；*W* 面是垂直放置在侧面的，称为侧立投影面。三个投影面相互垂直，它们的交线 *OX*、*OY*、*OZ* 称为投影轴，三个投影轴相互垂直。

1.3.2　将物体分别向三个投影面进行投影

将物体放在三投影面体系中，并使物体的表面尽可能平行或垂直于投影面，分别向三个投影面进行正投影，如图 1-11（b）所示。在 H 面上得到的正投影图称为水平投影图，在 *V* 面上得到的正投影图称为正面投影图，在 *W* 面上得到的正投

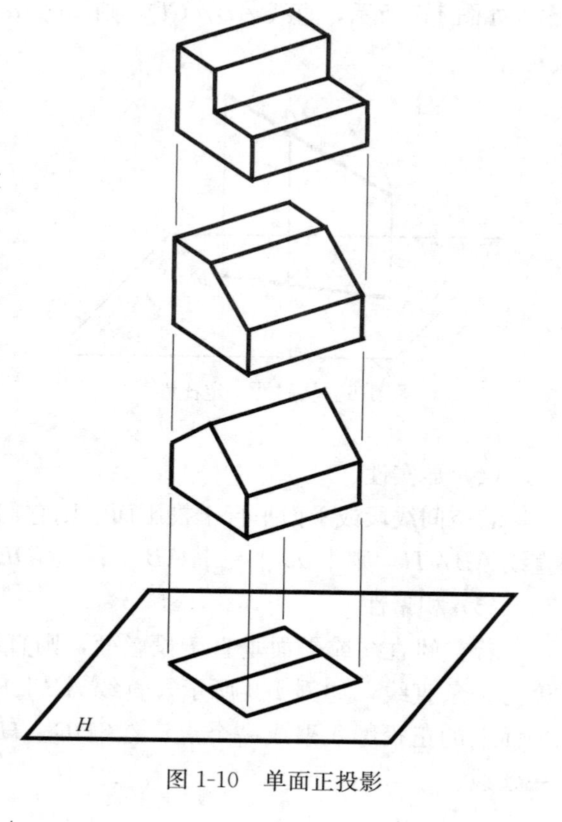

图 1-10　单面正投影

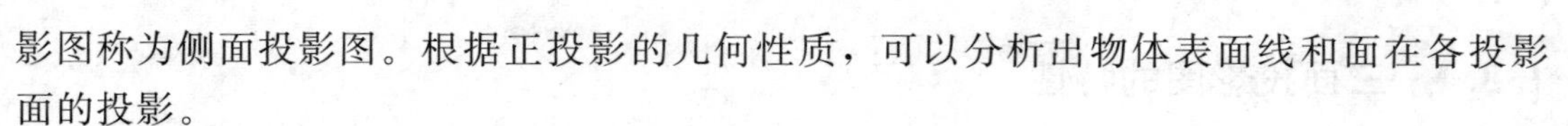

影图称为侧面投影图。根据正投影的几何性质，可以分析出物体表面线和面在各投影面的投影。

1.3.3　投影图的展开

上面形成的三个投影图分别位于三个投影面上，绘图和读图都非常不方便，实践中，我们可以把这三个投影图画在一个平面上，如图 1-11（c）所示，可以让 V 面不动，H 面绕 OX 轴向下旋转 90°，W 面绕 OZ 轴向右旋转 90°，这样，就得到了位于同一个平面上的三个正投影图，如图 1-11（d）所示。

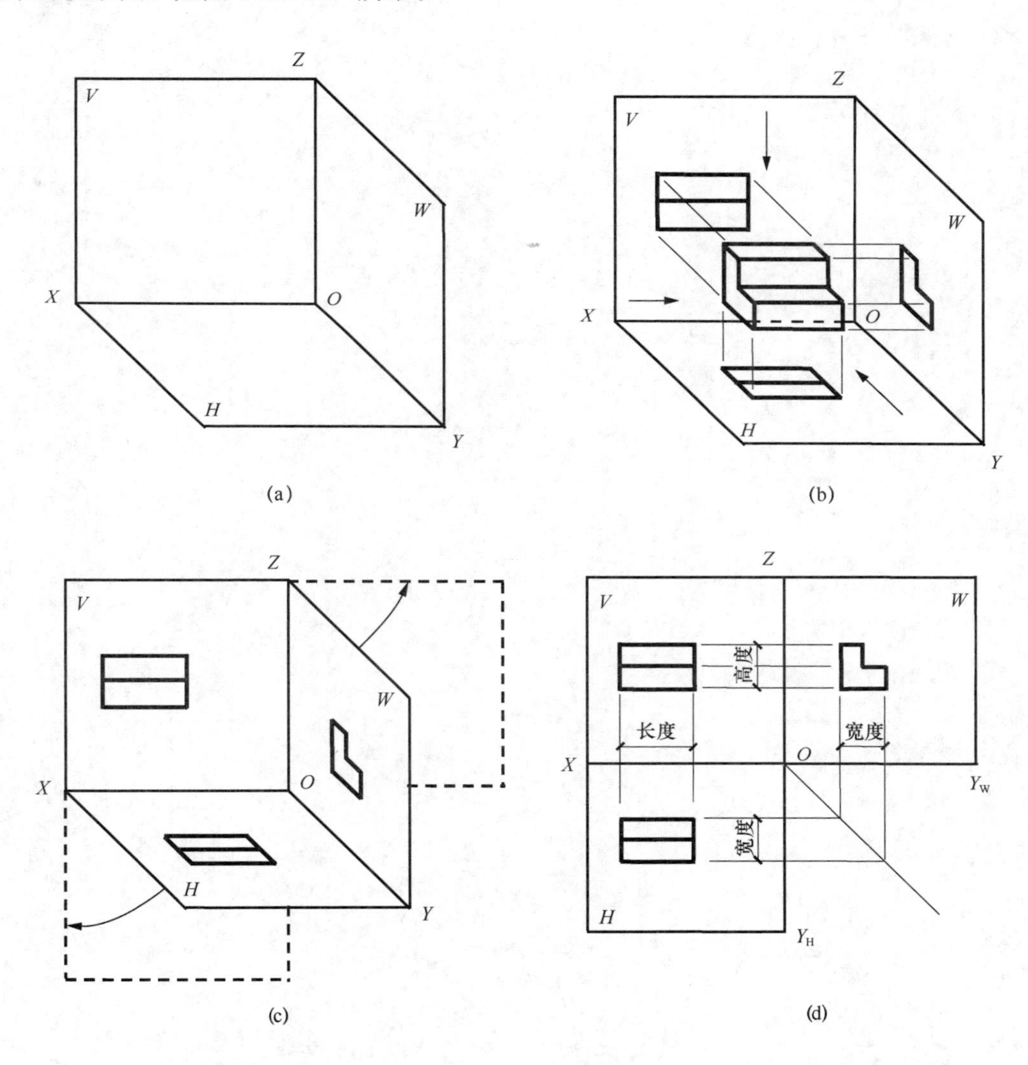

图 1-11　三面正投影图的形成

（a）三投影面体系建立；（b）向三个投影面投影；（c）投影面展开；（d）三面投影图

1.3.4 三面投影图的特性

展开后的三面正投影图的位置关系和尺寸关系如下：正面投影图和水平投影图左右对正，长度相等；正面投影图和侧面投影图上下平齐，高度相等；水平投影图和侧面投影图前后对应，宽度相等。由于三面投影图能反映物体三个方面（上面、正面和侧面）的形状和三个方向（长向、宽向和高向）的尺寸，所以三面投影图是可以确定物体的形状和大小的。

第 2 章　点、直线和平面的投影

本章要点

点、线、面是组成一个形体的基本几何元素，学习点、线、面的投影是为了更好地理解形体的投影，所以必须熟练地掌握点、直线、平面的投影规律。

2.1　点的投影

点是构成形体的最基本的几何元素，点只有空间的位置，而无大小。点的空间位置是用点的投影来确定的。

2.1.1　点的单面投影

点在某一投影面的投影，实质上是过该点向投影面所作垂线的垂足。因此，点的投影仍然是点。如图 2-1 所示，已知投影面 H 和空间点 A，求点 A 在 H 面上的投影，可以通过点 A 向 H 面作垂线（投射线），并找出垂线与 H 面的交点（垂足）a，则 a 点就是 A 点在 H 面上的投影。投影结果是唯一确定的。如果给出投影 a，能否唯一确定 A 点的空间位置呢？显然是不可能的，因为位于投射线上的任何一点（A_1、A_2）其投影都在 a 处。所以说，点的一个投影还不能确定点在空间的准确位置。

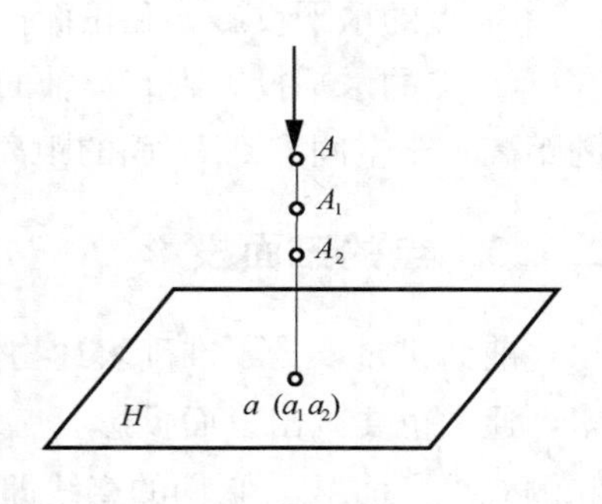

图 2-1　点的单面投影

2.1.2　点的两面投影

要确定点在空间的位置，需要有点的两面投影。如图 2-2（a）所示，两个相互垂直的投影面，即水平投影面 H 和正立投影面 V，H 面和 V 面的交线是投影轴 OX。为作出空间 A 点在 H、V 两个投影面上的投影，需要过 A 点分别向 H 面和 V 面作垂线，所得到的两个垂足即为 A 点的两个投影。其中 H 面上的投影称为水平投影，用字母 a 表示，V 面上的投影称为正面投影，用字母 a' 表示。根据水平投影 a 和正面投影 a' 可以唯一地确定 A 点的空间位置。方法是：自 a 点引 H 面的垂线，自 a' 点引 V 面的垂线，两个垂线的交点即为空间 A 点。

以上说明，给出空间一点，可以作出它的两个投影；反过来，给出点的两个投影，也

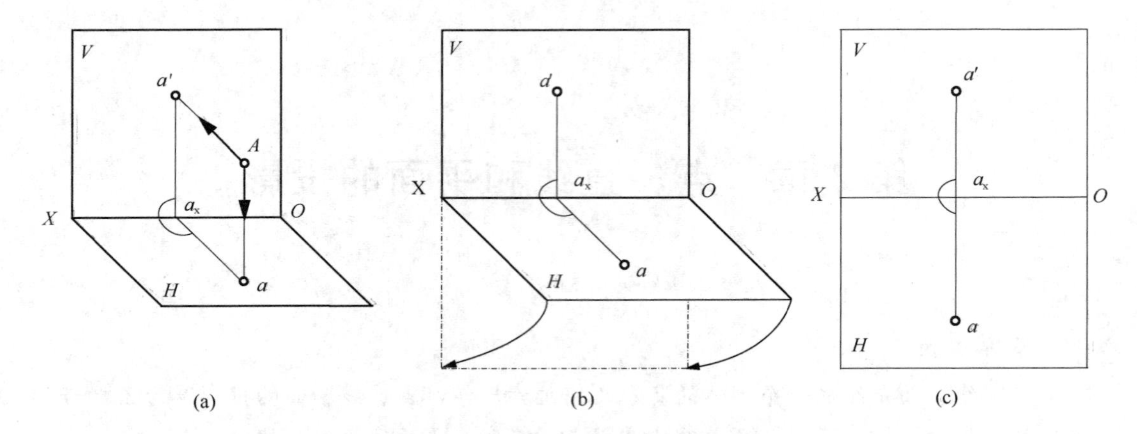

图 2-2　点的两面投影

（a）点的两面投影；（b）投影面展开；（c）投影图

可以确定该点的空间位置。点的两个投影是分别在两个投影面上的，但实际画图时要画在一张图纸上。为此，可以把 H、V 两个平面旋转成一个平面，如图 2-2（b）所示，V 面不动，将 H 面绕 OX 轴向下旋转 90°，就可以得到图 2-2（c）所示的两面投影图。其投影规律如下：

① 点的水平投影 a 和正面投影 a' 的连线垂直于投影轴 OX。

② 点的水平投影到 OX 轴的距离等于空间点到 V 面的距离，点的正面投影到 OX 轴的距离等于空间点到 H 面的距离。

2.1.3　点的三面投影

前面讲过，为了准确表达物体的形状，通常要画出三面投影图。点作为物体的几何元素，通常也要画出三面投影。三个相互垂直的投影面，即水平投影面 H、正立投影面 V 和侧立投影面 W。它们的交线即为投影轴 O-XYZ，如图 2-3（a）所示。

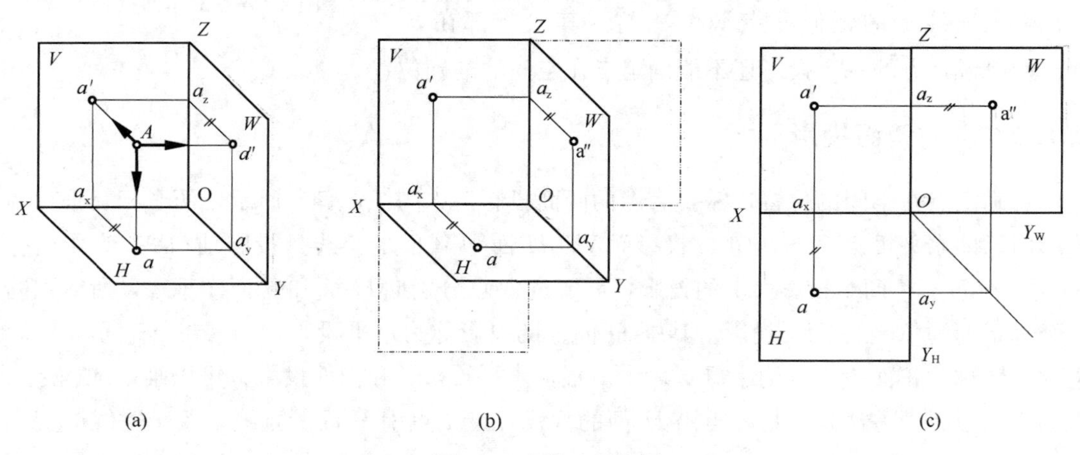

图 2-3　点的三面投影

（a）空间点向三面投影；（b）投影面展开；（c）三面投影图

为了作出空间 A 点在三个面上的投影，可过 A 点分别向 H、V、W 面作垂线，所得的三个垂足 a、a'、a''即为 A 点的三个投影。为了把三个投影表示在同一个平面上，可让 V 面不动，H 面绕 OX 轴向下旋转 90°，W 面绕 OZ 轴向右旋转 90°，如图 2-3（b）所示。于是三个投影面就展开成为一个平面。旋转后的 OY 轴有两个位置：随 H 面旋转的为 OY_H，随 W 面旋转的为 OY_W，如图 2-3（c）所示。

展开后的三面投影图有如下投影规律：

① 点的水平投影 a 和正面投影 a'的连线垂直于 OX 轴；

② 点的正面投影 a'和侧面投影 a''的连线垂直于 OZ 轴；

③ 点的侧面投影 a''到 OZ 轴的距离等于点的水平投影 a 到 OX 轴的距离。

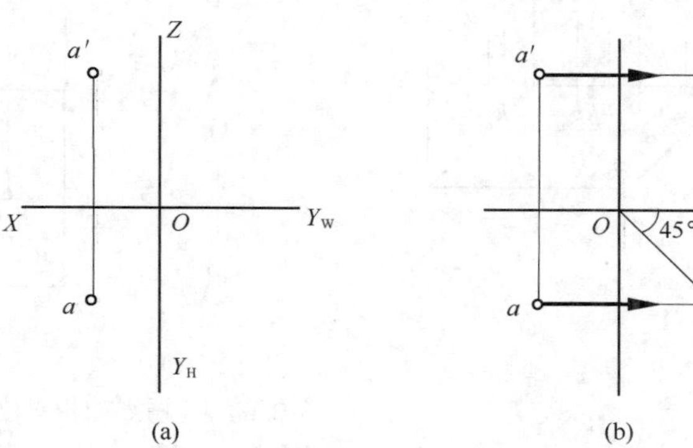

图 2-4　求点的投影

（a）已知；（b）作图

以上三条投影规律说明了在点的三面投影图中，每两个投影都有一定的联系，因此只要任意给出点的两个投影，就可以补出第三个投影，通常称为“二补三”作图。

【例题 2-1】已知 A 点的水平投影 a 和正面投影 a'，求侧面投影。如图 2-4（a）所示。

作图：如图 2-4（b）所示，a''即为所求。

说明：在投影作图过程中，投影面的边框线不起任何作用，可以不画，投影面符号 H、V、W 也可以不写。

【例题 2-2】已知 A、B、C 三点的两面投影，如图 2-5（a）所示，求各点的第三面投影（“二补三”作图）。

作图过程如图 2-5（b）所示。

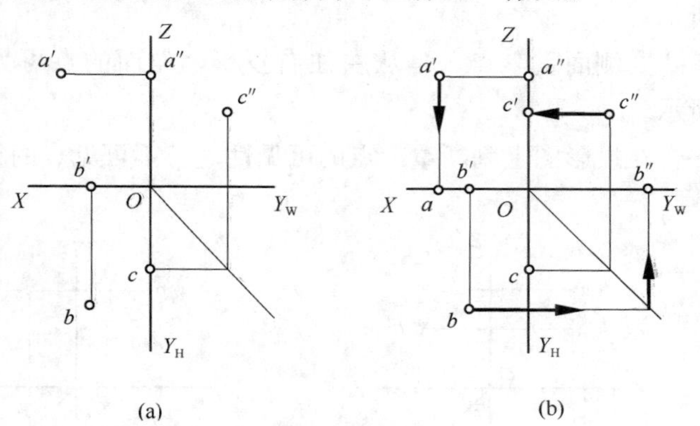

图 2-5　求点的投影

（a）已知；（b）作图

2.1.4　两点的相对位置

空间的两个点有前后、左右、上下的位置关系，如图 2-6 所示，A、B 两点的空间位置是 A 在前、B 在后；A 在左、B 在右；A 在下、B 在上。

如果空间两个点在某一投影面上的投影重合，则这两个点称之为该投影面的重影点，如图 2-7 所示。水平投影重合的两个点，称为水平重影点；正面投影重合的两个点，称为正面重影点；侧面投影重合的两个点，称为侧面重影点。在读图时，需要对重影点进行可

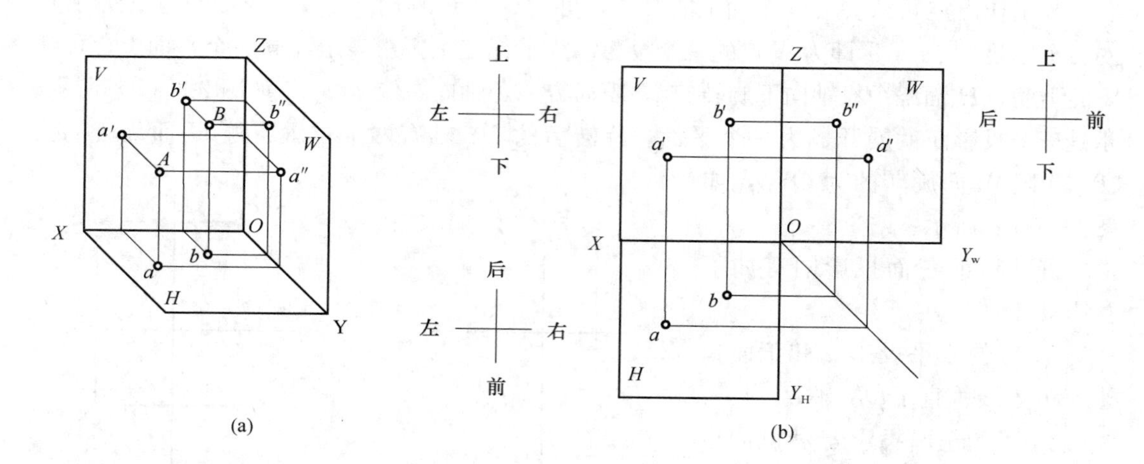

图 2-6　两点的相对位置

（a）直观图；（b）投影图

见与不可见的判断。

①水平重影点，是从上往下投影，上面的点可见，下面的点不可见，如图 2-7（a）所示；

②正面重影点，是从前往后投影，前面的点可见，后面的点不可见，如图 2-7（b）所示；

③侧面重影点，是从左往右投影，左面的点可见，右面的点不可见，如图 2-7（c）所示。

在投影图上判断重影点的可见性时，不可见点的投影符号加括号，表示重影不可见。

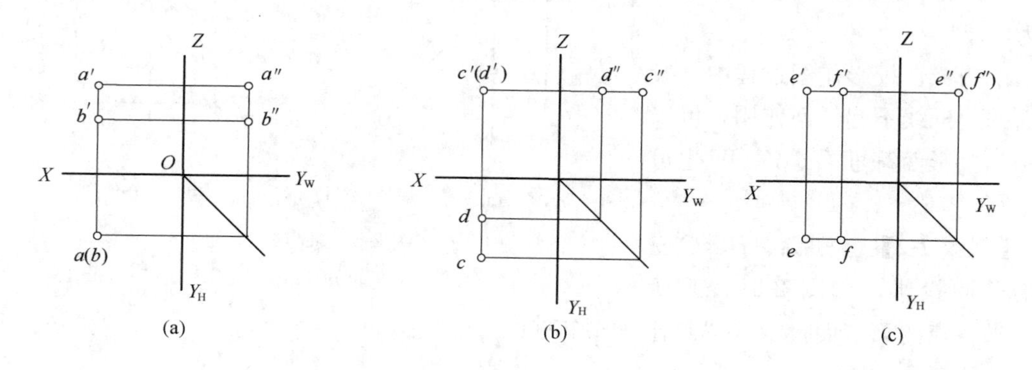

图 2-7　重影点

（a）水平重影点；（b）正面重影点；（c）侧面重影点

2.2　直线的投影

在画法几何中，直线常用线段来表示。当不强调线段的长度时，也常把线段称为直线。根据直线与投影面的相对位置，可以把直线划分为一般位置直线和特殊位置直线。

2.2.1　一般位置直线

我们常把与三个投影面都倾斜的直线称为一般位置直线，如图 2-8（a）所示。根据一般位置直线在空间的形态，可以分为上行线和下行线。上行线是从前向后，由低到高，呈上升趋势；下行线是从前向后，由高到低，呈下降趋势。如图 2-8（b）所示，直线 AB 为上行线，如图 2-8（c）所示，直线 CD 为下行线。它们的投影特点是：上行线的正面投影和水平投影都往一个方向倾斜，下行线的正面投影和水平投影往两个方向倾斜。

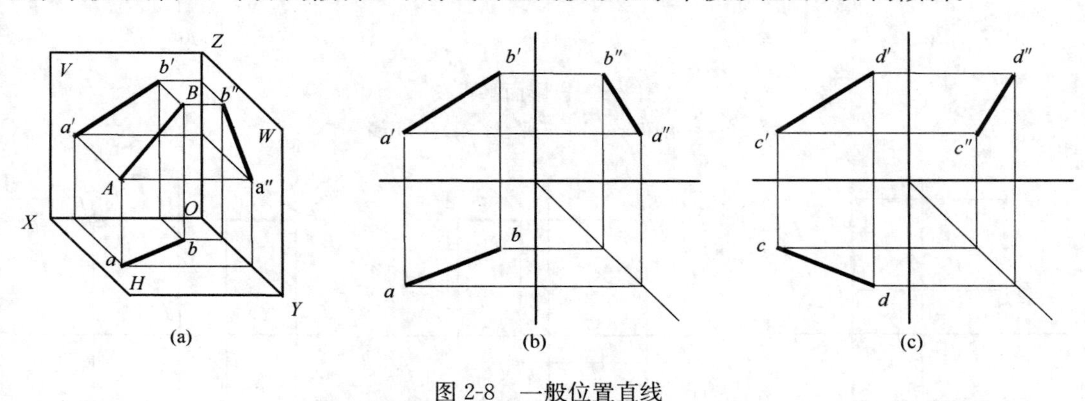

图 2-8　一般位置直线

（a）一般位置直线直观图；（b）上行线投影图；（c）下行线投影图

2.2.2　特殊位置直线

特殊位置直线是指与某一个投影面平行或垂直的直线，包括投影面平行线和投影面垂直线两种。

1. 投影面平行线

与一个投影面平行、与另外两个投影面倾斜的直线称为投影面平行线，共有三种：

① 水平线：与水平投影面平行的直线，如图 2-9（a）所示；

② 正平线：与正立投影面平行的直线，如图 2-9（b）所示；

③ 侧平线：与侧立投影面平行的直线，如图 2-9（c）所示。

平行线在其所平行的投影面上的投影为一斜线，具有显实性，与相应投影轴的夹角反映了该直线与投影面倾角的实际大小；在另外两个投影面上的投影平行于相应的投影轴，且小于直线的实长。

2. 投影面垂直线

与一个投影面垂直（与另外两个投影面平行）的直线称为投影面垂直线，共有三种：

① 铅垂线：与水平投影面垂直的直线，如图 2-10（a）所示；

② 正垂线：与正立投影面垂直的直线，如图 2-10（b）所示；

③ 侧垂线：与侧立投影面垂直的直线，如图 2-10（c）所示。

垂直线在它垂直的投影面上的投影积聚成一点，具有积聚性；其他两个投影垂直于相应的投影轴，并且反映线段的实长，具有显实性。

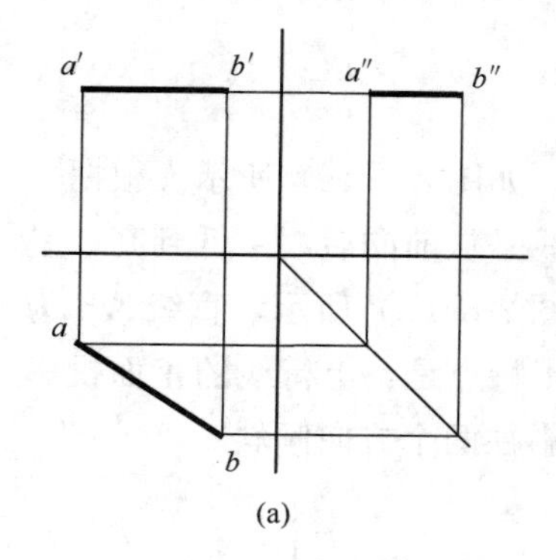

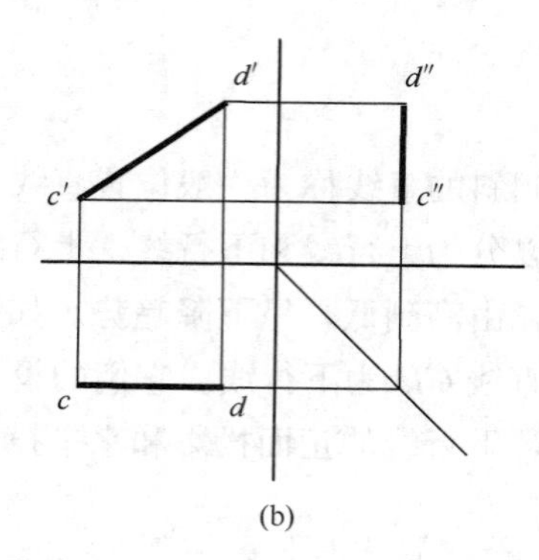

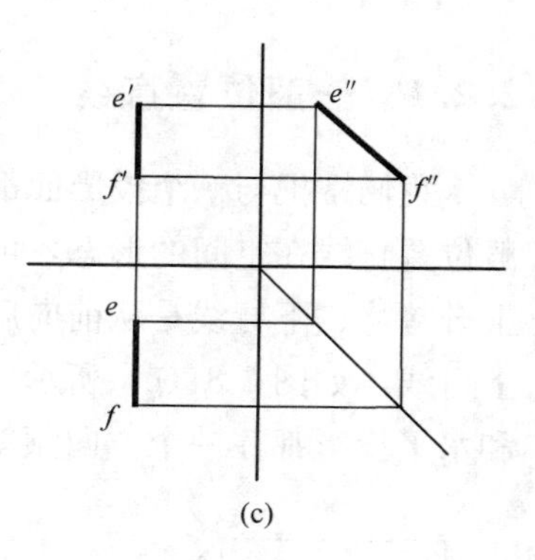

图 2-9　投影面平行线

（a）水平线；（b）正平线；（c）侧平线

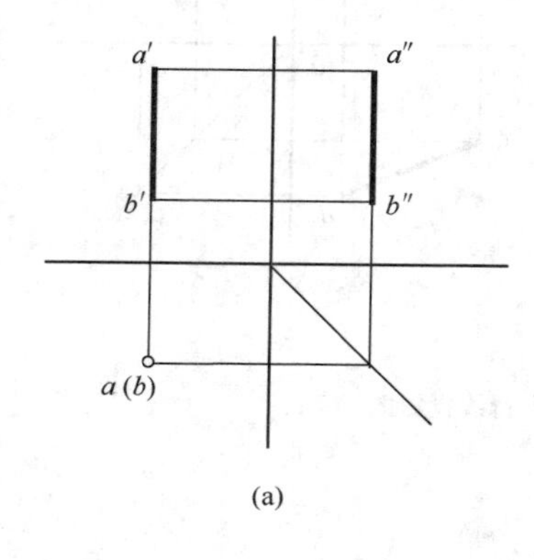

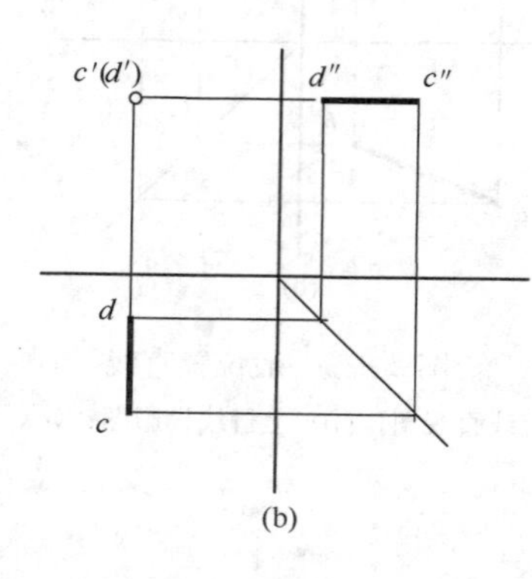

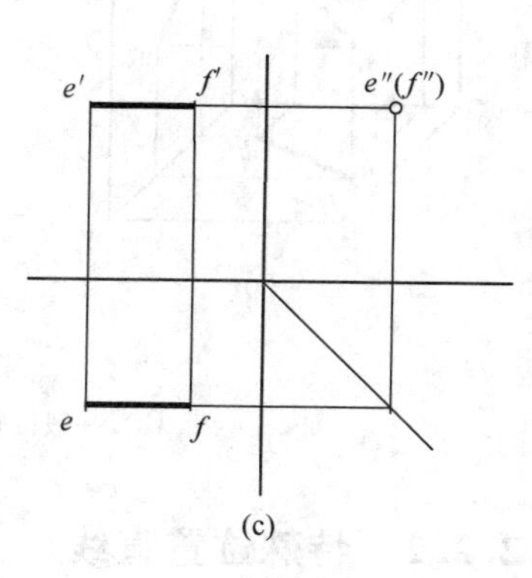

图 2-10　投影面垂直线

（a）铅垂线；（b）正垂线；（c）侧垂线

2.2.3　直线上的点

点在直线上，则点属于直线。第一章在正投影的几何性质中，已经阐述了正投影的从属性和定比性，并且推广到了三面投影体系中，这样我们就可以得到以下的结论：

若点在直线上，则点的投影必定落在直线的同面投影上，且点分线段所成的比例，等于点的投影分线段同面投影所成的比例。如图 2-11 所示，若 C 点在直线 AB 上，则 C 点

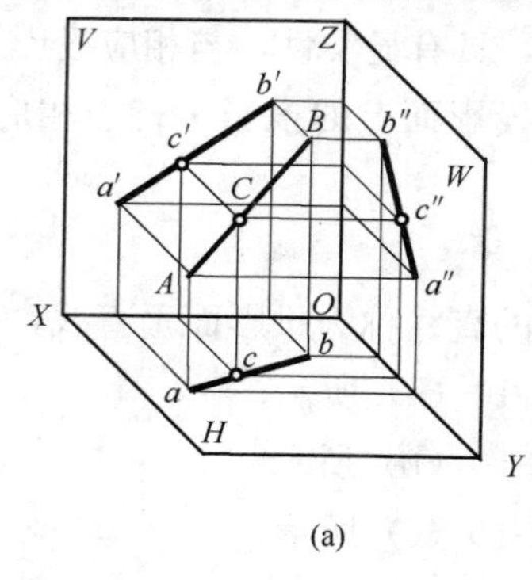

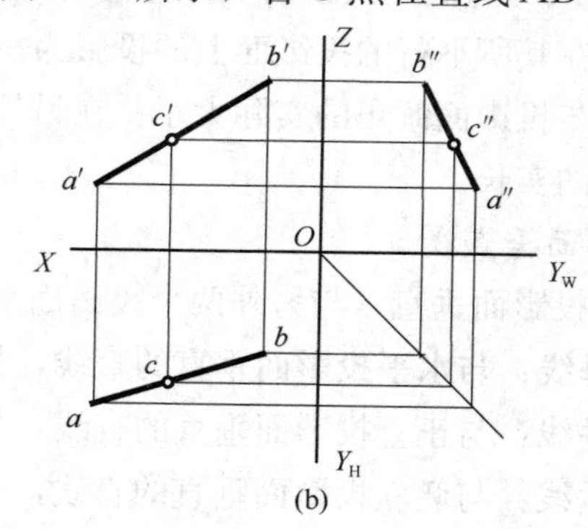

图 2-11　直线上的点

（a）直观图；（b）投影图

的投影 c、c'、c'' 必定在直线 AB 的投影 ab、$a'b'$、$a''b''$ 上；且 $AC : CB = ac : cb = a'c' : c'b' = a''c'' : c''b''$。

【例题 2-3】 已知侧平线 AB 的 V、H 面投影，$a'b'$ 和 ab，C 点在 AB 上，且知在 V 面上的投影 c'，如图 2-12（a）所示，求 C 点的 H 面投影 c。

作图分析：作法 1，由于直线 AB 为侧平线，其 V、H 面投影均为竖直方向线，虽然已知点 C 的 V 面投影 c'，并且知道 C 点的 H 面投影必定落在由 c' 所引的竖直连线上，但这条连线与 ab 重合，无法找到 c 的确切位置。因此，需要先作出直线 AB 的 W 面投影 $a''b''$，然后根据 c' 求出 c''，最终找到 c 的准确位置，如图 2-12（b）所示。

作法 2，本题也可以不必求出直线 AB 和点 C 的 W 面投影，而利用正投影特性中的定比性来作出点 C 的水平投影 c。作图过程略去，读者可自行完成。

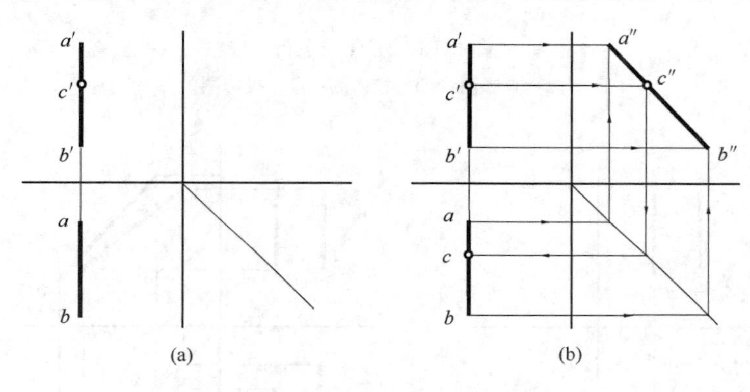

图 2-12 侧平线上点的投影

（a）已知；（b）作图

2.2.4 两直线的相对位置

两条直线在空间的相对位置有三种：平行、相交和交错。

1. 两直线平行

根据前面所论述的正投影的平行性，可以得出下面的结论：

① 如果空间两条直线平行，则它们的同面投影必平行；

② 两条平行线段的长度之比等于两条线段同面投影的长度之比。

如图 2-13（a）所示，空间两条直线 $AB /\!/ CD$，则 $ab /\!/ cd$，$a'b' /\!/ c'd'$，且 $AB/CD = ab/cd = a'b'/c'd'$，如图 2-13（b）所示；如果作出侧面投影，则 $a''b'' /\!/ c''d''$，且 $AB/CD = a''b''/c''d''$，如图 2-13（c）所示。

如果判断空间两条直线是否平行，一般情况下只要看它们的正面投影和水平投影是否平行即可，但是对于侧平线则例外，因为不管空间两条侧平线是否平行，它们的正面投影和水平投影总是平行的。因此，要判断两条侧平线是否平行，首先可以作出它们的侧面投影进行判断，如图 2-14 所示；或者当它们的空间方向趋势一致时（同是上行或下行），看正面水平投影的比例和水平投影的比例是否相等就可以了。由此可以判断，图 2-14 中的 AB、CD 两条侧平线是不平行的。

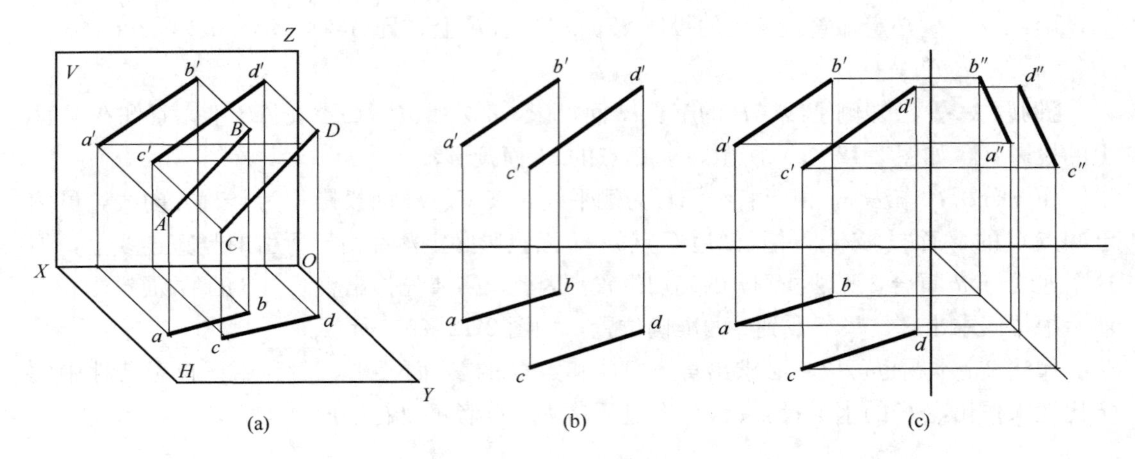

图 2-13　两直线平行

（a）直观图；（b）投影图；（c）投影图

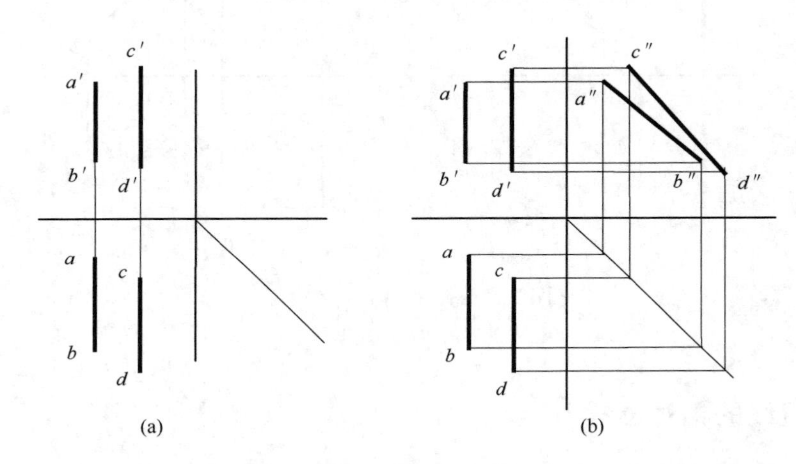

图 2-14　判断两条侧平线是否平行

（a）已知；（b）判断

2. 两直线相交

如两条直线相交，必有一个交点，交点是两条直线的公共点，根据前面所讲过的正投影的从属性和定比性，并把这些性质发展到三面投影体系中，可以得出下面的结论：

① 空间两条直线相交，它们的同面投影必定相交，且投影的交点就是交点的投影（投影交点的连线必垂直于相应的投影轴）；

② 交点分线段所成的比例等于交点的投影分线段同面投影所成的比例。

空间直线 $AB \cap CD$，K 为交点，如图 2-15（a）所示，它们的水平投影 $ab \cap cd$，正面投影 $a'b' \cap c'd'$，交点 K 的两面投影连线 $k'k \perp OX$，且 $AK/KB = ak/kb = a'k'/k'b'$，$CK/KD = ck/kd = c'k'/k'd'$，如图 2-15（b）所示；如果作出侧面投影，则 $a''b'' \cap c''d''$（$k'k'' \perp OZ$），$AK/KB = a''k''/k''b''$，$CK/KD = c''k''/k''d''$，如图 2-15（c）所示。

一般情况下，要判断空间两直线是否相交，只要看它们的水平投影和正面投影是否相交，且交点投影的连线是否垂直于 OX 轴就可以了。但对于两直线中有一条是侧平线时则

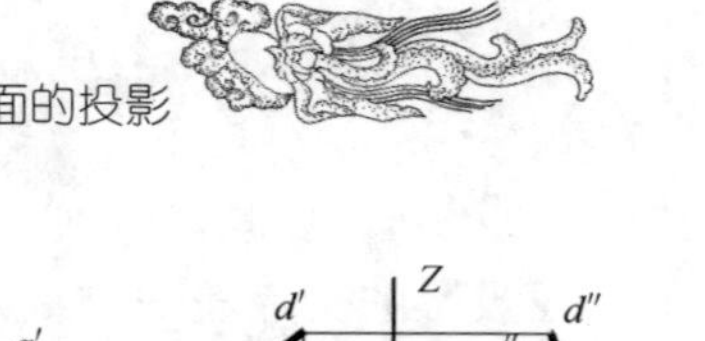

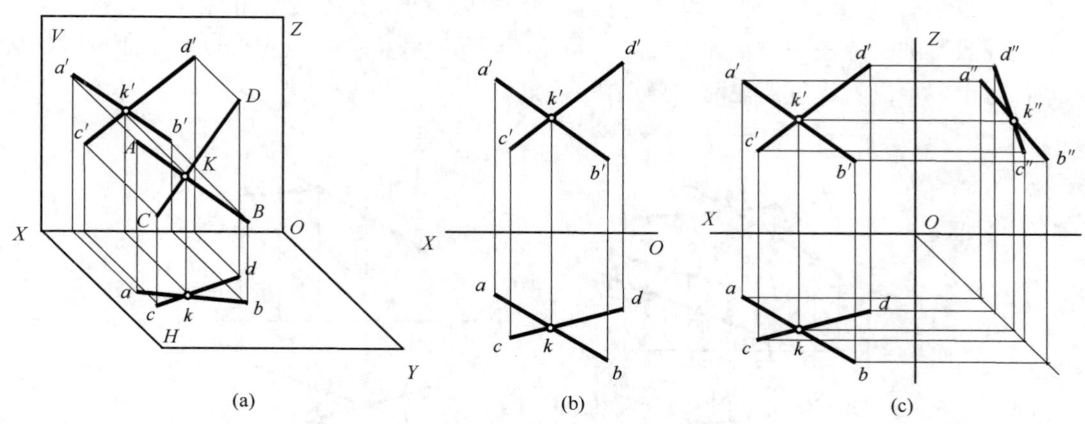

图 2-15　两直线相交

（a）直观图；（b）两面投影图；（c）三面投影图

例外，因为在这种情况下，不论空间两条直线是否相交，它们的正面投影和水平投影总是相交的，而且交点的连线也总是垂直于 OX 轴。

若要判断一般位置直线和侧平线是否相交，可以作出它们的侧面投影，如果侧面投影也相交，且侧面投影的交点和正面投影的交点连线垂直于 OZ 轴，则两条直线是相交的，否则不相交，如图 2-16 所示的两条直线是不相交的。

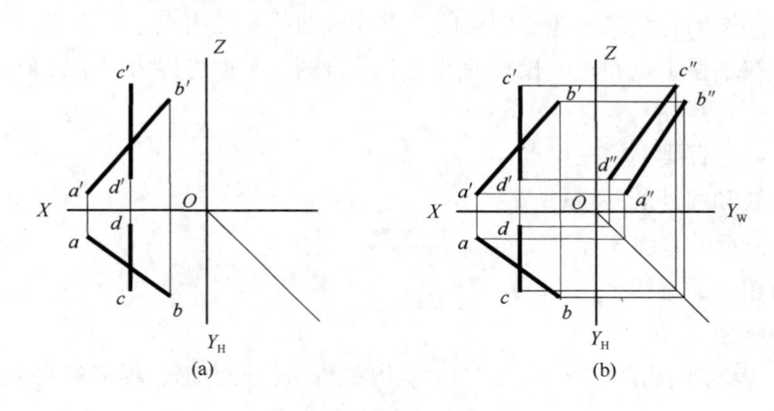

图 2-16　判断两直线是否相交

（a）已知；（b）判断

3. 两直线交错

通常我们将空间两条既不平行又不相交的直线称为交错直线。交错直线的同面投影一般也都相交，但是同面投影的交点并不是空间的一个点的投影，因此投影交点的连线不垂直于投影轴。这是交错直线的投影和相交直线的投影之间的区别，如图 2-17 所示。在图 2-17（a）中我们可以看出，两条交错直线投影的交点，是空间两个点的投影，是位于同一条投射线上而又分属于两条直线的一对重影点。

在图 2-17（b）中，两条交错直线水平投影的交点是一对水平重影点，是位于两条直线上的Ⅰ点和Ⅱ点的水平投影，从空间位置上，可以看出Ⅰ点在上，Ⅱ点在下。两条交错直线正面投影的交点是一对正面重影点，是位于两条直线上的Ⅲ点和Ⅳ点的正面投影，从空间位置上，可以看出Ⅲ点在前，Ⅳ点在后。

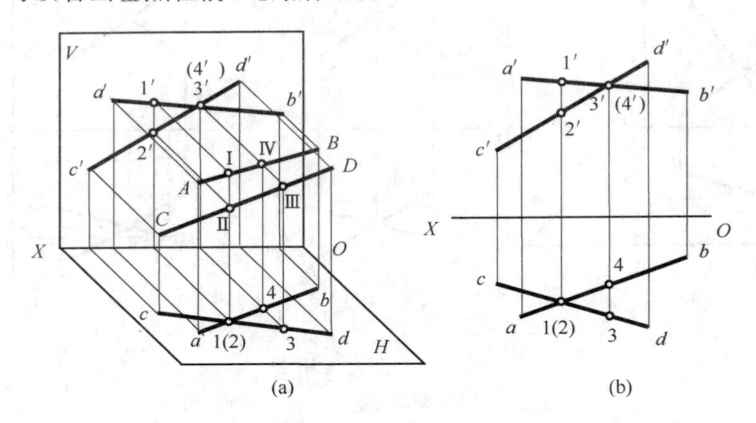

图 2-17 两直线交错

（a）直观图；（b）投影图

2.3 平面的投影

平面是由周边的直线或曲线所围成的。直线或曲线又是由点连接而成。所以，学习平面的投影，是在掌握了点和直线投影的基础上进行的。平面可以由以下几何要素确定，如图 2-18 所示：

（a）不在同一直线上的三个点；

（b）一直线和线外的一点；

（c）两条平行的直线；

（d）两条相交的直线；

（e）平面形。

图 2-18 是表示平面的几种方法，本书多用三角形、长方形、梯形等来表示平面。

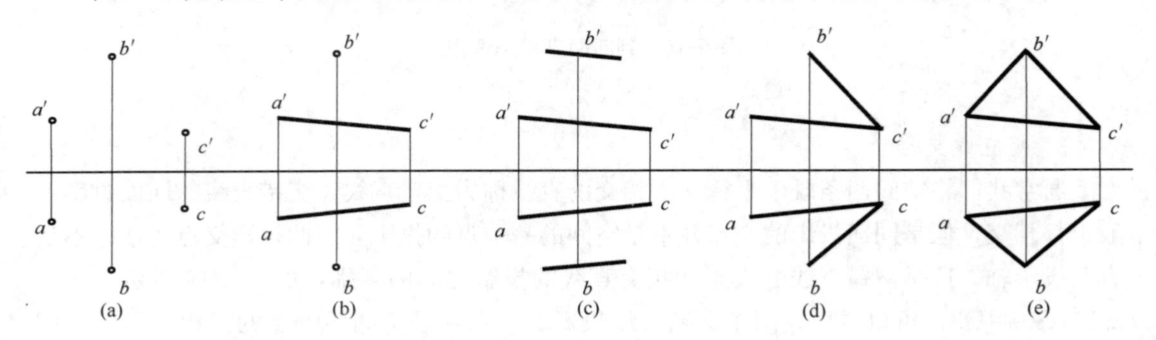

图 2-18 表示平面的几种方法

（a）不在同一直线的三个点；（b）直线和线外一点；（c）平行两直线；（d）相交两直线；（e）平面形

根据空间平面与投影面的相对位置，平面可以分为一般位置平面和特殊位置平面。

2.3.1　一般位置平面

一般位置平面是指对 H、V、W 投影面既不垂直又不平行，即倾斜于三个投影面的空间平面，简称一般面。该平面与三个投影面的夹角分别为：α、β、γ（图中未表示）。如图2-19所示，$\triangle ABC$ 与三个投影面都倾斜，所以三个投影均不反映实形。根据平面在空间的趋势，可以将一般位置平面分为上行面和下行面，上行面是从前向后、由低到高，呈上升趋势。下行面是从前向后、由高到低，呈下降趋势。$\triangle ABC$ 就是一个上行面。根据三面投影的原理，只要给出平面的任意两个投影面的投影，都可以补出第三个投影面的投影。

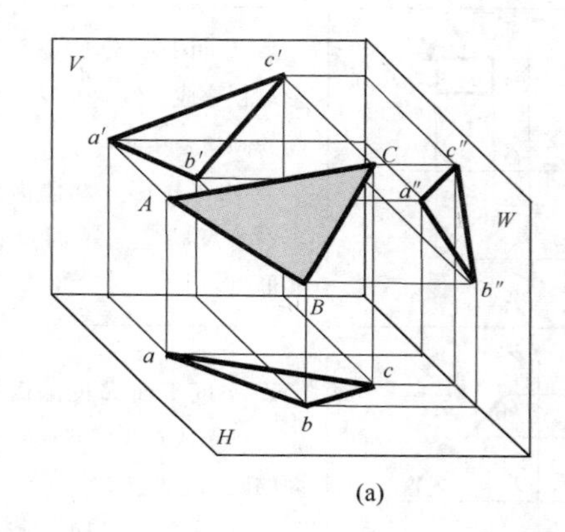

(a)

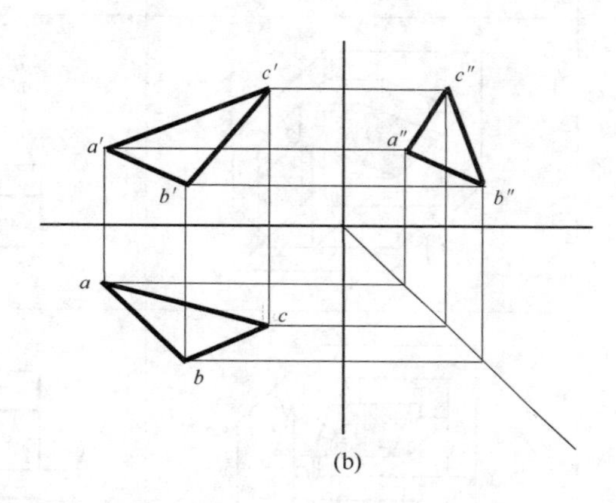

(b)

图2-19　一般位置平面

(a) 直观图；(b) 投影图

2.3.2　特殊位置平面

与投影面垂直或平行的空间平面称为特殊位置平面。包括投影面的垂直面和投影面的平行面。

1. 投影面的垂直面

与一个投影面垂直、与另外两个投影面倾斜的平面称为投影面垂直面。投影面的垂直面包括：与水平投影面垂直的铅垂面，与正立投影面垂直的正垂面，与侧立投影面垂直的侧垂面，详见表2-1。从表中可以看出投影面垂直面的特性：空间平面在它垂直的投影面上的投影积聚成线段，体现积聚性；并且该投影与投影轴的夹角等于该平面与相应投影面的倾角，表中 α、β、γ 分别表示平面与投影面 H、V、W 的倾角，同时平面的其他两个投影都小于实形。

2. 投影面的平行面

与一个投影面平行，与另外两个投影面垂直的平面称为投影面的平行面。投影面的平行面包括：与水平投影面平行的水平面，与正立投影面平行的正平面，与侧立投影面平行的侧平面，详见表2-2。从表中可以看出投影面的水平面的特性：空间平面在它平行的投影面上的投影反映实形，体现显实性；平面的其他两个投影积聚成线段，体现积聚性，并且平行于相应的投影轴。

表 2-1　投影面的垂直面

平面	直观图	投影图	投影特性
铅垂面	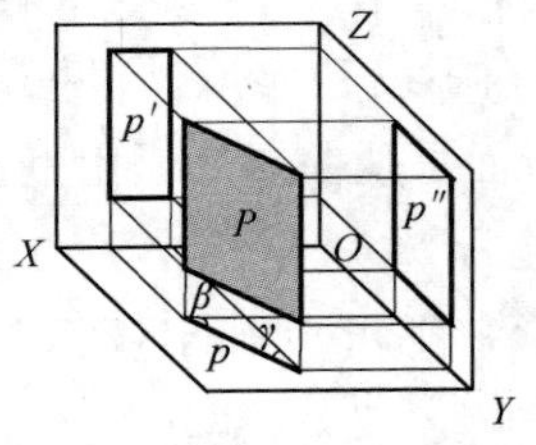	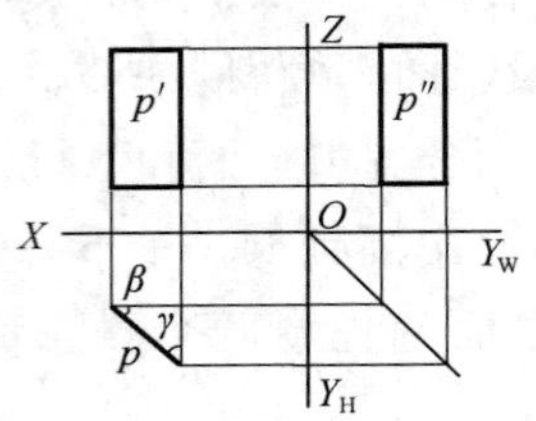	1. 空间平面 P 的水平投影 p 积聚成直线，并反映平面的倾角 β 和 γ 2. 正面投影 p' 和侧面投影 p'' 不反映空间平面 P 的实形
正垂面	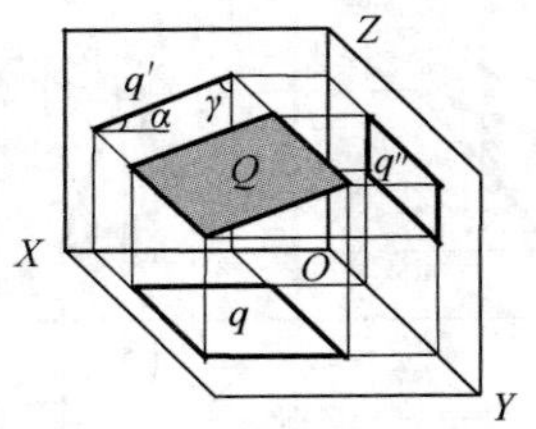	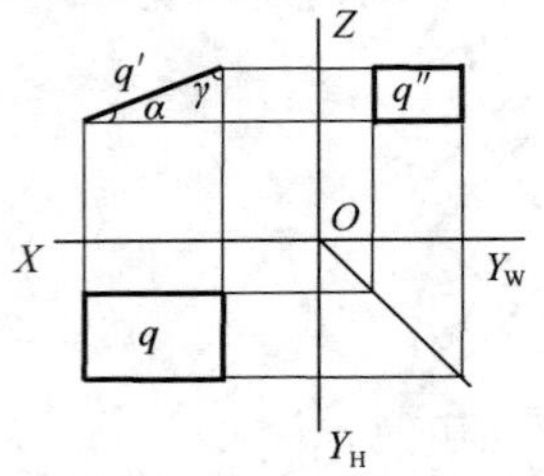	1. 空间平面 Q 的正面投影 q' 积聚成直线，并反映平面的倾角 α 和 γ 2. 水平投影 q 和侧面投影 q'' 不反映空间平面 Q 的实形
侧垂面	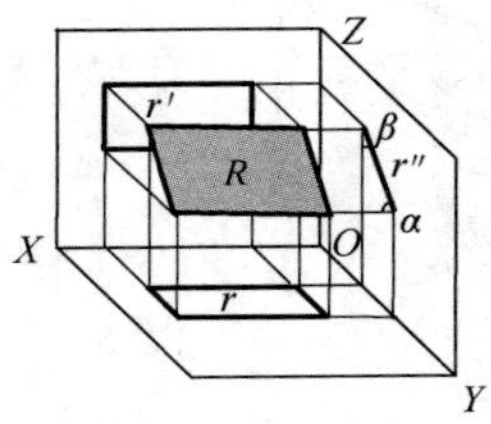	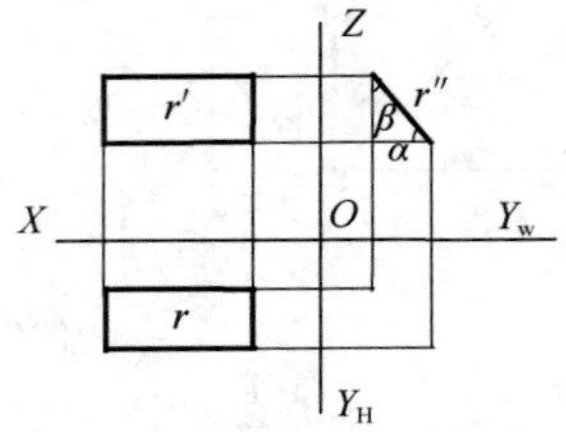	1. 空间平面 R 的侧面投影 r'' 积聚成直线，并反映平面的倾角 α 和 β 2. 水平投影 r 和正面投影 r' 不反映空间平面 R 的实形

表 2-2　投影面的平行面

平面	直观图	投影图	投影特性
水平面	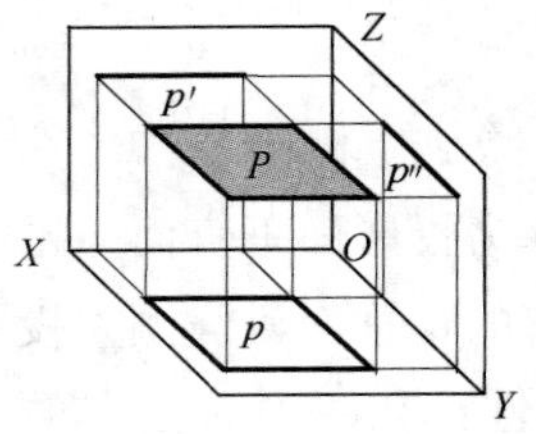	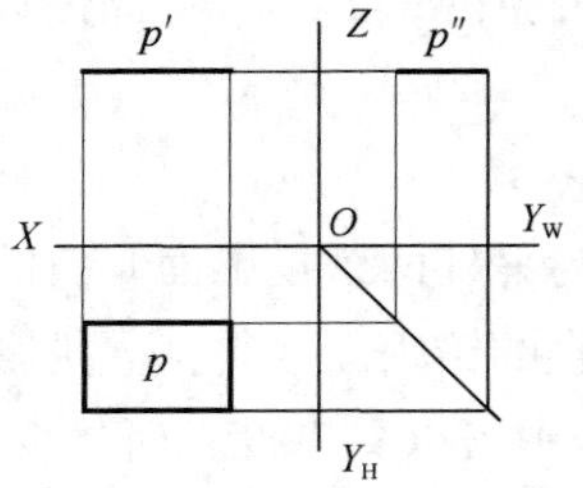	1. 水平投影 p 反映实形 2. 正面投影 p' 积聚成线段，且 $p' /\!/ OX$ 轴，侧面投影 p'' 积聚成线段，且 $p'' /\!/ OY_W$ 轴
正平面	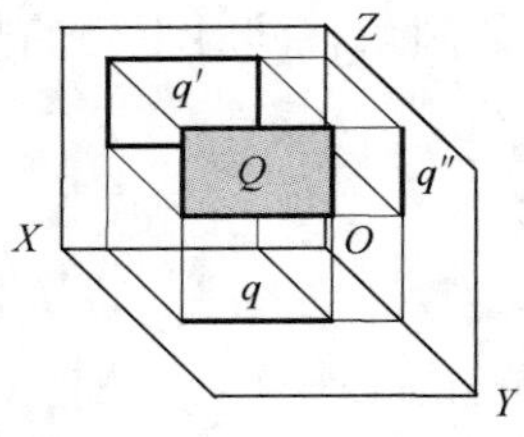	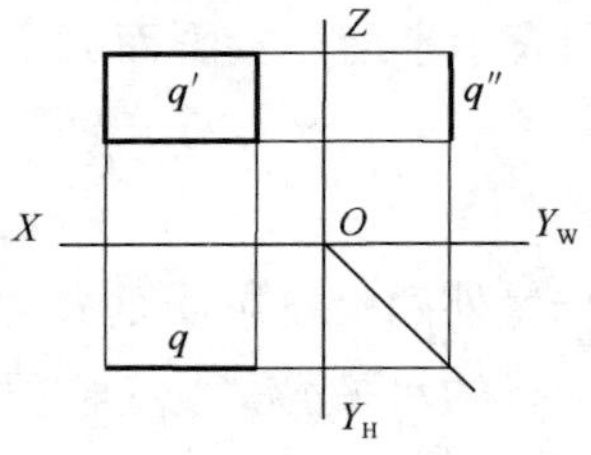	1. 正面投影 q' 反映实形 2. 水平投影 q 积聚成线段，且 $q /\!/ OX$ 轴，侧面投影 q'' 积聚成线段，且 $q'' /\!/ OZ$ 轴

续表

平面	直观图	投影图	投影特性
侧平面	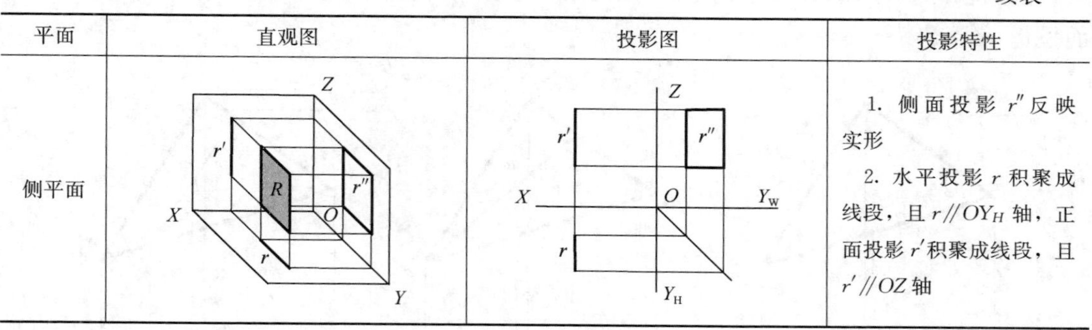		1. 侧面投影 r'' 反映实形 2. 水平投影 r 积聚成线段，且 $r // OY_H$ 轴，正面投影 r' 积聚成线段，且 $r' // OZ$ 轴

2.3.3　平面上的直线和点

直线在平面上的几何条件是：①直线过平面上的两个已知点；②直线过平面上的一个已知点且平行于平面上的一条已知直线。如图 2-20（a）所示，因为点 A、E 在平面 $ABCD$ 上，所以直线 AE 必在平面 $ABCD$ 上；另外，因为 E 点在平面 $ABCD$ 上，且 $EF // CD$，所以直线 EF 必在平面 $ABCD$ 上。

点在平面上的几何条件是：点在直线上，且直线在平面上，则点必在平面上。如图 2-20（a）所示，点 M 在直线 AE 上，且直线 AE 在平面 $ABCD$ 上，所以，点 M 必在平面 $ABCD$ 上。同样的道理，点 N 在直线 EF 上，且直线 EF 在平面 $ABCD$ 上，所以，点 N 必在平面 $ABCD$ 上。

根据前面所讲的知识我们知道，点和直线的从属关系、两条直线的平行关系、两条直线的相交关系在投影之后保持不变，因此可以从图 2-20（b）投影图中断定点 M 和点 N 是平面 $ABCD$ 上的两个点。以上所述的几何条件和投影性质是在平面上画线、定点的作图依据。

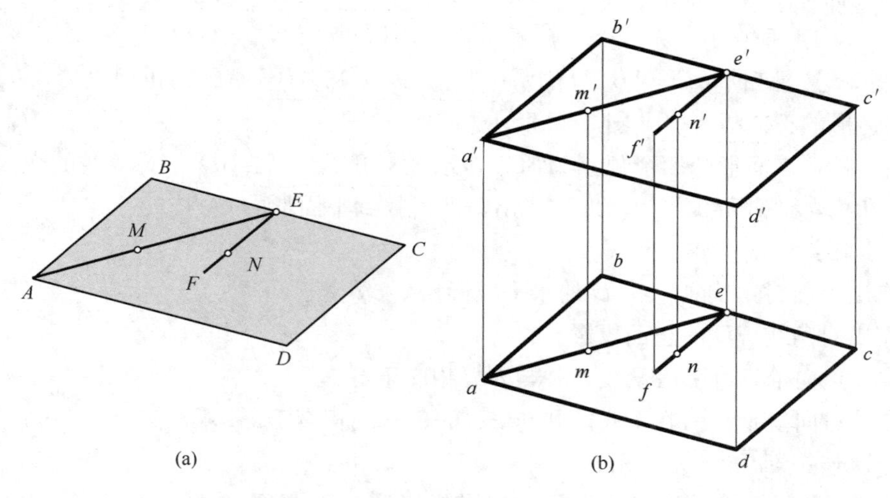

图 2-20　平面上的直线和点

（a）直观图；（b）投影图

【例题 2-4】 已知 ABC 平面上 M 点的水平投影 m，如图 2-21（a）所示，求 M 点的正面投影 m'。

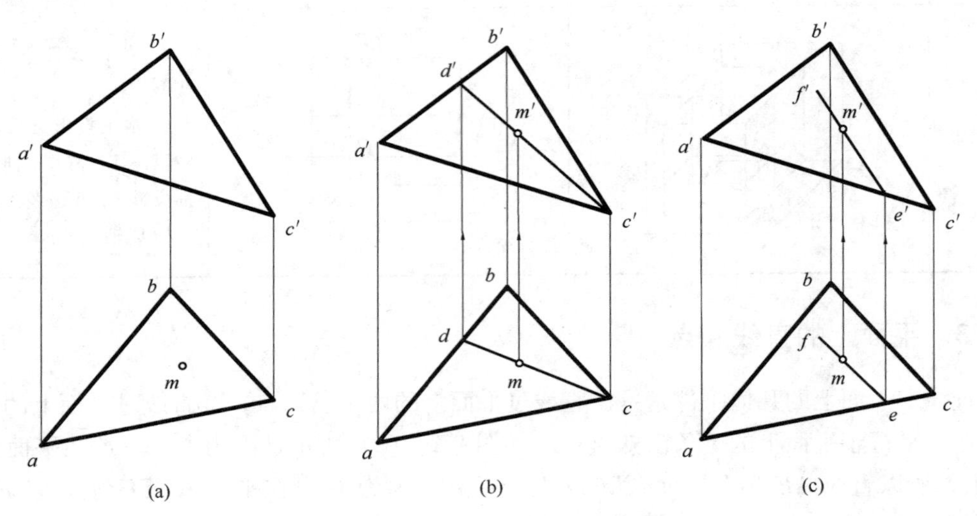

图 2-21　补出平面上点的正投影

（a）已知；（b）作法一；（c）作法二

作法一，如图 2-21（b）所示，作图步骤如下：

① 在水平投影上，过 c 和 m 作辅助线交 ab 于 d；

② 自 d 向上垂直引联系线交 $a'b'$ 于 d'，并连接 $c'd'$；

③ 自 m 向上垂直引联系线交 $c'd'$ 于 m'；m' 即为所求。

作法二，如图 2-21（c）所示，作图步骤如下：

① 在水平投影上，过 m 点作 $ef // cd$，交 ac 于 e；

② 自 e 向上垂直引联系线交 $a'c'$ 于 e'，并作 $e'f' // b'c'$；

③ 自 m 向上垂直引联系线交 $e'f'$ 于 m'；m' 即为所求。

【例题 2-5】 已知平面形 $ABCD$ 的水平投影 $abcd$ 和 AB、AD 的正面投影 $a'b'$、$a'd'$，试完成四边形的正面投影。如图 2-22 所示。

作图分析：平面形的四个顶点 $ABCD$，以及对角线 AC、BD 和对角线的交点均是平面内的点和线，把对角线作为辅助线作出，即可找到平面形的 C 点。

作图步骤：

① 作出平面对角线 AC、BD 的水平投影 ac、bd 交于 e；

② 作出对角线 BD 的正面投影 $b'd'$；

③ 自 e 点向上垂直引联系线，并与 $b'd'$ 相交于 e'；

④ 自 c 点向上垂直引联系线，并与 $a'e'$ 的延长线相交于 c'；

⑤ 依次连接 $b'c'$、$c'd'$，完成作图。

【例题 2-6】 已知平面形 $ABCDE$ 的水平投影和 AB、BC 边的正面投影，其中 $AB // CD$、$BC // DE$，补齐平面形的正面投影和侧面投影。如图 2-23 所示。

作图分析：从已知条件和已知投影得到：$AB // CD$、$BC // DE$，且 AEC 是一条直线，

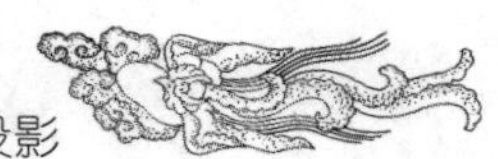

这些条件在正面投影和侧面投影中保持不变。

作图步骤：

① 连接 $a'c'$，自 e 向上垂直引联系线，交 $a'c'$ 于 e'；

② 作 $c'd' /\!/ a'b'$ 交 ee' 的延长线于 d'，连接相关点完成正投影作图；

③ 根据水平投影和正面投影以及已知条件，进行“二补三”作图，完成侧面投影。

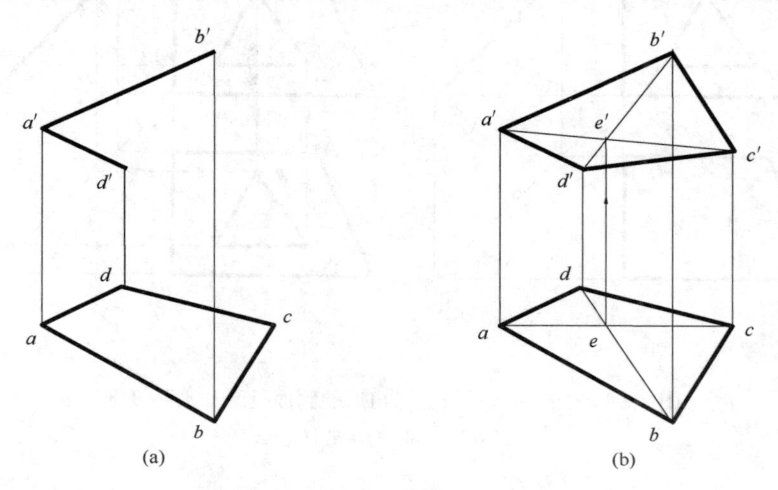

图 2-22　完成四边形的正面投影

（a）已知；（b）作图

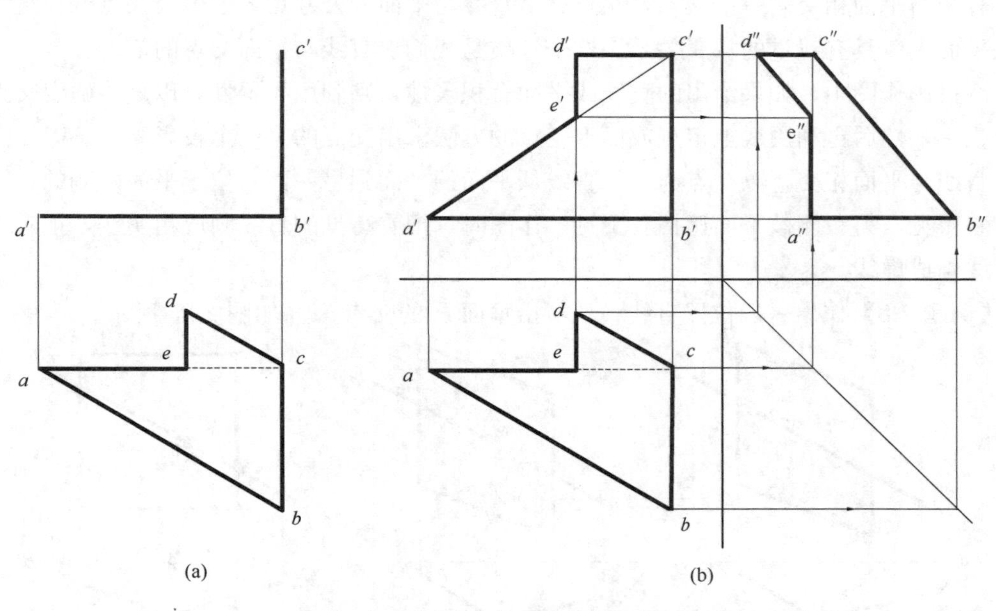

图 2-23　完成平面形的正面投影和水平投影

（a）已知；（b）作图

【例题 2-7】已知梯形平面的三面投影和平面上三角形的正面投影，补齐三角形的其他投影。如图 2-24 所示。

作图分析：已知平面是侧垂面，利用侧面投影的积聚性作图。

作图步骤：① 利用积聚性在梯形平面的积聚投影上作出三角形的侧面投影 $l''m''n''$；

② 完成"二补三"作图，作出三角形的水平投影 lmn。

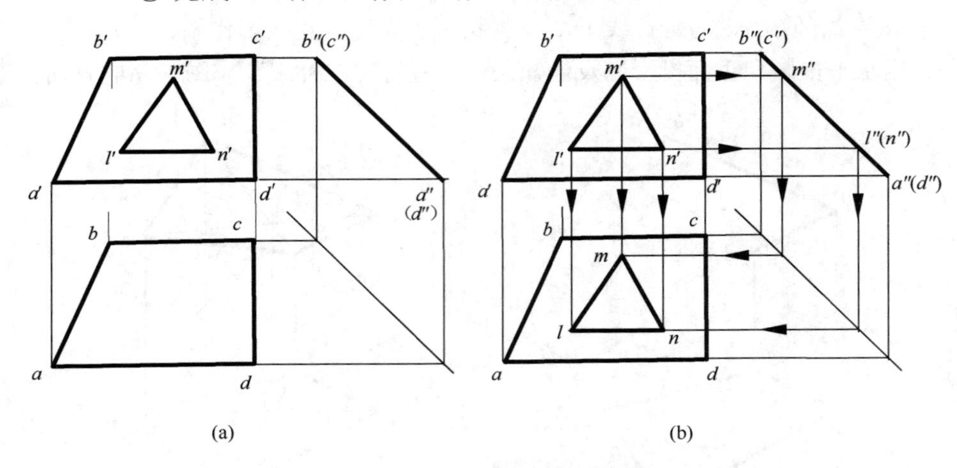

图 2-24　补齐梯形平面上三角形的侧面投影和水平投影

（a）已知；（b）作图

2.3.4　直线与平面相交

直线与平面相交有一个交点，交点就是直线与平面的公共点，这个公共点既在直线上又在平面上，具有双重的从属关系。这个性质是我们求直线与平面交点的依据。

在投影作图中，如果给出的直线或平面有积聚性，则利用积聚性可以直接确定交点的一个投影，然后再利用线上定点或面上定点的方法求出交点的另一个投影。

直线与平面相交，以交点为界，直线从平面的一面到另一面。位于平面两侧的直线则一侧看得见，另一侧被平面遮挡看不见。作图时，把看得见的直线画成粗实线，把看不见的直线画成虚线。

【例题 2-8】作出一般位置直线 AB 与铅垂面 P 的交点 M。如图 2-25 所示。

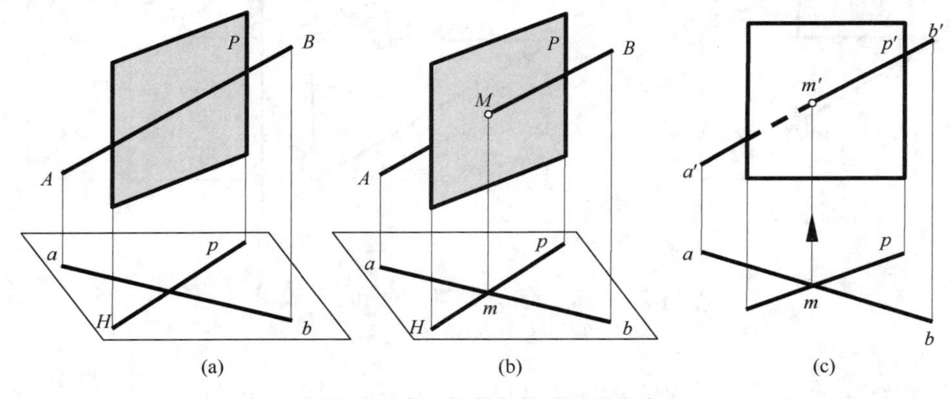

图 2-25　求一般线与铅垂面的交点

（a）已知；（b）分析；（c）作图

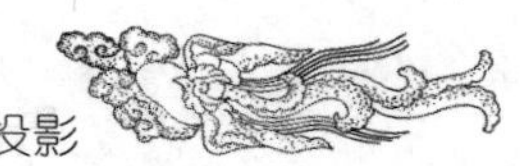

作图分析：因为铅垂面的水平投影有积聚性，所以铅垂面和直线上的交点的水平投影必然在铅垂面的积聚投影和直线的水平投影的交点处，其正面投影可用线上定点的方法找到。

作图步骤：

① 在铅垂面的积聚投影 p 和直线水平投影 ab 的交点处作出交点的水平投影 m；

② 自 m 垂直向上引联系线，与 $a'b'$ 相交于 m'，m' 即为所求；

③ 判断直线的可见性，完成作图。

【例题 2-9】 已知铅垂线 EF 和一般平面 ABC 相交，求它们的交点 M。如图 2-26 所示。

作图分析：因为铅垂线的水平投影有积聚性，所以铅垂线与平面交点的水平投影必然与铅垂线的积聚投影重合，确定了交点的水平投影位置之后，就可以利用面上定点的方法作出交点的正面投影。

作图步骤：

① 在铅垂线的水平投影 $e(f)$ 上，标出交点的水平投影 m；

② 过平面的水平投影 c、m 点作辅助线交 ab 于 d；

③ 自 d 点向上垂直引联系线交 $a'b'$ 于 d'；

④ 连接 $c'd'$，交 $e'f'$ 于 m'，m' 即为所求交点 M 的正面投影；

⑤ 判断直线的可见性，完成作图。

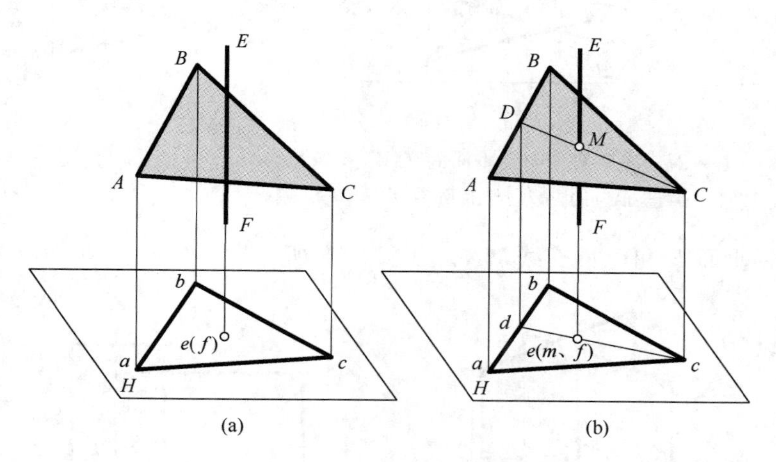

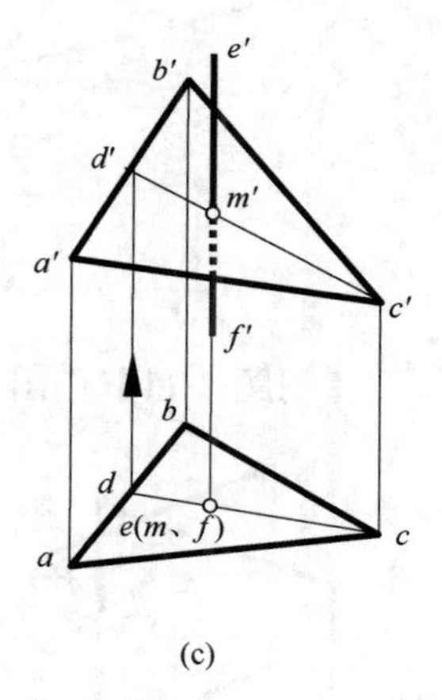

图 2-26　求铅垂线与一般面的交点

(a) 已知；(b) 分析；(c) 作图

2.3.5　平面与平面相交

平面与平面相交产生一条交线，此交线位于两个平面上，是两个平面共有的直线，也称为公共线。我们可以利用交线的这个性质作出交线的投影。

在投影作图时，如果给出的平面其投影有积聚性，则可以利用积聚性直接确定交线的一个投影，然后再用面上定线的方法作出交线的另一个投影。

两个平面相交，它们必定是相互遮挡的，而且是以交线为分界，被遮挡的部分不可见，未被遮挡的部分可见。

【例题 2-10】求一般位置平面 ABC 和铅垂面 P 的交线 MN。如图 2-27 所示。

作图分析：铅垂面 P 的水平投影有积聚性，所以位于铅垂面上的交线的水平投影必定积聚在铅垂面的水平积聚投影上，交线的正面投影则可以用在一般平面上画线的方法作出。

作图步骤：

① 在铅垂面的水平投影 p 上找出交线的水平投影 mn，（mn 既是铅垂面 P 上的点，也是平面 ABC 上的点）；

② 自 m、n 点分别向上垂直引联系线，分别交一般平面 ABC 边的正面投影于 $m'n'$；

③ 连接 $m'n'$，作出交线的正面投影；

④ 判断两个平面的可见性，完成作图。

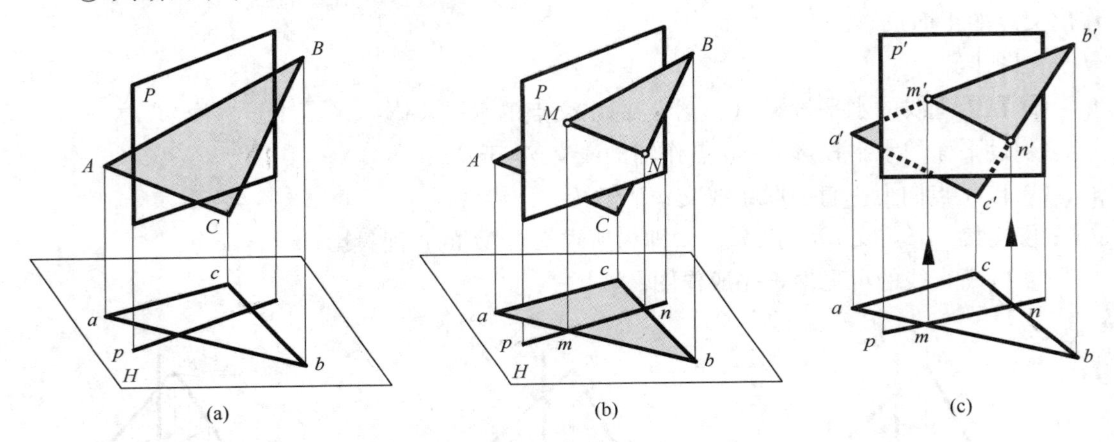

图 2-27　求一般面与铅垂面的交线

（a）已知；（b）分析；（c）作图

【例题 2-11】作出两个铅垂面 P 和 Q 的交线 MN。如图 2-28 所示。

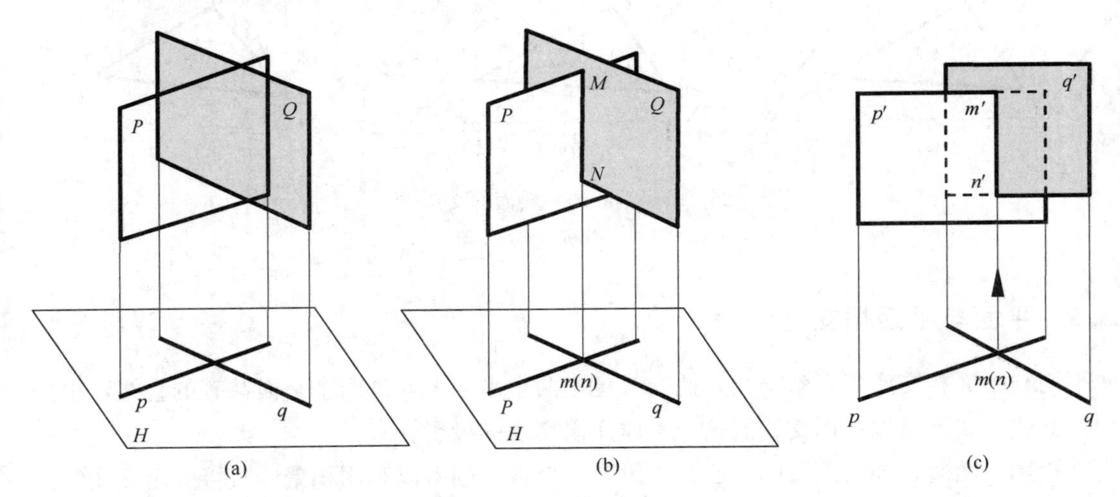

图 2-28　求两个铅垂面的交线

（a）已知；（b）分析；（c）作图

作图分析：两个铅垂面的交线必定是铅垂线，且铅垂线的水平投影积聚为一点，位于两个铅垂面水平投影的交点处，铅垂线的正面投影垂直于 OX 轴。

作图步骤：

① 在 PQ 两个铅垂面的水平投影 pq 交点处作出交线的水平投影 m（n）；

② 自 m（n）点向上垂直引联系线，作出交点 $m'n'$ 的正面投影。

③ 判断 P，Q 两个平面的可见性。

第3章　形体的投影

本章要点

形体是由点、线、面组成。在学习了点、线、面的投影特性以后，再来学习形体的投影就比较容易了。如果对比较复杂的形体进行分析，不难看出它们是由一些简单的几何形体叠砌或切割所组成的，我们把这些简单的几何形体称为基本形体。我们要首先掌握各种基本形体的投影，才能更好地理解和掌握较为复杂的组合体的投影。常见的基本形体有平面体和曲面体，如图 3-1 所示。

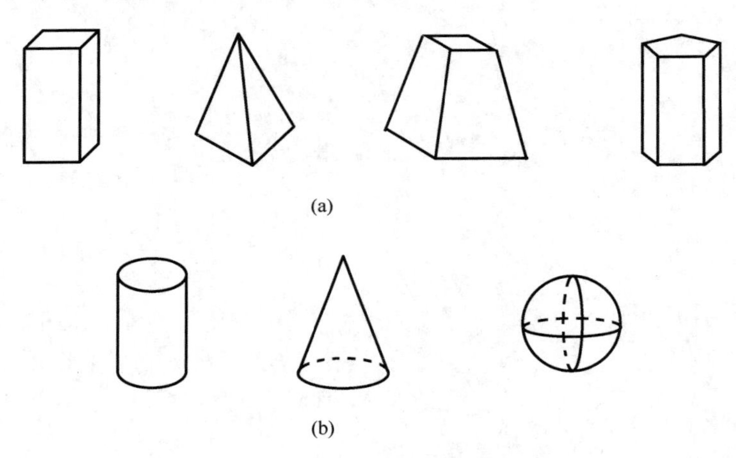

(a)

(b)

图 3-1　常见的基本形体

（a）平面体；（b）曲面体

3.1　平面体的投影

常见的平面体有：棱柱体、棱锥体等，它们是由多边形平面围成，而多边形平面可以看成是由直线围成，直线是由点连成。所以，要作出平面立体的投影，实际上就是求点、线、面的投影。

3.1.1　棱柱

上下底面平行，多条棱线也相互平行且垂直于底面的形体称为直棱柱，底面是正多边形的直棱柱称为正棱柱。侧棱均倾斜一个角度的棱柱称为斜棱柱。根据棱线的数量可以分为三棱柱、四棱柱等。如图 3-2 所示。

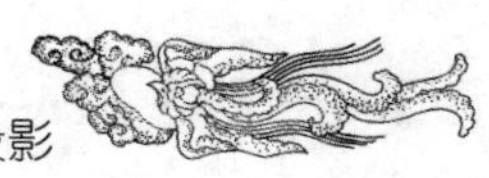

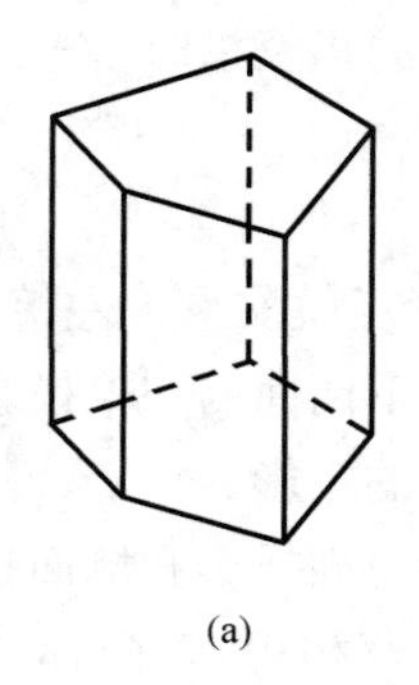

(a)

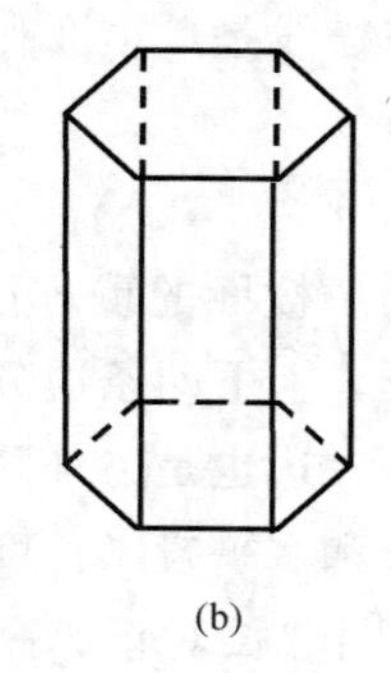

(b)

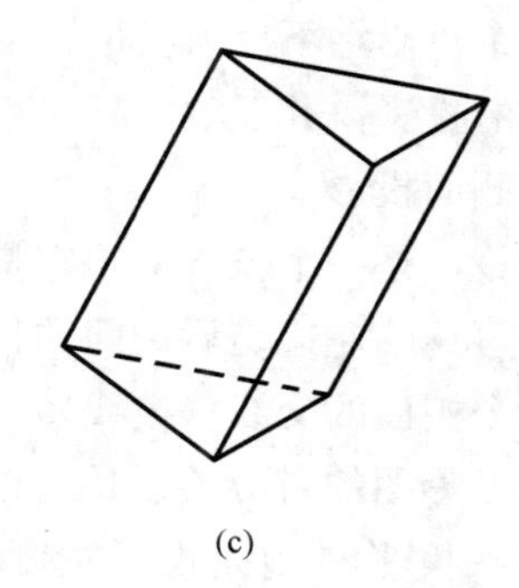

(c)

图 3-2　棱柱

(a) 直棱柱；(b) 正棱柱；(c) 斜棱柱

1. 投影

如图 3-3 所示，三棱柱上下底面为三角形水平面，后棱面为长方形正平面，左右两个棱面为长方形铅垂面。三面投影图的投影面边框线和投影轴在作图过程中可以不画出。

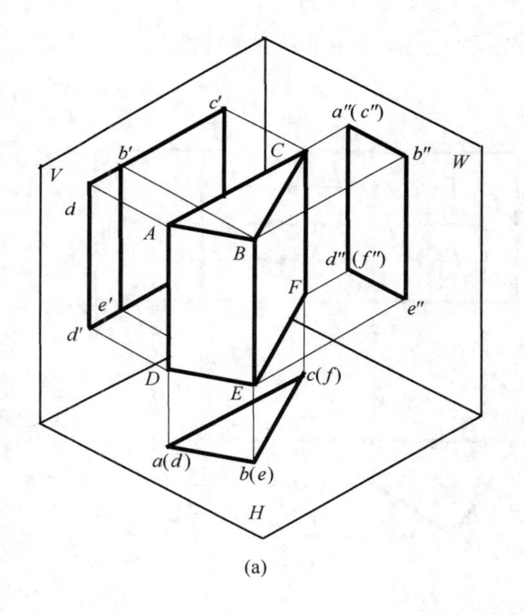

(a)

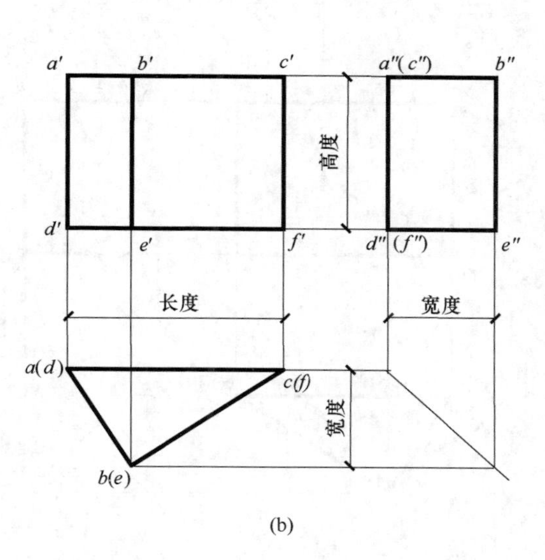

(b)

图 3-3　三棱柱的投影

(a) 直观图；(b) 投影图

分析上面的三面投影图可以得知：

(1) 水平投影

水平投影是一个三角形。它是上顶面和下底面的重合投影，上面可见，下面不可见，并反映实形。三角形的三条边是垂直于 H 面的三个棱面的积聚投影。三个顶点是垂直于 H 面的三条棱线的积聚投影。

(2) 正面投影

正面投影是两个长方形，左边长方形是左棱面的投影，右边的长方形是右棱面的投影，这两个投影均不反映实形。上下两条横线是上顶面和下底面的积聚投影。三条竖线是三条棱线的投影，并反映实长。

（3）侧面投影

侧面投影是一个长方形，它是左右两个棱面的重合投影，不反映实形，左棱面可见，右棱面不可见。左边是后棱面的积聚投影，上下两条边分别是上下两面的积聚投影。右边是左右两个棱面的交线（棱线）的投影。左边也是另外两条棱线的投影。

三面投影图的对应关系是：正面投影和水平投影长度对正，正面投影和侧面投影高度平齐，水平投影和侧面投影宽度相等，即“长对正、高平齐、宽相等”，简称“三等关系”。

2. 表面上的点

由于平面体的面均为平面，所以平面体表面上的点的投影特性应符合点的投影特性，要注意的是平面体表面上的点存在着可见性的问题。一般情况下规定：可见平面上的点为可见点，用“○”（空心圆圈）表示，不可见平面上的点为不可见点，用“●”（实心圆圈）。

【例题 3-1】已知三棱柱表面Ⅰ、Ⅱ、Ⅲ点的正面投影，补齐其他两面的投影（图 3-4）。

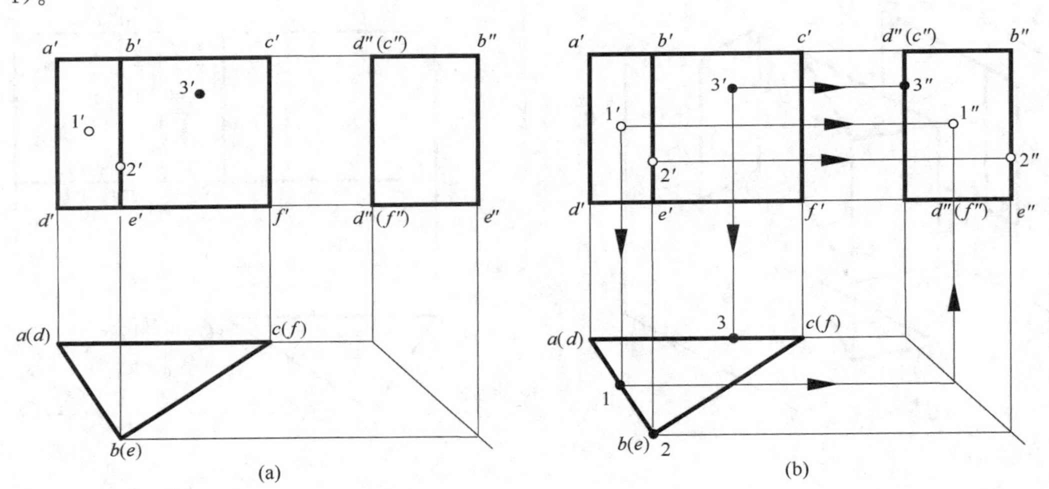

图 3-4 棱柱表面定点
（a）已知；（b）作图过程

作图分析：根据已知条件的正面投影，点Ⅰ在三棱柱左棱面 $ABED$（铅垂面）上，为可见点；点Ⅱ在棱线 BE（铅垂线）上，为可见点；点Ⅲ在后棱面 $ACFD$（铅垂面）上，为不可见点。

作图过程：

① 利用左棱面 $ABED$ 和后棱面 $ACFD$ 水平投影的积聚性，由 1′、3′向下垂直引投影联系线，作出水平投影 1、3。

② 利用棱线 BE 水平投影的积聚性作出水平投影 2。

③ 利用“二补三”作图，作出Ⅰ、Ⅱ、Ⅲ各点的侧面投影 1″、2″、3″。

3.1.2　棱锥

由棱面和底面组成，底面为多边形，棱面上的各条侧棱交于一点的形体称为棱锥，各条侧棱的交点称为锥顶。

1. 投影

以三棱锥的投影为例，如图 3-5（a）所示，底面是水平面△*ABC*，后棱面是侧垂面△*SAC*，左右两个棱面是一般位置平面△*SAB* 和△*SBC*，三面投影图如图 3-5（b）所示。

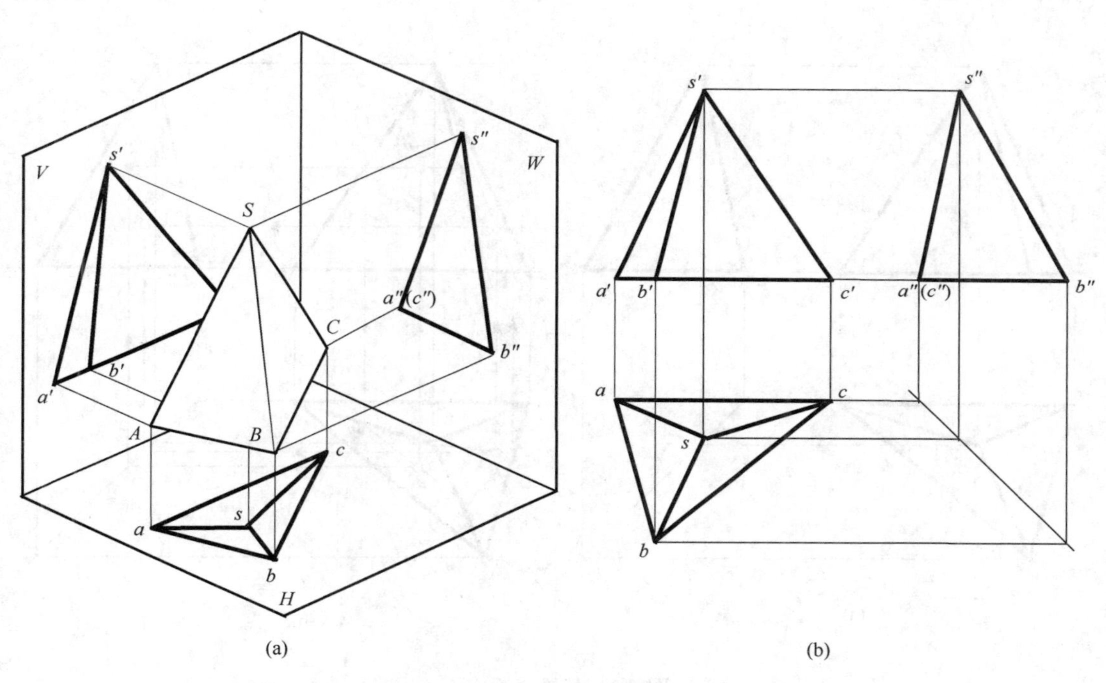

图 3-5　三棱锥投影

（a）直观图；（b）投影图

三面投影图显示：

（1）水平投影

△*abc* 是底面 *ABC* 的投影，反映实形；△*sab* 是左棱面 *SAB* 的投影，不反映实形；△*sbc* 是右棱面 *SBC* 的投影，不反映实形；△*sac* 是后棱面 *SAC* 的投影，不反映实形。

（2）正面投影

△*s′a′b′* 是左棱面 *SAB* 的投影，不反映实形；△*s′b′c′* 是右棱面 *SBC* 的投影，不反映实形；△*s′a′c′* 是后棱面 *SAC* 的投影，不反映实形；横线 *a′b′c′* 是底面 *ABC* 的投影，有积聚性。

（3）侧面投影

△*s″a″b″* 是左棱面 *SAB* 的投影，不反映实形；*s″a″*（*c″*）是后棱面 *SAC* 的投影，有积

聚性；$s''b''$是棱线SB的投影，不反映实长；a''（c''）b''是底面ABC的投影，有积聚性。

因为点、线、面构成了三棱锥的几何要素，符合投影规律，所以三面投影图之间也应符合“长对正，高平齐，宽相等”的三等关系。

2. 表面上的点

前面讲了棱柱表面点的作图过程，棱柱表面上的点可以利用棱柱平面投影的积聚性直接作出，而棱锥棱面的水平投影不具备积聚性的特点。因此，需要在点所在的平面上引辅助线，然后在辅助线上作出点的投影。

【例题 3-2】已知三棱锥表面上点Ⅰ、Ⅱ的水平投影 1、2，如图 3-6 所示，作出它们的正面投影和侧面投影。

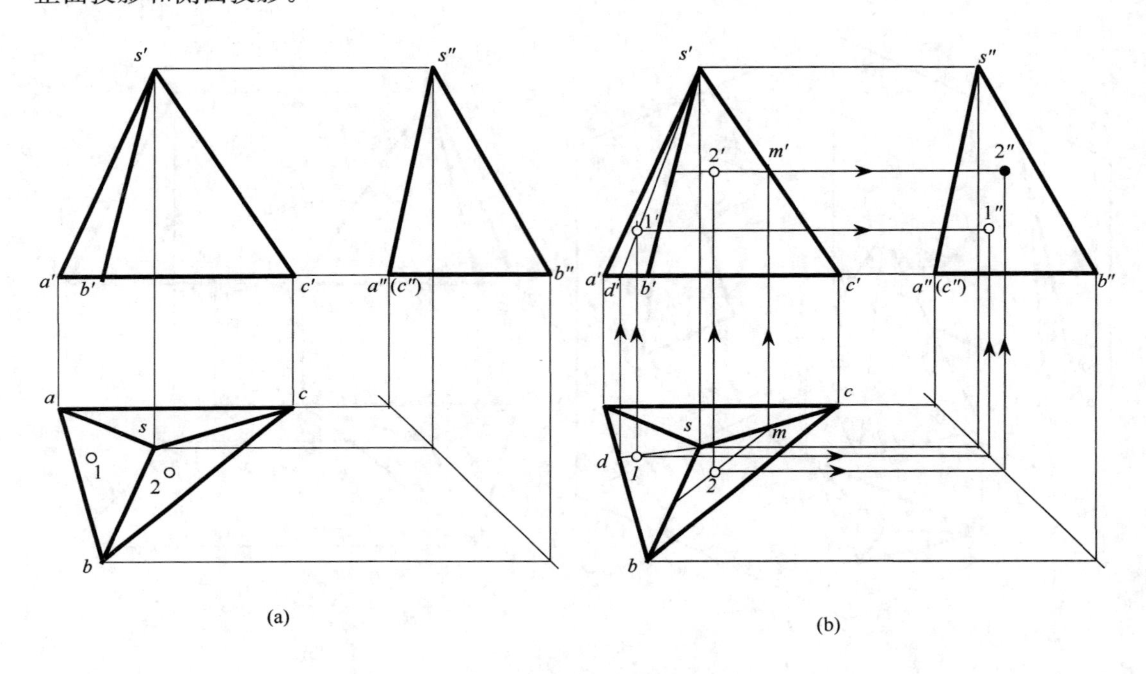

图 3-6 棱锥表面定点

(a) 已知；(b) 作图过程

作图分析：点Ⅰ在左棱面SAB上，点Ⅱ在右棱面SBC上，两个棱面均属一般位置平面，因此，作这两个平面上点的投影，必须采用在平面上加辅助线的方法。

作图过程：

① 过水平投影点s、1 作辅助线，交ab于d；从点d向上引联系线交$a'b'$于d'；

② 连接$s'd'$，过点 1 向上引联系线交$s'd'$于$1'$，根据“三等”关系，确定$1''$；

③ 过水平投影点 2，作辅助线平行于bc，交sc于m，从m点向上引联系线交$s'c'$于m'；

④ 过点m'作辅助线平行于$b'c'$，与过点 2 向上引的联系线相交于$2'$，根据“三等”关系，确定$2''$。

3.2　曲面体的投影

表面是由曲面或曲面与平面围成的形体称之为曲面体，如图 3-1（b）所示。建筑工程中有许多构件是由曲面体构成的。

3.2.1　曲线和曲面

1. 曲线

通常认为，线是由点运动而成，曲线则是一个点在运动时方向连续改变所形成的轨迹。曲线可以分为平面曲线和空间曲线。平面曲线上的各个点均在同一平面上，如圆、椭圆、抛物线、双曲线等。空间曲线上的各个点不在同一个平面上，如螺旋线。本章只介绍平面曲线。

曲线的投影可能是曲线，也可能是直线，如图3-7空间椭圆平行于 H 面，在 H 面的投影为椭圆，且反映椭圆的实形，具有显实性；在 V 面的投影为一直线，具有积聚性。

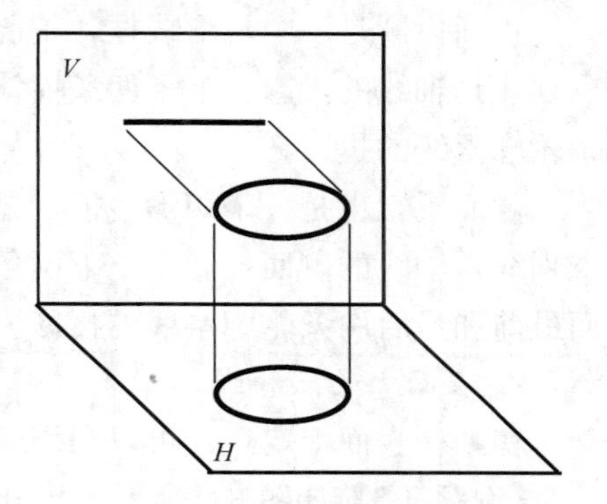

图 3-7　平行水平面的椭圆

2. 曲面

曲面体是由曲面或曲面与平面组成，而曲面是由直线或曲线在受一定约束的运动中形成的，如图 3-8 所示。

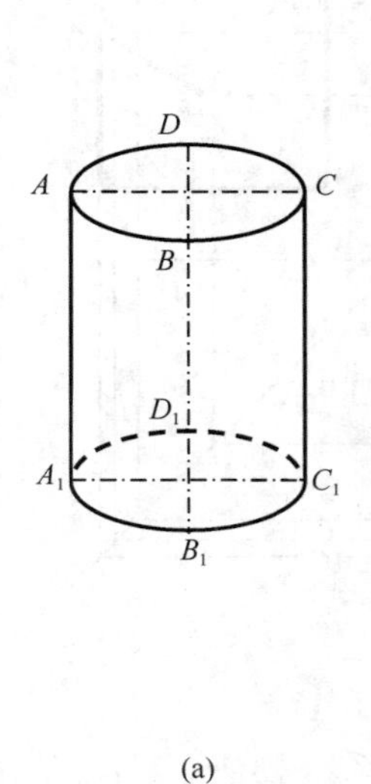

(a)

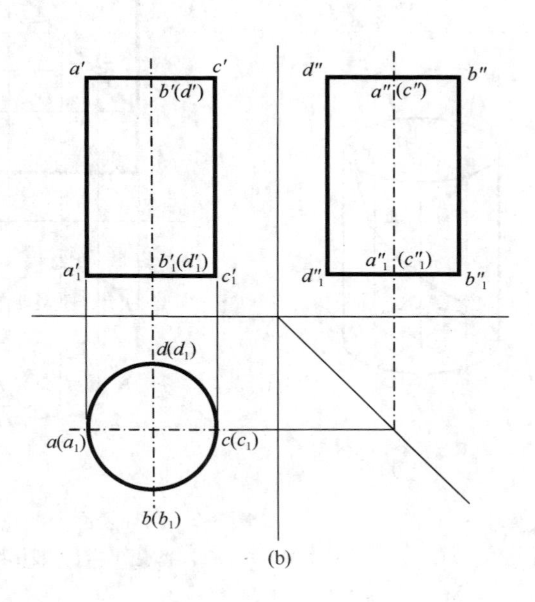

(b)

图 3-8　圆柱

（a）直观图；（b）投影图

3.2.2 圆柱

圆柱是由圆柱面和上下底面围成。圆柱面是由两根平行的直线，其中一根不动，另一根绕着它保持平行且等距的旋转而成。运动的直线称为母线，不动的直线称为轴线。

1. 投影

如图 3-8 直观图所示，直立圆柱的轴线是铅垂线，上下底面是水平面。把圆柱向三个投影面作投影，可以得到图 3-8 中的三面投影图。

水平投影是一个圆，是上下底面的重合投影（反映实形），圆周又是圆柱面的投影（有积聚性）。圆心是轴线的积聚投影。过圆心的两条点划线是圆的对称中心线。

正面投影是一个矩形线框，是前半个圆柱面和后半个圆柱面的重合投影。中间的竖直点划线是轴线的投影。上下两条横线是顶面和底面的积聚投影。左右两条竖线是圆柱面两条轮廓素线的投影。

侧面投影也是一个矩形线框，是左半个圆柱面和右半个圆柱面的重合投影。中间一条点划线是轴线的侧面投影。上下两条横线是顶面和底面的积聚投影。左右两条竖线是圆柱面最前和最后两条轮廓素线的投影。

2. 表面上的点和线

在圆柱表面上定点，可以利用圆柱表面投影的积聚性来作图。

【例题 3-3】 如图 3-9 所示，已知圆柱的三面投影和表面上过Ⅰ、Ⅱ、Ⅲ、Ⅳ点的曲线ⅠⅡⅢⅣ的正面投影 1′2′3′4′，求该曲线的水平投影和侧面投影。

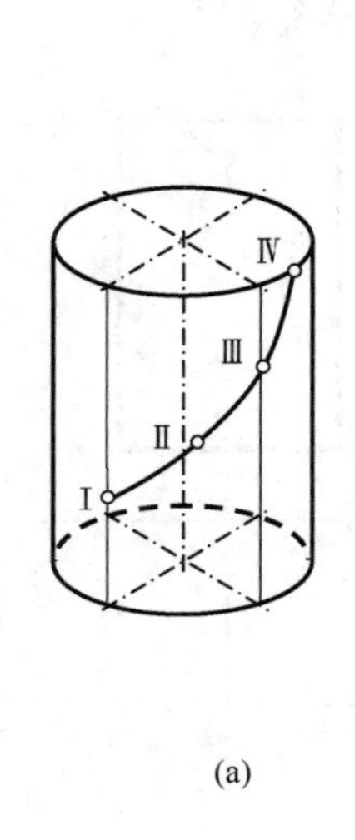

(a)

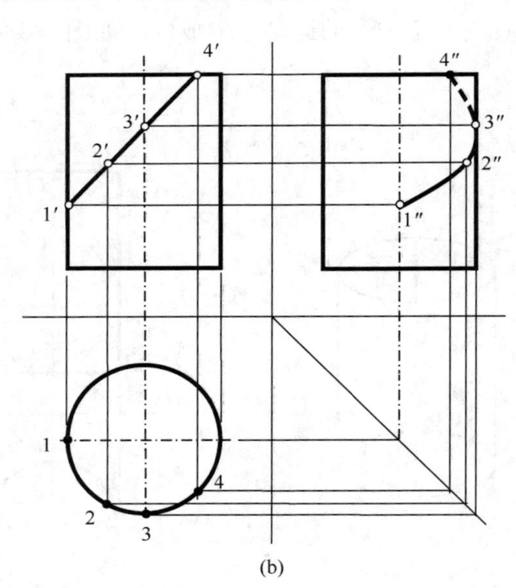

(b)

图 3-9　圆柱表面上的点和线

（a）直观图；（b）投影图

作图分析：点Ⅰ、Ⅱ、Ⅲ、Ⅳ及曲线ⅠⅡⅢⅣ都在圆柱面上，可以利用圆柱面水平投影的积聚性，先作出水平投影，然后再用“二补三”的方法作出侧面投影。

作图过程：

① 从正面投影可知Ⅰ、Ⅱ、Ⅲ、Ⅳ点都位于前半个圆柱面上，Ⅰ点是最左轮廓素线上的点，Ⅲ点是最前素线上的点，Ⅳ点是圆顶上的点，因此可以确定水平投影1在横向点划线与圆周的左面交点处，侧面投影1″在与轴线重合的点划线上，水平投影3在竖向点划线与圆周的前面交点处，侧面投影3″在轮廓线上。

② 从正面投影2′和4′分别向下引联系线，与前半个圆周相交，得到水平投影2和4。再用“二补三”作图，确定侧面投影2″、4″。

③ 曲线ⅠⅡⅢⅣ的水平投影1234是积聚在圆周上的一段圆弧，侧面投影1″2″3″4″是连接1″、2″、3″、4″各点的一段光滑曲线，因为Ⅰ、Ⅱ两点在左半个圆柱面上，Ⅳ点在右半个圆柱面上，Ⅲ点在左右半个圆柱面的分界线（侧面投影轮廓素线）上，所以曲线的侧面投影1″2″3″可见，连成实线，侧面投影3″4″不可见，连成虚线。

3.2.3　圆锥

圆锥是由圆锥面和底面围成。圆锥面是一条直线（母线）绕一条与其相交的直线（轴线）回转一周所形成的曲面。

1. 投影

圆锥的轴线是铅垂线，底面是水平面，直观图和投影图如图3-10所示。

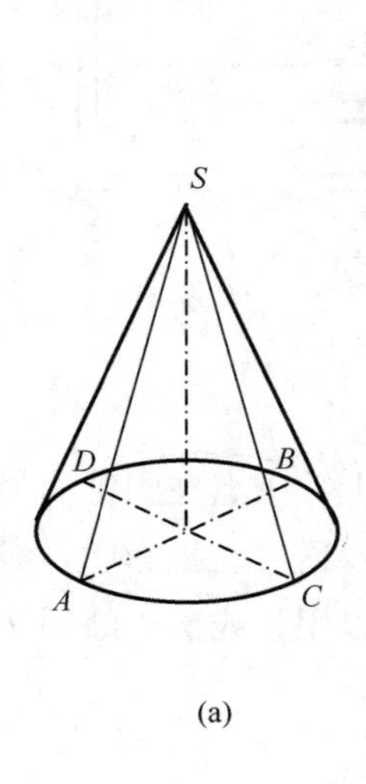

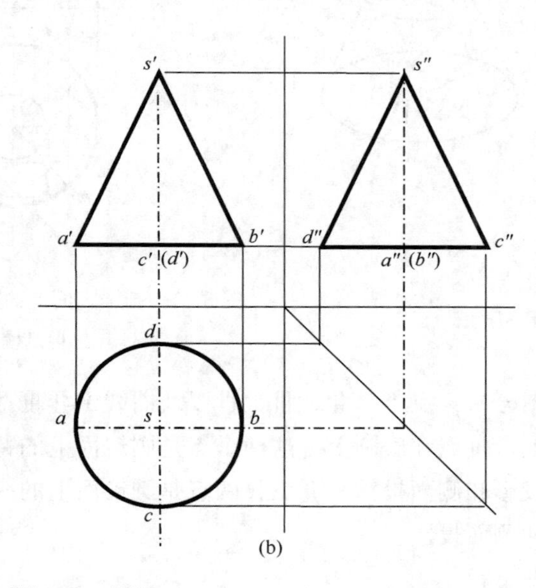

图3-10　圆锥

(a) 直观图；(b) 投影图

水平投影是个圆，它是圆锥面和底面的重合投影，反映底面的实形，过圆心的两条点划线是对称中心线，圆心还是轴线和锥顶的投影。

正面投影是一个三角形，它是前半个圆锥面和后半个圆锥面的重合投影，中间竖直的点划线是轴线的投影，三角形的底边是圆锥底面的积聚投影，左右两条边$s'a'$和$s'b'$是圆锥最左和最右两条轮廓素线 SA 和 SB 的投影。

侧面投影也是一个三角形，它是左半个圆锥面和右半个圆锥面的重合投影，中间竖直的点划线是轴线的侧面投影，三角形底边是底面的投影，两条边线 $s''c''$ 和 $s''d''$ 是最前和最后两条轮廓素线 SC 和 SD 的投影。

2. 表面上的点和线

圆锥面上的任意一条素线都过圆锥顶点，母线上任意一点的运动轨迹都是圆。圆锥面的三个投影都没有积聚性，因此在圆锥表面上定点时，必须用辅助线作图，用素线作为辅助线的作图方法，称为素线法，用垂直于轴线的圆作为辅助线的作图方法，称为纬圆法。

【例题 3-4】 如图 3-11 所示，已知圆锥表面上Ⅰ、Ⅱ、Ⅲ、Ⅳ四个点的正面投影 $1'$、$2'$、$3'$、$4'$，以及曲线ⅠⅡⅢ的正面投影 $1'2'3'$，求作它们的水平投影和侧面投影。

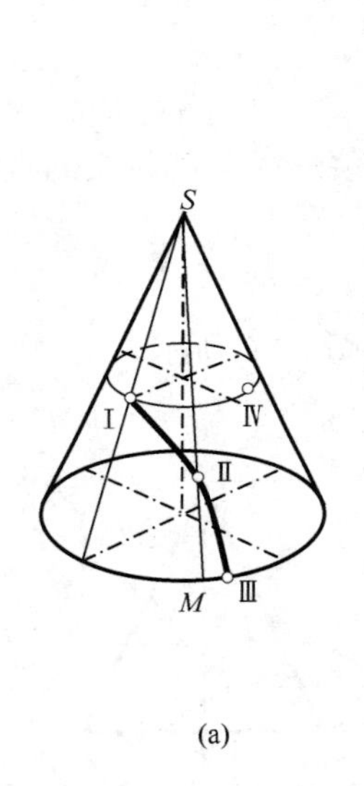

(a)

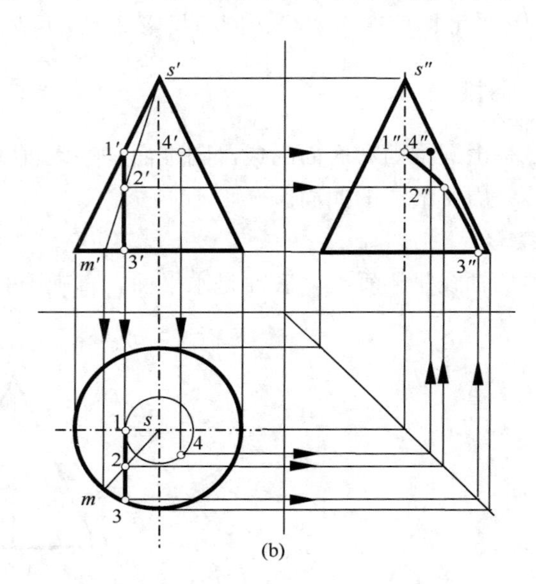

(b)

图 3-11 圆锥表面上的点和线

(a) 直观图；(b) 投影图

作图分析：点Ⅰ、Ⅱ、Ⅲ、Ⅳ以及曲线ⅠⅡⅢ都在圆锥面上，Ⅰ点在圆锥面最左边轮廓素线上，Ⅲ点在底圆上，这两个点是圆锥面上的特殊点，可以通过引投影联系线直接确定水平投影和侧面投影，Ⅱ、Ⅳ两点是圆锥面上的一般点，可以用素线法或纬圆法确定水平投影和侧面投影。

作图过程：

① 由于Ⅰ点位于圆锥面最左边的轮廓素线上，所以它的水平投影 1 应为自 $1'$ 向下引联系线与点划线的交点（可见），侧面投影 $1''$ 应为自 $1'$ 向右引联系线与点划线的交点（与轴线重影，可见）。

② Ⅲ点是前半个底圆圆周上的点，水平投影 3 应为自 $3'$ 向下引联系线与前半个圆周的交点（可见），利用"二补三"作图，确定其侧面投影 $3''$（可见）。

③ 利用素线法作点Ⅱ的投影：过 $s'2'$ 作辅助线，交底圆于 m'，自 m' 向下引联系线交

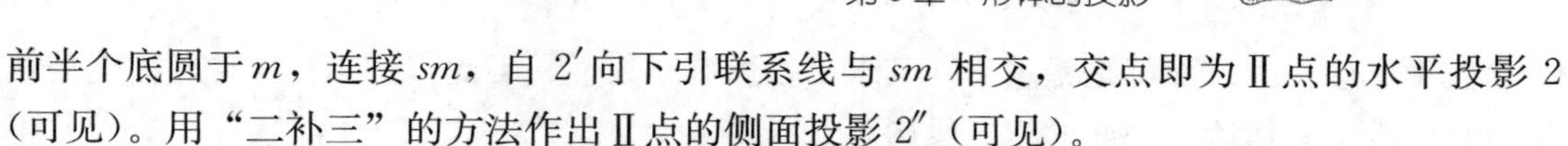

前半个底圆于m，连接sm，自$2'$向下引联系线与sm相交，交点即为Ⅱ点的水平投影2（可见）。用“二补三”的方法作出Ⅱ点的侧面投影$2''$（可见）。

④ 利用纬圆法作点Ⅳ的投影：过$4'$点作直线垂直于点划线，与轮廓素线的两个交点之间的线段就是过Ⅳ点纬圆的正面投影。在水平投影上，以底圆中心为圆心，以纬圆正面投影的线段长度为直径画圆，这个圆就是过Ⅳ点纬圆的水平投影。自$4'$点向下引联系线与纬圆的前半个圆周的交点，就是Ⅳ点的水平投影4（可见）。利用“二补三”作图，作出Ⅳ点的侧面投影$4''$（不可见）。

⑤ 将点1、2、3连成实线就是曲线ⅠⅡⅢ的水平投影（可见），将点$1''$、$2''$、$3''$用曲线光滑连接，即为曲线ⅠⅡⅢ的侧面投影（可见）。

3.3　平面与平面立体相交

平面与立体相交，就是立体被平面截切，所用的平面称为截平面，得到的交线称为截交线。平面与平面立体相交得到的交线是一个平面多边形，多边形的顶点是平面立体的棱线与截平面的交点。所以，求平面立体的截交线，需要先求出立体上各棱线与截平面的交点，然后将各交点连线，连线时必须是位于同一个棱面上的两个点相连。

3.3.1　平面与棱柱相交

如图3-12表示三棱柱被正垂面P截断后的直观图和投影图。图中符号P_V表示特殊面P的正面投影有积聚性，是一条直线，这条直线可以确定该特殊面的空间位置。

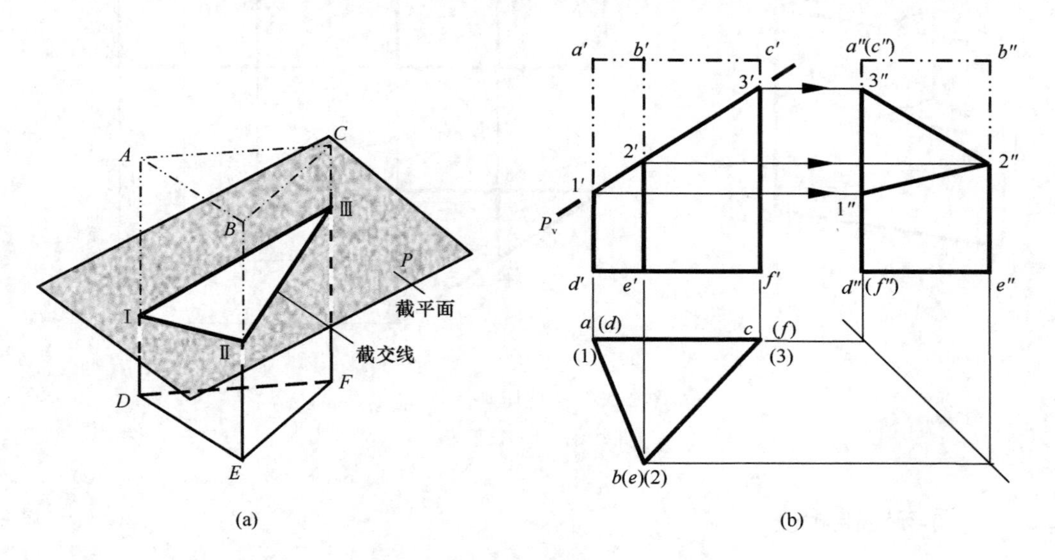

图3-12　正垂面与三棱柱相交

(a) 直观图；(b) 投影图

由于截平面P是正垂面，因此位于正垂面上的截交线正面投影必然位于截平面的积聚投影P_V上，而且三条棱线与P_V的交点$1'$、$2'$、$3'$就是截交线的三个顶点。

由于三棱柱的棱面都是铅垂面，其水平投影有积聚性，因此，位于三棱柱棱面上的截交线水平投影必然落在棱面的积聚投影上。

截交线的侧面投影可以通过 1′、2′、3′点向右引联系线，在对应的棱线上找到 1″、2″、3″，将此三点依次连接三角形，此三角形就是截交线的侧面投影。最后，擦去切掉部分的图线（或用双点划线代替），完成截断后三棱柱的投影。

【例题 3-5】完成棱柱切割体的水平投影和侧面投影。如图 3-13 所示。

作图分析：从正投影图中可以看出，三棱柱的切口是被一个水平面 P 和侧平面 Q 切割而成。切口的底面是三角形，切口的侧面是矩形。

作图过程：

① 在三棱柱的正投影中标出切口各交点 1′、2′（3′）、4′（5′）。

② 水平投影：依据棱柱表面的积聚性，找到各交点的水平投影 1、4（2）、5（3），切口底面△123 反映实形，切口侧面 2453 积聚成线段。

③ 利用各交点的正面投影和水平投影，分别作出各交点的侧面投影 1″（3″）、2″、4″、5″。

④ 擦去两个截平面切掉部分的图线（本题用双点划线表示）。

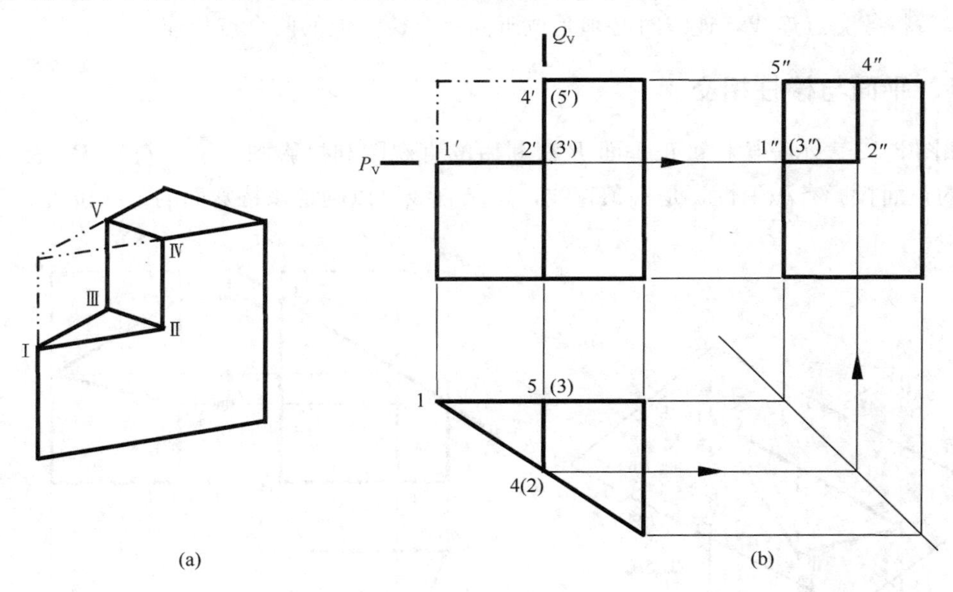

图 3-13 棱柱切割体

（a）直观图；（b）投影图

3.3.2 平面与棱锥相交

图 3-14 表示出被正垂面 P 截断的三棱锥，以及截断后三棱锥的投影图。

因为截平面 P 是正垂面，所以截交线的正面投影位于截平面的积聚投影 P_V 上，各棱线与截平面交点的正投影 1′、2′、3′可以直接得到。截交线的水平投影和侧面投影，可以通过以下作图方法求出：

① 自1′、2′、3′向右引联系线，交相应的棱线侧面投影于1″、2″、3″。

② 自1′、3′向下引联系线，交相应的棱线水平投影于1、3。

③ 利用已求得的2′和2″进行“二补三”作图，找到Ⅱ点的水平投影2。

④ 连接同面投影，得到截交线的水平投影△123和侧面投影△1″2″3″。

⑤ 擦去截掉部分的图线（本题用双点划线表示）。

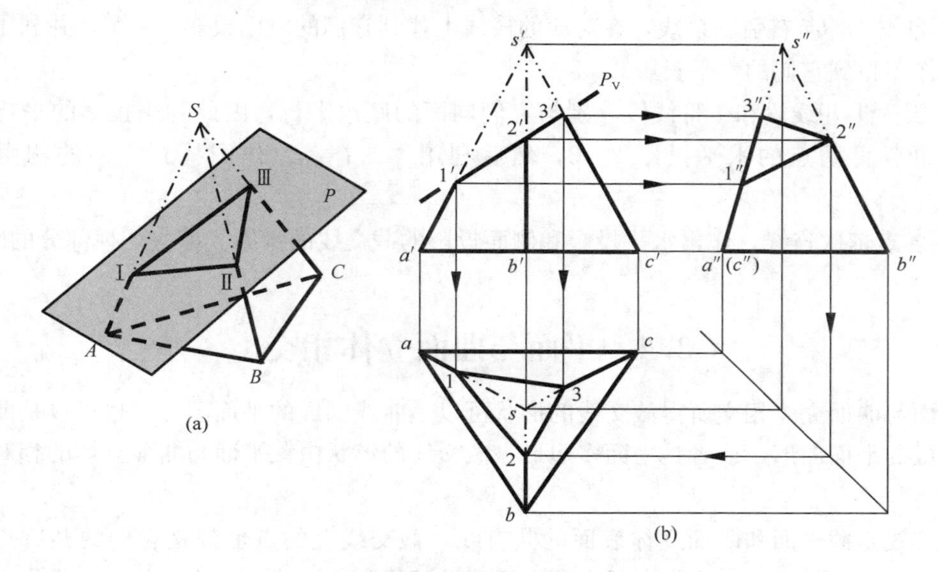

图3-14 正垂面与三棱锥相交

(a) 直观图；(b) 投影图

【例题3-6】完成图3-15四棱锥切割体的水平投影和侧面投影。

作图分析：从直观图和正投影可以看出，四棱锥的切口是被一个水平面P和正垂面Q所截，水平面P切割的截交线是三角形，正垂面Q切割的截交线是五边形。

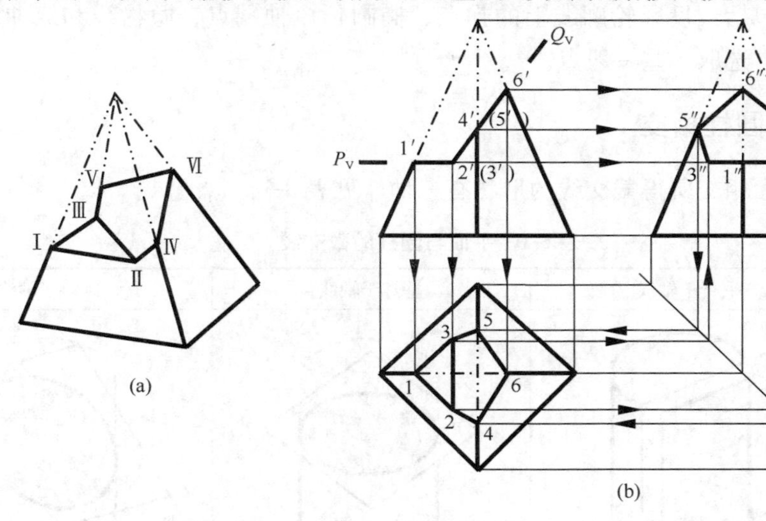

图3-15 四棱锥切割体

(a) 直观图；(b) 投影图

作图过程：

① 在正面投影图中，标出两个截平面与各条棱线交点的正面投影 1′、2′（3′）、4′（5′）、6′。

② 自 1′、6′分别向下、向右引联系线，在对应的棱线上找到它们的水平投影 1、6 和侧面投影 1″、6″。

③ 自 4′、5′向右引联系线，在对应的棱线上找到它们的侧面投影 4″、5″，并利用“二补三”作图找到它们的水平投影 4、5。

④ 因为ⅠⅡ线段和ⅠⅢ线段分别与它们同面的底边平行，因此利用投影的平行性可以作出Ⅱ、Ⅲ两点的水平投影 2、3，然后利用“二补三”作图找到它们的侧面投影 2″、3″。

⑤ 各点依次连线，作出水平投影和侧面投影的截交线的投影。擦去切掉部分的图线。

3.4 平面与曲面立体相交

平面与曲面立体相交所得截交线的形状可以是曲线围成的平面图形，也可以是曲线和直线围成的平面图形，或者是平面多边形。截交线的形状由截平面与曲面立体的相对位置来决定。

截交线是截平面和曲面立体表面的共有线，截交线上的点也都是它们的共有点。因此，在求截交线的投影时，先在截平面有积聚性的投影上，确定截交线的一个投影，并在这个投影上选取若干个点，然后把这些点看作曲面立体表面上的点，利用曲面立体表面定点的方法，求出它们的另外两个投影，最后把这些点的同面投影依次光滑连接，并表明投影的可见性。

求作曲面立体截交线的投影时，通常是先选取一些能确定截交线形状和范围的特殊点，这些特殊点包括：投影轮廓线上的拐点、椭圆长短轴端点、抛物线和双曲线的顶点等，然后按需要再选取一些一般点。

3.4.1 平面与圆柱相交

平面与圆柱面相交所得截交线的形状有三种，见表 3-1：

表 3-1 平面与圆柱的截交线

截平面位置	平行于轴线	垂直于轴线	倾斜于轴线
直观图	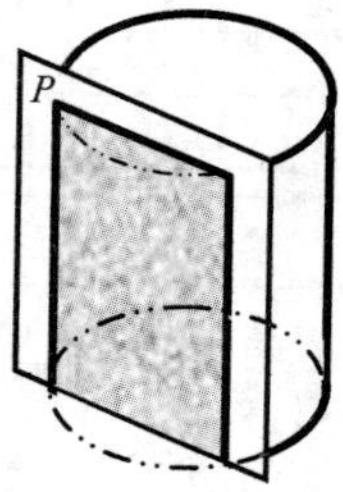	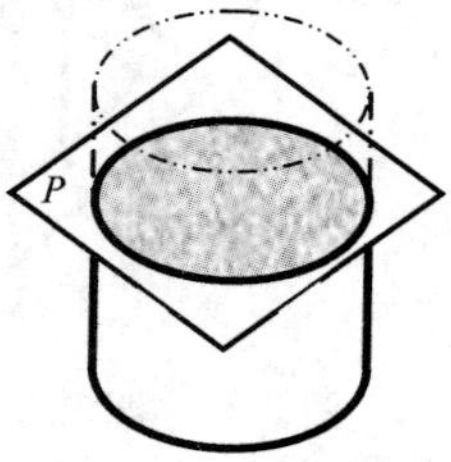	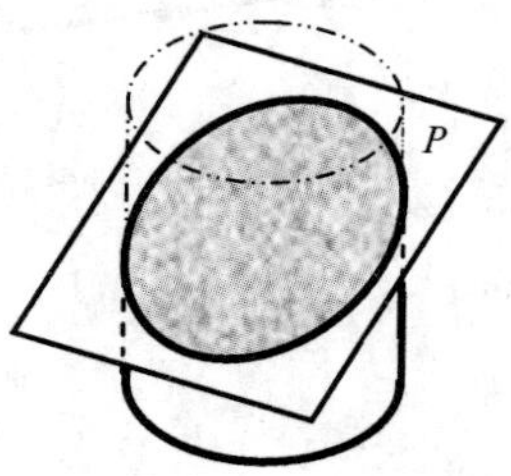

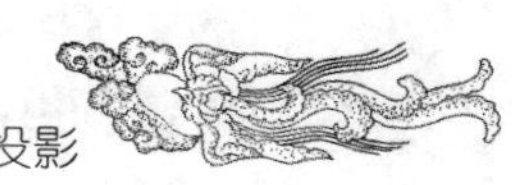

续表

截平面位置	平行于轴线	垂直于轴线	倾斜于轴线
投影图	P_V	P_V	P_V
截交线形状	两条素线	圆	椭圆

① 当截平面通过圆柱的轴线或平行于轴线时，截交线为两条素线；

② 当截平面垂直于圆柱的轴线时，截交线为圆；

③ 当截平面倾斜于圆柱的轴线时，截交线为椭圆。

【例题 3-7】 求如图 3-16 所示的正垂面 P 与圆柱的截交线。

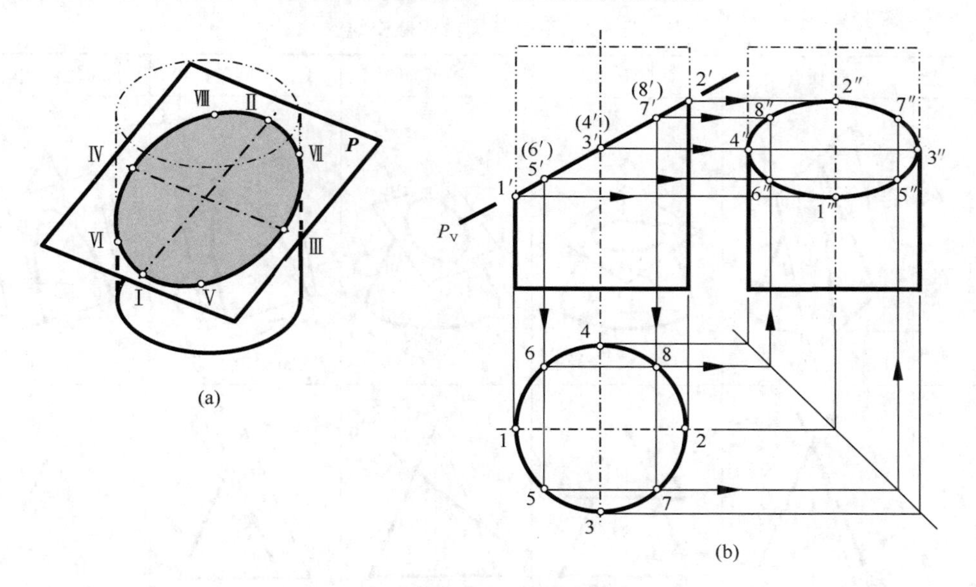

图 3-16　正垂面切割圆柱

(a) 直观图；(b) 投影图

作图分析：根据前面所述，截平面 P 与圆柱轴线倾斜，截交线应是一个椭圆。椭圆长轴ⅠⅡ是正平线，短轴ⅢⅣ是正垂线。因为截平面的正面投影和圆柱的水平投影有积聚性，所以截交线椭圆的正面投影是积聚在 P_V 上的线段，椭圆的水平投影是积聚在圆柱面上的轮廓圆，椭圆的侧面投影仍是椭圆，但不反映实形。

作图过程：

① 在正面投影中，选取椭圆长轴和短轴端点 $1'$、$2'$和 $3'$、$(4')$，然后选取一般点 $5'$、

(6′)、7′、(8′)。

② 自以上八个点向下引联系线，在圆周上找到各点的水平投影 1、2、3、4、5、6、7、8。

③“二补三”作图，在侧面投影中找到各点的侧面投影 1″、2″、3″、4″、5″、6″、7″、8″。

④ 依次按序光滑连接 1″、5″、3″、7″、2″、8″、4″、6″、1″，得到截交线的侧面投影。

3.4.2 平面与圆锥相交

平面与圆锥相交，根据截平面与圆锥轴线的夹角，可以得到不同形状的截交线，详见表 3-2：

① 当截平面通过锥顶时，截交线为两条相交素线；

② 当截平面垂直于轴线时，截交线为一个圆；

③ 当截平面与轴线夹角 α 大于母线与轴线夹角 θ 时，截交线为一椭圆；

④ 当截平面平行于一条素线即 $\alpha=\theta$ 时，截交线为抛物线；

⑤ 当截平面与轴线夹角 α 小于母线与轴线夹角 θ 时，截交线为双曲线。

表 3-2　平面与圆锥的截交线

<table>
<tr><th>截平面位置</th><th>过顶点</th><th>垂直于轴线</th><th>倾斜于轴线</th><th>平行于一条素线</th><th>平行于轴线或两素线</th></tr>
<tr><td>直观图</td>
<td>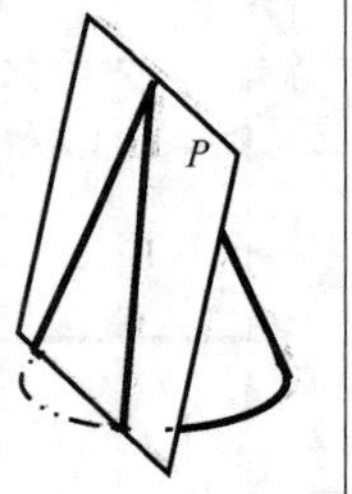</td>
<td>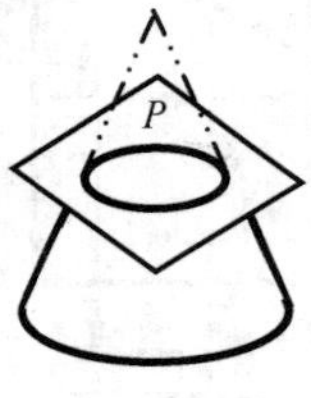</td>
<td>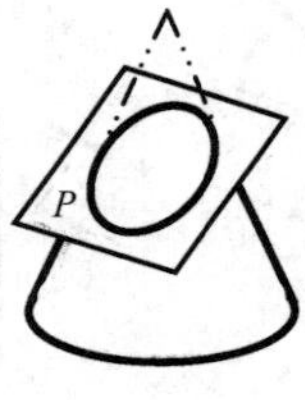</td>
<td>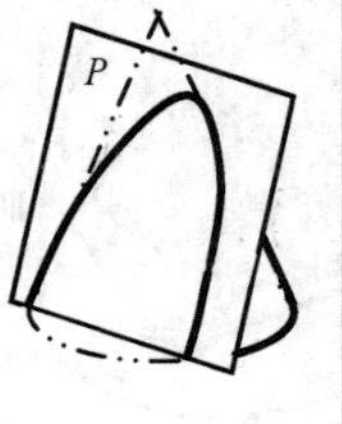</td>
<td>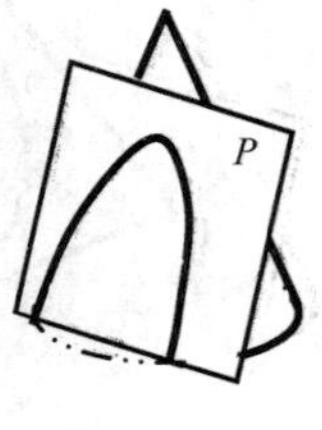</td></tr>
<tr><td>投影图</td>
<td>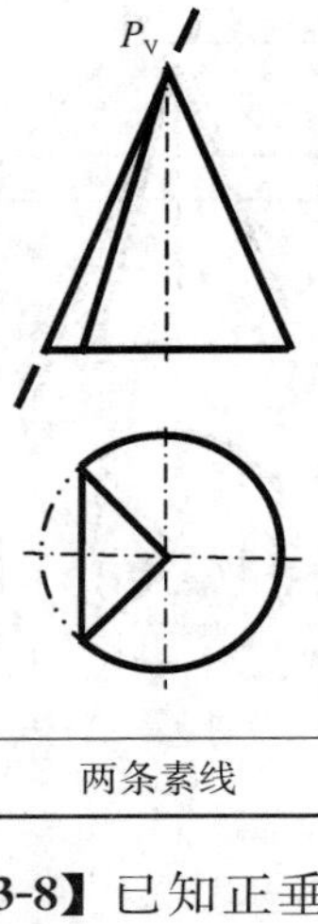</td>
<td>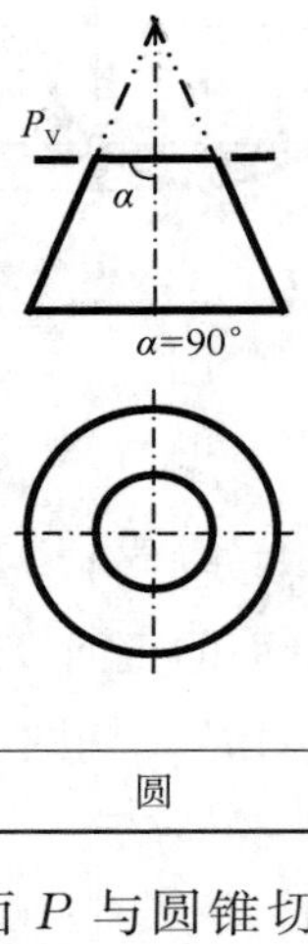</td>
<td>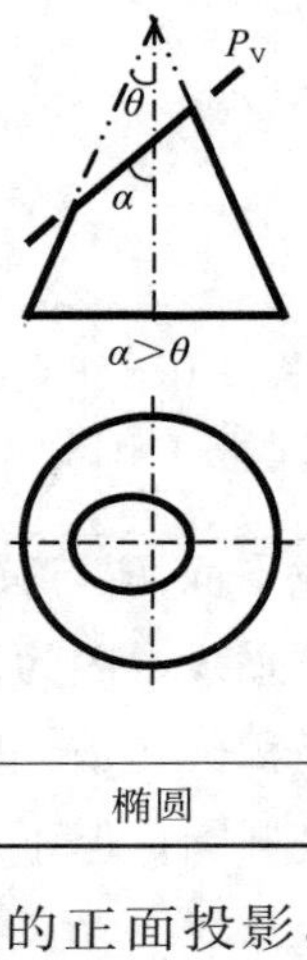</td>
<td>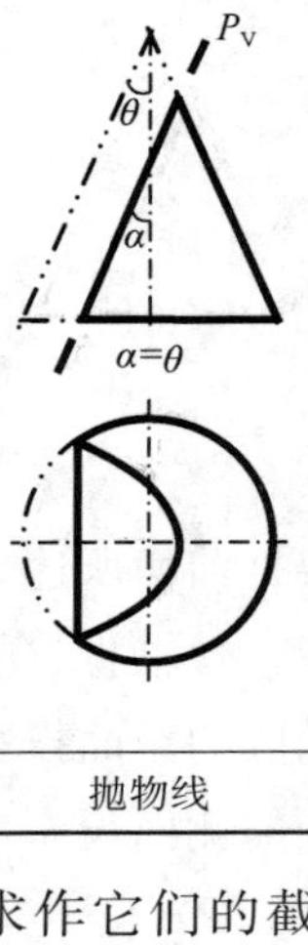</td>
<td>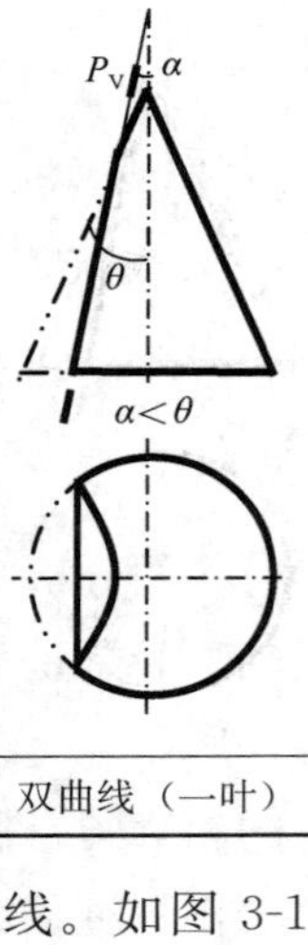</td></tr>
<tr><td>截交线形状</td><td>两条素线</td><td>圆</td><td>椭圆</td><td>抛物线</td><td>双曲线（一叶）</td></tr>
</table>

【例题 3-8】 已知正垂面 P 与圆锥切割的正面投影，求作它们的截交线。如图 3-17 所示。

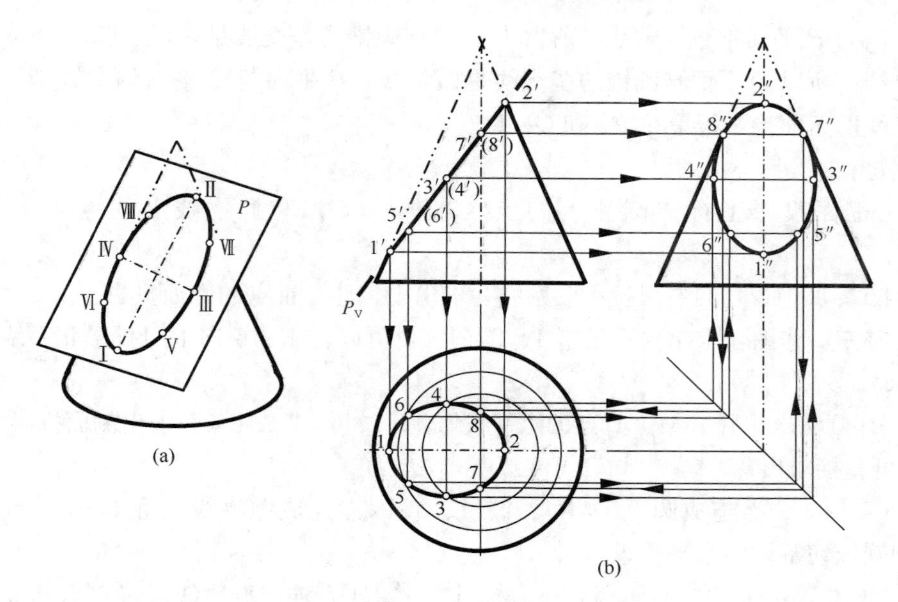

图 3-17　正垂面切割圆锥
(a) 直观图；(b) 投影图

作图分析：

① 从正面投影可知，截平面 P 与圆锥轴线夹角大于母线与轴线夹角，所以截交线是一个椭圆。

② 椭圆的正面投影是一条线段、且积聚在截平面的积聚投影 P_V 上，水平投影和侧面投影仍然是椭圆，但不反映实形。

③ 为了求出椭圆的水平投影和侧面投影，应先在椭圆的正面投影上标定出所有的特殊点（长短轴端点、侧面投影轮廓线上的点）和几个一般点，然后把这些点看作圆锥表面上的点，用纬圆法求出它们的水平投影和侧面投影，再将它们的同面投影依次连接成椭圆。

作图过程：

① 在正面投影上，先找到椭圆的长轴两个端点的投影 1′、2′和短轴的两个端点的投影 3′、(4′)（位于线段 1′2′的中点），再找到侧面投影轮廓线上的点 7′、(8′) 和一般点 5′、(6′)。

② 自 1′、2′、7′、8′向下和向右引联系线，直接（或“二补三”）找到它们的水平投影 1、2、7、8 和侧面投影 1″、2″、7″、8″。

③ 用纬圆法求出Ⅲ、Ⅳ、Ⅴ、Ⅵ点的水平投影 3、4、5、6，再利用“二补三”求出侧面投影 3″、4″、5″、6″。

④ 在水平投影和侧面投影图中，分别将同面投影的八个点依次光滑的连接成椭圆，该椭圆即为所求的截交线。

【例题 3-9】 完成圆锥切割体的水平投影和侧面投影，如图 3-18 所示。

作图分析：从正面投影图可知，已知形体是圆锥被一个水平面 P 和一个正垂面 Q 切割而成。因为 P 平面垂直于轴线，所以 P 平面与圆锥的截交线是一段圆弧。因为 Q 平面平行于母线，所以 Q 平面与圆锥的截交线是抛物线。P 平面与 Q 平面的交线是一段正垂线。截交线的正面投影积聚在 P_V 和 Q_V 上。

作图过程：

① 在正面投影上标出圆弧上的点：6′、4′（5′）和抛物线上的点 4′（5′）、2′（3′）、1′。

② 自 1′、2′（3′）向右引投影联系线，求出Ⅰ、Ⅱ、Ⅲ点的侧面投影 1″、2″、3″，再利用“二补三”作图，求出水平投影 1、2、3（也可以自 1′、6′向下引投影联系线，直接求出 1、6）。

③ 用纬圆法求出Ⅳ、Ⅴ、Ⅵ点的水平投影 4、5、6，“二补三”求出侧面投影 4″、5″、6″（6″也可直接求出）。

④ 将 4、6、5 点连成圆弧，将 4、2、1、3、5 点连成抛物线，将 4、5 两点连成直线，得到圆锥切割体的水平投影。

⑤ 将 4″、5″两点连成直线，将 5″、3″、1″、2″、4″点连成抛物线，将 3″点和 2″点以上的侧面投影轮廓线擦掉（本题用双点画线表示），得到圆锥切割体的侧面投影。

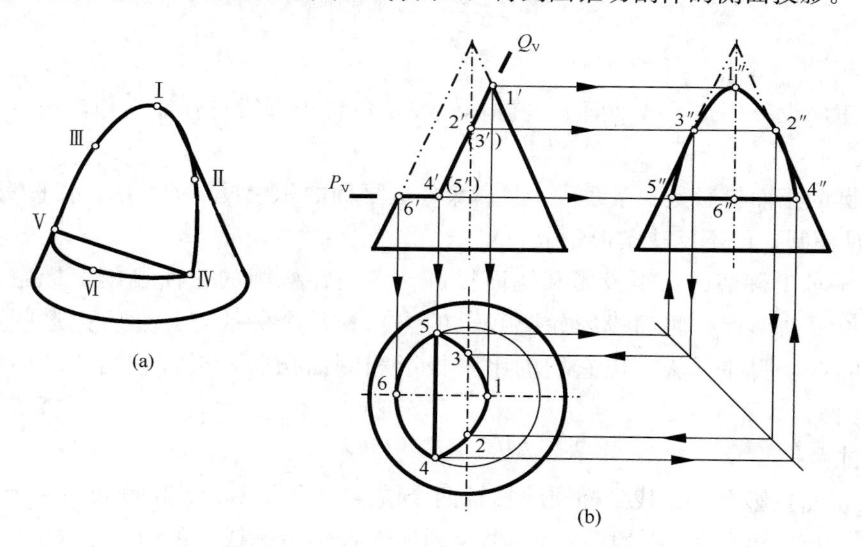

图 3-18　圆锥切割体

（a）直观图；（b）投影图

3.5　两平面立体相交

两个立体相交，也称两立体相贯，其表面交线称相贯线。

两平面立体相交所得的相贯线，一般情况是封闭的空间折线，如图 3-19 所示。相贯线上每一段直线都是一立体的棱面与另一立体棱面的交线，而每一个折点都是一立体的棱线与另一立体棱面的交点。因此，可以采用以下方法，求得两平面立体的相贯线：

① 确定两立体参与相交的棱线和棱面。

② 求出参与相交的棱线与棱面的交点。

③ 依次连接各交点。连接时要注意：只有当两个点对于两个立体而言都位于同一个棱面上才能连接，否则不能连接。

④ 判断相贯线的可见性。判别的方法是：只有两个可见棱面的交线才可见，连实线；否则不可见，连虚线。

相贯的两个立体是一个整体，称为相贯体。所以，当一个立体穿入另一个立体时，内部的棱线不需要画出。

【例题 3-10】 求直立三棱柱与水平三棱柱的相贯线（图 3-19）。

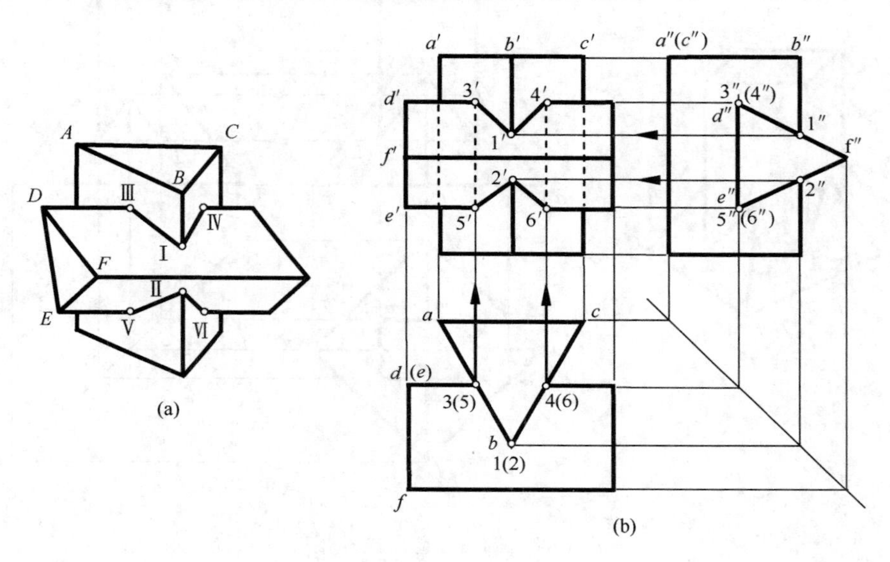

图 3-19　两三棱柱相贯

(a) 直观图；(b) 投影图

作图分析：从水平投影和侧面投影可以看出，两个三棱柱相互部分贯穿，相贯线应是一组空间折线。

因为直立三棱柱的水平投影有积聚性，所以相贯线的水平投影必然积聚在直立三棱柱的水平投影轮廓线上；同样，水平三棱柱的侧面投影有积聚性，所以相贯线的侧面投影必然积聚在水平三棱柱的侧面投影轮廓线上。这样，本题所求的相贯线的投影，只需要求出正面投影即可。

根据图 3-19，可以看出，水平三棱柱的 D 棱、E 棱和直立三棱柱的 B 棱参与相交(其他各棱并未参与相交)，每条棱线穿过两个棱面，得到两个交点，因此，可以判断相贯线上共有六个折点，求出这些折点就可以连成相贯线。

作图过程：

① 在水平投影和侧面投影上，确定六个交点（折点）的投影 1（2)、3（5)、4（6）和 1″、2″、3″（4″)、5″（6″)。

② 自 3（5)、4（6）向上引联系线与相应的棱线相交于 3′、4′、5′、6′。

③ 自 1″、2″向左引投影联系线与 b′棱交于 1′、2′。

④ 将各点依次相连并判断可见性。

【例题 3-11】 求四棱柱与四棱锥的相贯线（图 3-20）。

作图分析：从水平投影图可以看出，四棱柱从上向下贯入四棱锥中，相贯线应是一组封闭的折线。因为直立的四棱柱水平投影具有积聚性，所以相贯线的水平投影必然积聚在直立的四棱柱的水平投影轮廓线上，相贯线的正面投影和侧面投影需利用作图求出。

四棱柱的四条棱线和四棱锥的四条棱线参与相交，八条棱线各与一个棱面相交，共有八个交点，即为相贯线的折点。

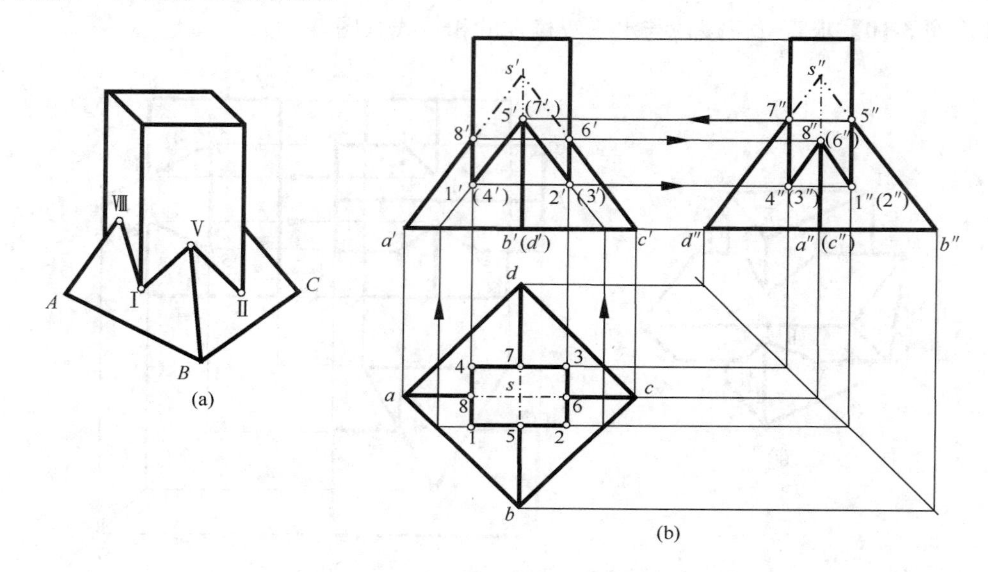

图 3-20　四棱柱与四棱锥相贯

（a）直观图；（b）投影图

作图过程：

① 在水平投影上，标出相贯线的八个折点的投影：1、2、3、4、5、6、7、8。

② 过Ⅰ点在 *SAB* 平面上作辅助线与 *SA* 平行，利用平行性求出Ⅰ点的正面投影 1′，再用同样的方法求出Ⅱ、Ⅲ、Ⅳ的正面投影：2′、(3′)、(4′)。自这四个点向右引投影联系线，求出侧面投影：1″、(2″)、(3″)、4″。

③ Ⅴ、Ⅵ、Ⅶ、Ⅷ四个点分别位于四棱锥的四条棱线上，利用四棱柱左右棱面正面投影的积聚性求出 8′、6′，然后向右引投影联系线求出 8″、(6″)；利用四棱柱前后棱面侧面投影的积聚性求出 5″、7″，然后向左引投影联系线求出 5′、(7′)。

④ 依次连接 8′1′5′2′6′（3′）（7′）（4′）8′即为相贯线的正面投影，依次连接 7″4″8″1″5″（2″）（6″）（3″）7″即为相贯线的侧面投影。

⑤ 将参与相交的棱线画至交点处，擦除多余线条。

【例题 3-12】 求出带有三棱柱孔的三棱锥的水平投影和侧面投影，如图 3-21 所示。

作图分析：三棱锥被三棱柱穿透后形成一个三棱柱孔，并在三棱锥的表面上形成了孔口线，这个孔口线与两个形体相贯时的相贯线完全一样。由于三棱柱孔正面投影有积聚性，因此，孔口线的正面投影积聚在三棱柱孔的正面投影轮廓线上，三棱柱和三棱锥的水平投影和侧面投影没有积聚性，孔口线的水平投影和侧面投影均需要作图求出。

三棱柱孔的三条棱线和三棱锥的一条棱线参与相交，孔口线上应有八个折点，但从正面投影上可以看出，三棱柱的上边棱线与三棱锥的前边棱线相交，所以实际折点只有七个。

作图过程：

① 在正面投影图上标出七个折点的投影：1′、2′、3′、4′、5′、6′、7′。

② 利用棱锥表面定点的方法，求出折点的水平投影 1、2、3、4、5、6、7 和侧面投影 1″、2″、3″、4″、(5″)、(6″)、7″。

③ 连接相关各折点：水平投影上连接 15、57、73、31 形成前部孔口线，再连接 24、46、62 形成后部孔口线；侧面投影上连接 1″3″、3″7″，其余折线或积聚或重合。

④ 用虚线画出三棱柱孔的棱线的水平投影和侧面投影，擦掉 1″7″一段侧面投影轮廓线。

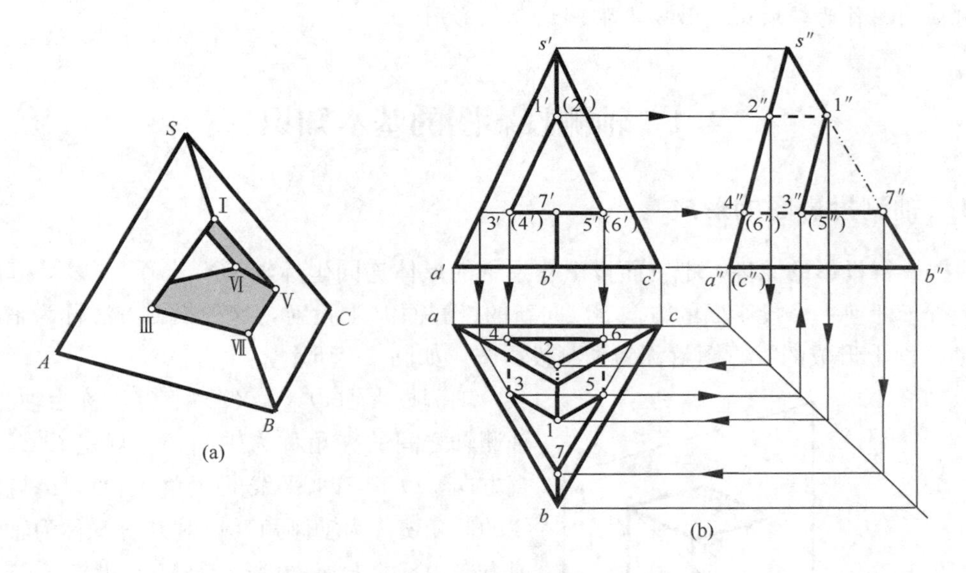

图 3-21 带有三棱柱孔的三棱锥

(a) 直观图；(b) 投影图

第 4 章 轴测投影

本章要点

工程实践中，工程图纸常采用正投影法绘制。正投影图能完整准确地表达形体的形状和尺寸，作图简便，便于施工。但是正投影图立体感差，必须具备一定识图能力才能读懂。轴测投影图虽然是单面的平行投影图，但是它能在一个投影中，同时反映出形体的长、宽、高三个方向的尺寸，有较强的立体感。因此，在工程实践中，往往采用轴测图作为辅助图，帮助人们阅读正投影图。

4.1 轴测投影图的基本知识

4.1.1 轴测投影图的形成

根据平行投影的原理，把三面投影体系中的形体连同坐标轴 OX、OY、OZ 一起，沿着不平行于任何一个投影面的方向 S，向新的投影面 P 上投射，这种投影方法称为轴测投影。在 P 面上形成的投影图就称为轴测投影图，如图 4-1 所示。

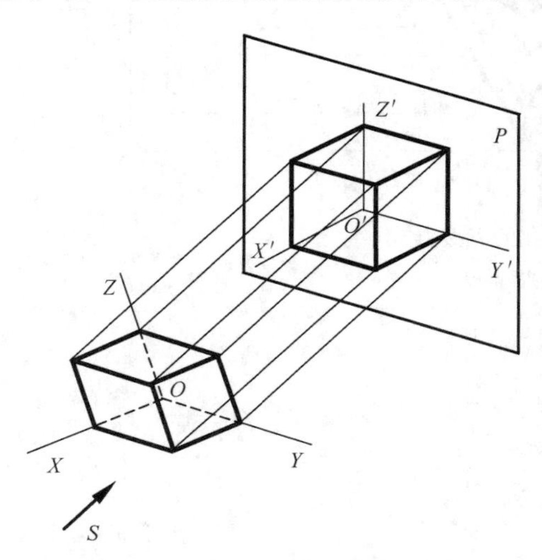

图 4-1 轴测投影图的形成

轴测投影轴 $O'X'$、$O'Y'$、$O'Z'$ 称为轴测轴，轴测轴之间的夹角称为轴间角。规定 $O'Z'$ 为竖直方向，$O'X'$ 与水平线的倾角 ϕ 和 $O'Y'$ 与水平线的倾角 σ 称为轴倾角。投射方向 S 称为轴测投射方向。S 的 H 面投影 s 和 V 面投影 s' 与水平线的夹角分别标为 ε_1 和 ε_2，如图 4-2 所示。

轴测轴上的单位长度与相应正投影体系中投影轴上的单位长度的比值称为相应轴测轴的轴向伸缩系数。X'、Y' 和 Z' 的轴向伸缩系数分别用 p、q、r 表示，即

$$p=\frac{O'B'}{OB} \quad q=\frac{O'C'}{OC} \quad r=\frac{O'A'}{OA}$$

因此，画轴测投影图时，把正投影图上形体的长、宽、高三个方向的尺寸，分别乘以相应轴测轴的轴向伸缩系数，即可得到轴测图上的尺寸，如图 4-3 所示。

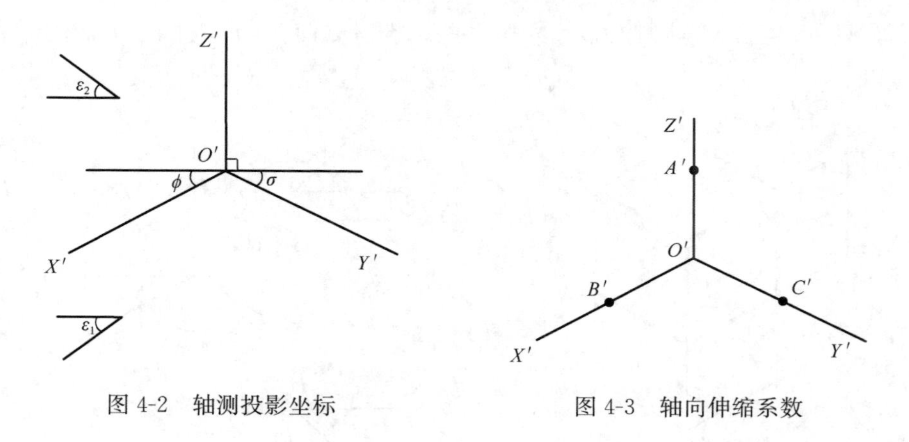

图 4-2　轴测投影坐标

图 4-3　轴向伸缩系数

4.1.2　轴测投影的特性

轴测图是根据平行投影的原理绘制的，所以它有如下特性：

① 空间形体上相互平行的直线，在轴测投影面上的投影，仍然相互平行。如果正投影图上的线段平行于投影轴，它的轴测投影也必定平行于轴测轴。

② 空间形体上平行于轴测轴线段的轴测投影长度与该线段的实长之比等于相应轴测轴的轴向伸缩系数。

4.1.3　轴测投影的分类

当给出 $O'X'$ 和 $O'Y'$ 轴测轴的方向（轴间角或轴倾角 ϕ 和 σ）及各轴的轴向伸缩系数 p、q、r，便可根据正投影图画出无数不同的轴测图。在实际应用中，根据投射方向 S 是否垂直于轴测投影面，轴测投影大致分成两类。

1. 正轴测投影

投射方向 S 垂直于轴测投影面，所得到的投影称为正轴测投影。

2. 斜轴测投影

投射方向 S 倾斜于轴测投影面，所得到的投影称为斜轴测投影。

4.2　正轴测投影

根据轴向伸缩系数 p、q、r 是否相等，正轴测投影又可以分为正等轴测投影（简称正等测）和正二等轴测投影（简称正二测）。本节只讨论正等测投影。

4.2.1　正等测的轴间角和轴向变形系数

正等测投影是最常用的一种轴测投影。它的三个轴间角都是 120°，两个轴倾角都是 30°。

轴向伸缩系数 p、q、r 都是 0.82，为了方便画图，习惯上简化为 1。可以直接按实际尺寸作图，只是比实际的轴测投影尺寸稍大些。投射方向 S 与 V 面和 H 面均成 45°方向投射，所以 $\varepsilon_1=\varepsilon_2=45°$，如图 4-4 所示。

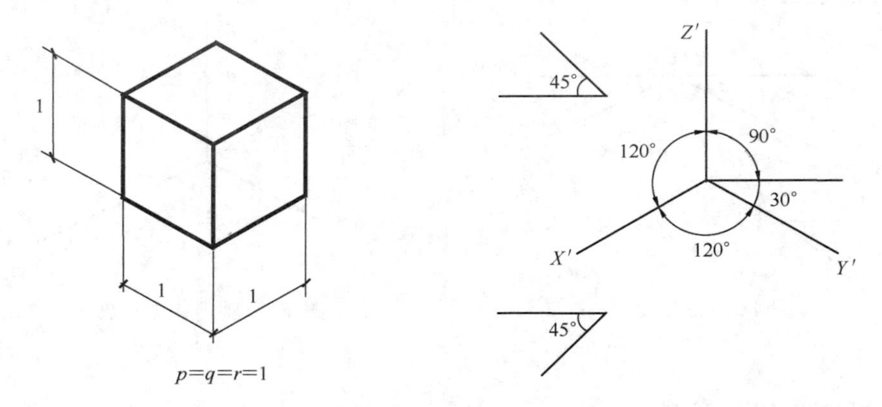

图 4-4　正等测轴向伸缩系数与轴间角

4.2.2　正等测图的画法

首先要根据物体的形状特征选定适当的投影方向，使得画出的轴测图具有最佳的表达效果。

【例题 4-1】已知凸状形体的投影，如图 4-5（a）所示，试画出其正等测。

作图分析：该形体由上下两个矩形组成。需将表现其特征的凸面放在可见面上。

作图过程：

① 建立坐标轴，先画出大立方体，取 $p=q=r=1$，并在大立方体顶面画出小立方体底面的位置线，如图 4-5（b）所示。

② 在已画好的小立方体的位置线上，按 Z 轴方向起 z_2 高度，完成小立方体，如图 4-5（c）所示。

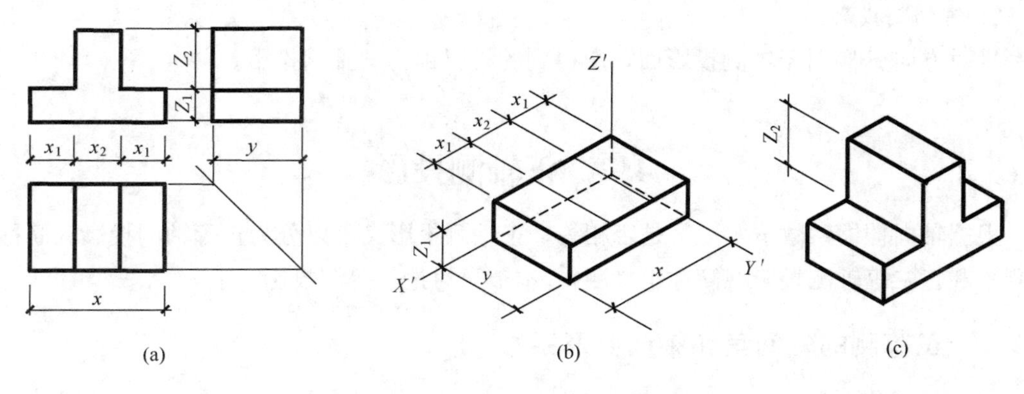

图 4-5　凸状形体正等测图

4.3　斜轴测投影

以 V 面或 V 面平行面作为轴测投影面得到的轴测投影称为正面斜轴测投影。以 H 面或 H 面的平行面作为轴测投影面得到的轴测投影称为水平面斜轴测投影（本节不讨论）。

根据轴向伸缩系数 p、q、r 的不同，正面斜轴测投影可以分为正面斜等测和正面斜二测。

1. 正面斜等测

当轴向伸缩系数 $p=q=r=1$ 时，画出的正面斜轴测投影称为正面斜等测，如图 4-6（a）所示。

正面斜等测的画法，如图 4-6（b）所示，Z 轴与 X 轴的轴间角为 90°，Y 轴的轴倾角 σ 可以是 30°、45°、60°。当 σ 变化时，其他的轴间角也随之变化，但是，Z 轴与 X 轴之间 90°是不变的，因为这是正面斜轴测的投影特点。

从图中可以看出，Z 轴和 X 轴的轴间角是 90°，同时它们的轴向伸缩系数相等。所以，形体上凡是平行于正面的平面，它们的轴测投影必反映实形，凡是垂直于正面的直线，它们的投影和长度随着 σ 的不同而不同。为了作图方便，一般取 $\sigma=45°$。

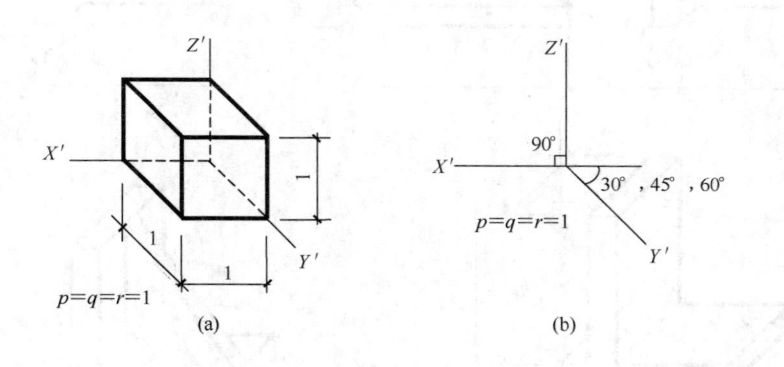

图 4-6　正面斜等测

2. 正面斜二测

当轴向伸缩系数 $p=r=1$、$q=1/2$ 时，画出的正面斜轴测投影称为正面斜二测，如图 4-7（a）所示。

正面斜二测的画法如图 4-7（b）所示，与正面斜等测相同，Z 轴与 X 轴的轴间角是 90°，Y 轴与正面斜等测也一样，唯一不同的是轴向伸缩系数。由于 Z、X 轴的轴向伸缩系数相同，所以形体上凡是平行于正面的平面必反映实形。而 Y 轴的轴向伸缩系数取 0.5，在 Y 轴方向的尺寸有了变化，对某些形体更显得接近实际。

【例题 4-2】 图 4-8（a）是挡土墙的投影图，试作出其正面斜二测的轴测图。

作图：确定投影图中的 V 面为轴测投影的正面。根据正面斜二测的投影特点，此面在轴测图中反映实形，所以，按轴向伸缩系数 $p=r=1$ 截取投影图中的 X 和 Z 方向的尺

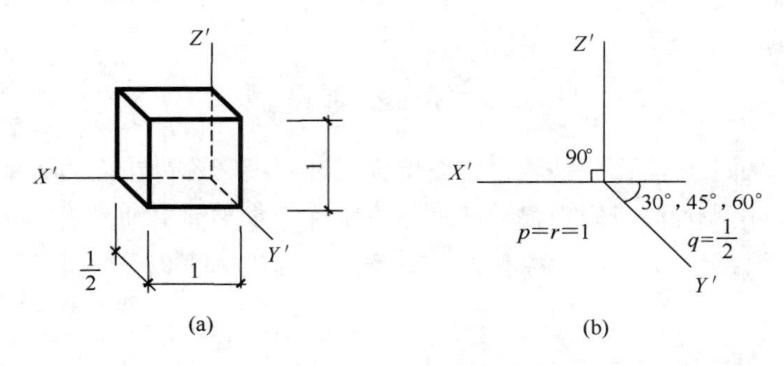

图 4-7　正面斜二测

寸，画出挡土墙的端面。再根据 Y 轴的轴向伸缩系数 $q=1/2$，取投影图中各 Y 值的一半，按 Y 轴方向画出。具体作图过程如图 4-8（b）（c）（d）所示。

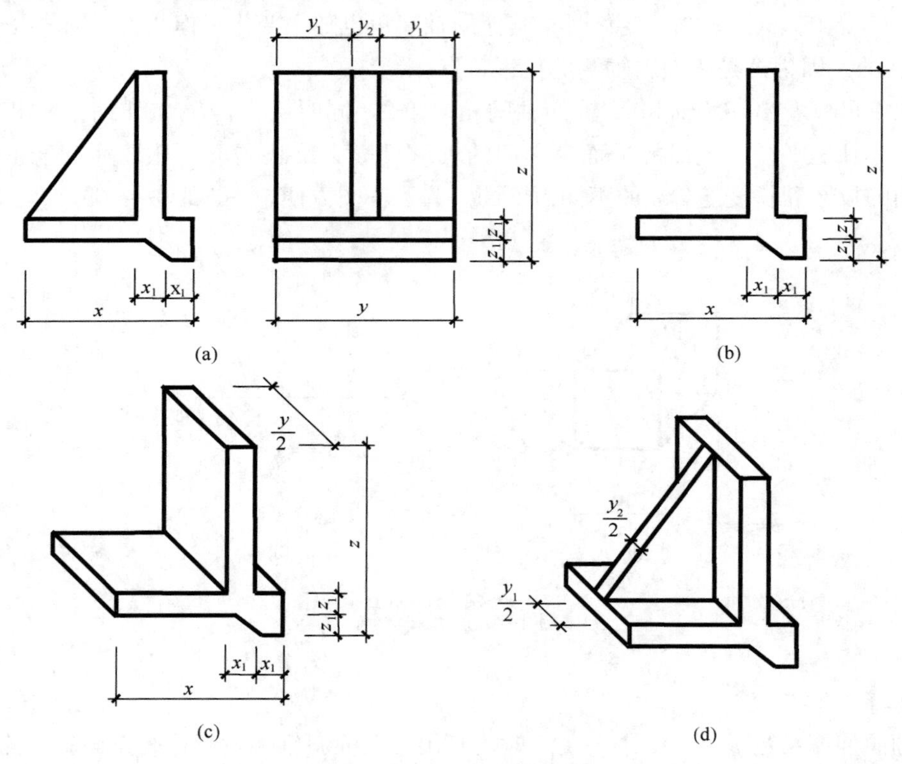

图 4-8　挡土墙正面斜二测轴测图

（a）投影图；（b）作图 1；（c）作图 2；（d）作图 3

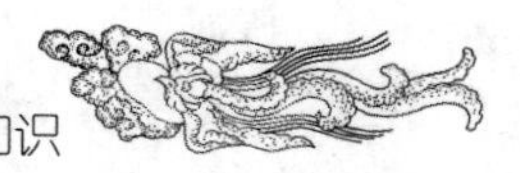

第 5 章　制图基本知识

本章要点

为了统一房屋建筑制图规范，保证制图质量，提高制图效率，符合设计、施工、存档的要求，国家工程建设标准主管部门制定和修订了相关标准，包括《房屋建筑制图统一标准》(GB/T 50001—2010)、《总图制图标准》(GB/T 50103—2010)、《建筑制图标准》(GB/T 50104—2010)、《建筑结构制图标准》(GB/T 50105—2010)、《建筑给水排水制图标准》（GB/T 50106—2010）和《暖通空调制图标准》（GB/T 50114—2010）等，由国家建设部颁布执行。

5.1　制图的基本规定

5.1.1　图纸幅面

1. 图幅、图框

图幅是指制图所用图纸的幅面。幅面的尺寸应符合表 5-1 的规定及图 5-1 的格式。

表 5-1　幅面及图框尺寸　　mm

尺寸代号	幅面代号				
	A0	A1	A2	A3	A4
$b \times l$	841×1189	594×841	420×594	297×420	210×297
c	10			5	
a	25				

从表中可以看出，A1 幅面是 A0 幅面的对裁，A2 幅面是 A1 幅面的对裁，其余类推。表中代号的意义如图 5-1 所示。同一项工程的图纸不宜多于两种幅面。A0～A3 图纸宜用横式，如图 5-1（a）所示；特殊情况下也可以采用立式，如图 5-1（b）所示。

绘图时，根据需要可以加长图纸的长边（短边不能加长），长边加长的尺寸应符合表 5-2 的规定。

2. 标题栏与会签栏

工程图纸的图名、图号、比例、设计人姓名、审核人姓名、日期等要集中制成一个表格栏放在图纸的右下角，如图 5-2 所示，称为标题栏。需要会签的图纸，要在图纸规定的位置绘制会签栏，会签栏是各工种负责人签字的表格，如图 5-3 所示。

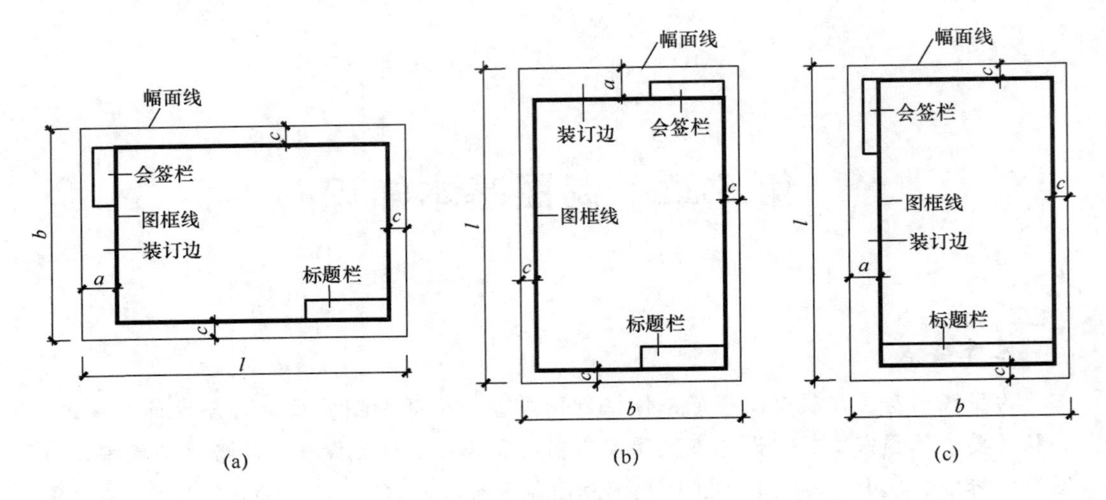

图 5-1　图纸幅面与格式

（a）横式幅面；（b）A0～A3 立式幅面；（c）A4 立式幅面

表 5-2　图纸长边加长尺寸　　mm

幅面代号	长边尺寸	长边加长后尺寸
A0	1189	1486　1635　1783　1932　2080　2230　2378
A1	841	1051　1261　1471　1682　1892　2102
A2	594	743　891　1041　1189　1338　1486　1635　1783　1932　2080
A3	420	630　841　1051　1261　1471　1682　1892

注：有特殊需要的图纸，可采用 $b\times l$ 为 841×891 与 1189× 1261 的幅面。

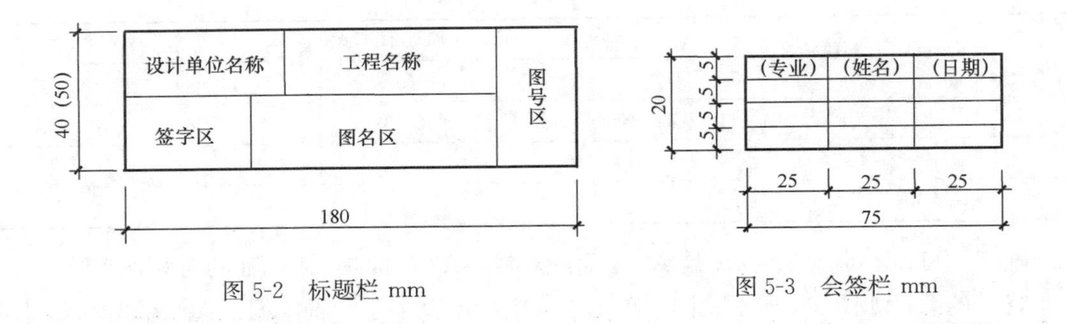

图 5-2　标题栏 mm　　　图 5-3　会签栏 mm

5.1.2　比例

图样的比例是图形与实物相对应的线性尺寸之比。比例的大小是指其比值的大小，用阿拉伯数字表示，如 1∶50 大于 1∶100。图 5-4 表示对同一个形体画出的三种不同比例的图形。比例宜注写在图名的右侧，字的基准线应取平，比例的字宜比图名的字高小一号或两号，如图 5-5 所示。

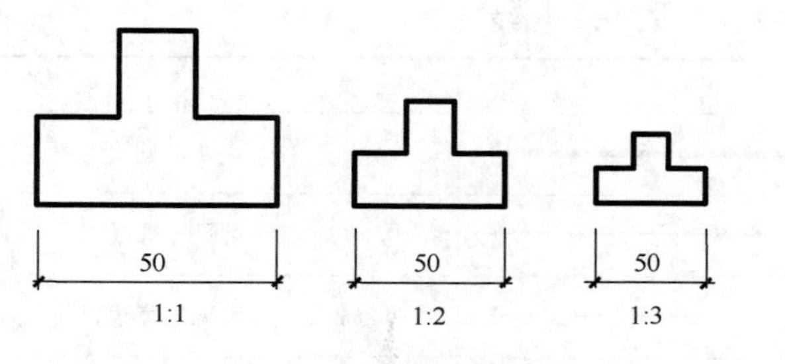

图 5-4　三种不同比例的图形

平面图 1:100

图 5-5　比例的注写

绘图所用的比例，应根据图样的用途和复杂程度，从表 5-3 中选用，并优先选用表中常用比例。一般情况下，一个图样应选用一种比例，并将比例注写在图名的右下方。

表 5-3　绘图所用比例

常用比例	1∶1	1∶2	1∶5	1∶10	1∶20	1∶50
	1∶100	1∶200	1∶500	1∶1000		
	1∶2000	1∶5000	1∶10000	1∶20000		
	1∶50000	1∶100000	1∶200000			
可用比例	1∶3	1∶15	1∶25	1∶30	1∶40	1∶60
	1∶150	1∶250	1∶300	1∶400	1∶600	
	1∶1500	1∶2500	1∶3000	1∶4000		
	1∶6000	1∶15000	1∶30000			

5.1.3　线型

图纸上的图线有不同的线型，如：实线、虚线、点划线、双点划线等，这些线型的粗细在国标中都有规定。每个图样应先根据形体的复杂程度和比例的大小，确定出图样中粗实线的线宽 b，图样中其他的图线的线宽则根据这个 b 值乘以相应的系数来确定。

b 值可以从下列线宽系列中选取：2.0mm、1.4mm、1.0mm、0.7mm、0.5mm、0.35mm。不同的 b 值对应不同的线宽组，见表 5-4。

表 5-4　线宽组　　mm

线宽比	线 宽 组					
b	2.0	1.4	1.0	0.7	0.5	0.35
$0.5b$	1.0	0.7	0.5	0.35	0.25	0.18
$0.25b$	0.5	0.35	0.25	0.18		

线型的线宽及用途见表 5-5。

表 5-5　图线

名称		线型	线宽	一般用途
实线	粗		b	主要可见轮廓线
	中		0.5b	可见轮廓线
	细		0.25b	可见轮廓线，图例线
虚线	粗		b	见各有关专业制图标准
	中		0.5b	不可见轮廓线
	细		0.25b	不可见轮廓线，图例线
单点划线	粗		b	见各有关专业制图标准
	中		0.5b	见各有关专业制图标准
	细		0.25b	中心线、对称线等
双点划线	粗		b	见各有关专业制图标准
	中		0.5b	见各有关专业制图标准
	细		0.25b	假想轮廓线、成型前原始轮廓线
折断线			0.25b	断开界线
波浪线			0.25b	断开界线

画线时还应注意下列问题：

① 同一张图纸内，相同比例的各图样应选用相同的线宽组。

② 相互平行的图线，其间隙不宜小于其中粗线宽度，且不小于 0.7mm。

③ 虚线、单点长划线或双点长划线的线段长度和间隔，宜各自相等。

④ 单点长划线或双点长划线，当在较小图形中绘制有困难时，可用实线代替。

⑤ 单点长划线或双点长划线的两端，不应是点。点划线与点划线交接或点划线与其他图线交接时，应该是线段交接。

⑥ 虚线与虚线交接或虚线与其他图线交接时，应是线段交接。虚线为实线的延长线时，不得与实线连接。

⑦ 图线不得与文字、数字或符号重叠混淆，不可避免时，应首先保证文字等的清晰。

⑧ 图纸的图框和标题栏线，可采用表 5-6 的线宽。

表 5-6　图框线、标题栏线的宽度　　mm

幅面代号	图框线	标题栏外框线	标题栏分格线、会签栏线
A0、A1	1.4	0.7	0.35
A2、A3、A4	1.0	0.7	0.35

5.1.4　字体

图纸上书写的文字、数字或符号等，均应笔画清晰、字体端正、排列整齐；标点符号应清楚正确。

1. 汉字

汉字的字高应从以下系列中选用：3.5mm、5mm、7mm、10mm、14mm、20mm。如需要更大的字，其高度应按$\sqrt{2}$的比值递增。图样及说明中的汉字，宜采用长仿宋体，宽度与高度的关系应符合表5-7的规定。大标题、图册封面、地形图等的汉字，也可以书写成其他字体，但应易于辨认。书写汉字的简化字，必须符合国务院公布的《汉字简化方案》和相关规定。

表5-7　长仿宋体字高宽关系

mm

字高	20	14	10	7	5	3.5
字宽	14	10	7	5	3.5	2.5

长仿宋体字示例如图5-6所示。

工业民用建筑基础墙体楼板屋面门

窗平立剖面材料钢筋混凝土砖石索

引详图轴测标号木作油漆结构瓦石

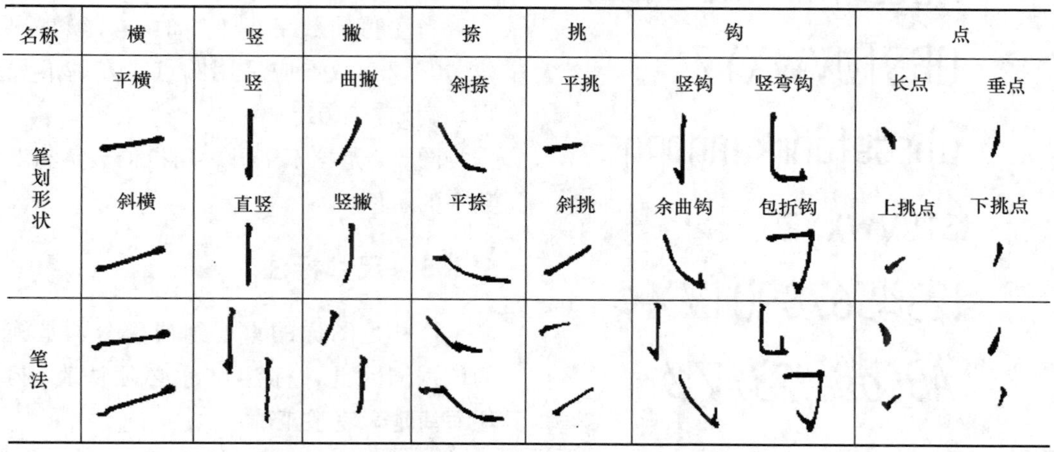

名称	横	竖	撇	捺	挑	钩		点	
笔划形状	平横	竖	曲撇	斜捺	平挑	竖钩	竖弯钩	长点	垂点
	斜横	直竖	竖撇	平捺	斜挑	余曲钩	包折钩	上挑点	下挑点
笔法									

图5-6　长仿宋体字示例

2. 拉丁字母和数字

拉丁字母、阿拉伯数字与罗马数字的书写与排列应符合表 5-8 的规定。

表 5-8　拉丁字母、阿拉伯数字与罗马数字书写规则

书写格式	一般字体	窄字体
大写字母高度	h	h
小写字母高度（上下均无延伸）	$7h/10$	$10h/14$
小写字母伸出的头部或尾部	$3h/10$	$4h/14$
笔画宽度	$1h/10$	$1h/14$
字母间距	$2h/10$	$2h/14$
上下行基准线最小间距	$15h/10$	$21h/14$
字间距	$6h/10$	$6h/14$

ABCDEFGHIJKLMNO
PQRSTUVWXYZ
abcdefghijklmnopq
rstuvwxyz
1234567890 I V X Φ
ABCabcd 1234 IV

(a)

ABCDEFGHIJKLMNOP
QRSIUVWXYZ
abcdefghijklmnopqr
stuvwxyz
1234567890 IVXΦ
ABCabc1231VΦ

(b)

图 5-7　拉丁字母、阿拉伯数字和罗马数字
(a) 字母及数字的一般字体（笔划宽度为字高的 1/10）;
(b) 字母及数字的窄体字（笔划宽度为字高的 1/14）

拉丁字母、阿拉伯数字与罗马数字，如需写成斜体字，其斜度应是从字的底线逆时针倾斜 75°。斜体字的高度与宽度应与相应的直体字相等。拉丁字母、阿拉伯数字与罗马数字的字高，应不小于 2.5mm。

数量的数值注写，应采用正体阿拉伯数字。各种计量单位凡前面有量值的，均应采用国家颁布的单位符号注写。单位符号应采用正体字母。

分数、百分数和比例数的注写，应采用阿拉伯数字和数学符号，例如四分之三、百分之二十五和一比二十应分别写成 3/4、25%和 1∶20。

当注写的数字小于 1 时，必须写出个位“0”，小数点应采用圆点，齐基准线书写，例如：0.01。

图 5-7 是拉丁字母、阿拉伯数字与罗马数字的示例。

5.1.5　尺寸标注

尺寸是图样的重要组成部分，是施工的依据。因此，标注尺寸必须认真细致，注写清楚，完整正确。

图样上的尺寸由：尺寸界线、尺寸线、尺寸起止符号和尺寸数字四部分组成，如图 5-8 所示。

尺寸界线用细实线绘制，与被注长度垂直，一端离开图样轮廓线 2mm，另一端超出尺寸线 2～3mm。必要时可用图样轮廓线作为尺寸界线。

尺寸线也用细实线绘制，并与被注长度平行，尺寸线长度不宜超出尺寸界线。图样上任何线都不能用作尺寸线，必须单独绘制。

尺寸起止符号用中粗短线绘制，长度为 2～3mm，其倾斜方向应与尺寸界线成顺时针 45°。

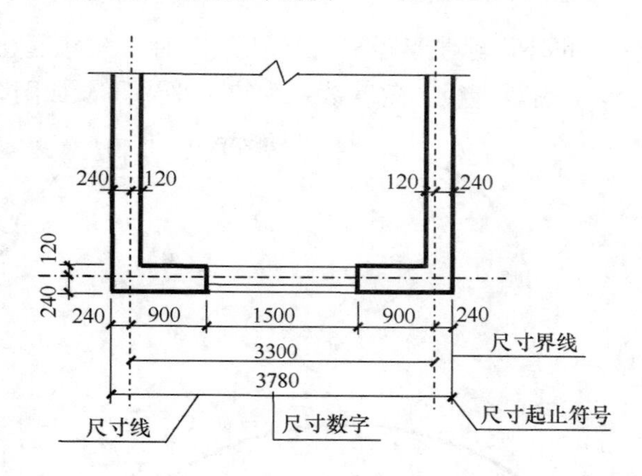

图 5-8　尺寸的组成

国标规定，图样上标注的尺寸，除标高及总平面图以米（m）为单位外，其余一律以毫米（mm）为单位。图样上的尺寸，应以所注尺寸数字为准，不得从图上量取。

表 5-9 列出了尺寸标注的正确与错误示例。

表 5-9　尺寸标注　　mm

说　明	正　确	错　误
尺寸数字应写在尺寸线的中间，在水平尺寸线上的应从左到右写在尺寸线的上方，在竖直尺寸线上的，应从下到上写在尺寸线左方。	40 30 60	40 30 60
大尺寸应在外，小尺寸在内	20 60	60 20
不能用尺寸界线作为尺寸线	10 60	10 60
轮廓线、中心线可以作为尺寸界线，但不能用作尺寸线	20 40	20 40
在断面图中写数字处，应留空不画剖面线	36	36

此外，标注半径、直径和角度时，尺寸起止符号不用短斜线，而用箭头。R 表示半径，ϕ 表示直径。角度数字一律水平书写，如图 5-9 所示。

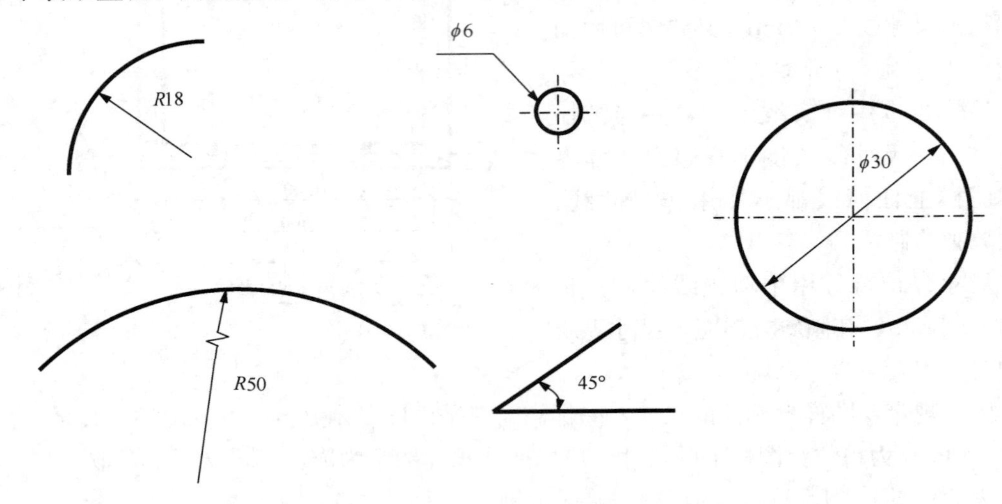

图 5-9　半径、直径和角度的尺寸注法

若尺寸界线较密，注写尺寸数字的空隙不够时，最外边的尺寸数字可写在尺寸界线外侧，中间相邻的可错开或用引出线引出注写，如图 5-10 所示。

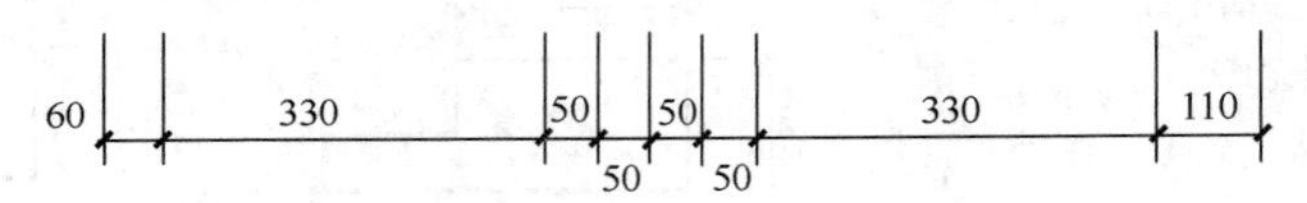

图 5-10　尺寸界线较密时尺寸的标注

5.2　绘 图 工 具

在工程实践中，为了保证绘图质量，提高绘图速度，就需要了解各种绘图工具和仪器的特点，掌握使用方法。下面主要介绍常用的绘图工具和仪器的使用方法。

5.2.1　绘图板、丁字尺、三角板

1. 绘图板

绘图板是绘图时用来铺放图纸的长方形案板，板面一般用平整的胶合板制作，四边镶有木质边框。绘图板的板面要求光滑平整，四周工作边要平直，如图 5-11 所示。绘图板有各种不同的规格，一般有 0 号（900mm×1200mm）、1 号（600mm×900mm）和 2 号（400mm×600mm）三种规格。

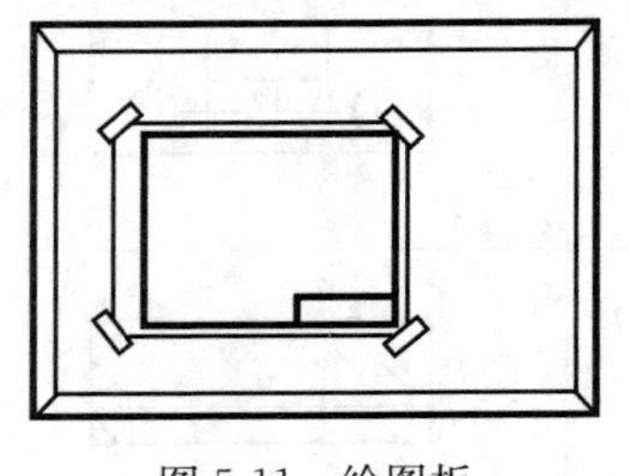

图 5-11　绘图板

2. 丁字尺

丁字尺由尺头和尺身两部分构成。尺头与尺身相互垂

直，尺身带有刻度，如图 5-12 所示。丁字尺主要用于画水平线，使用时左手握住尺头，使尺头内侧靠紧图板的左侧边，上下移动到位后，用左手按住尺身，即可沿丁字尺的工作边自左向右画出一系列水平线，如图 5-13 所示。

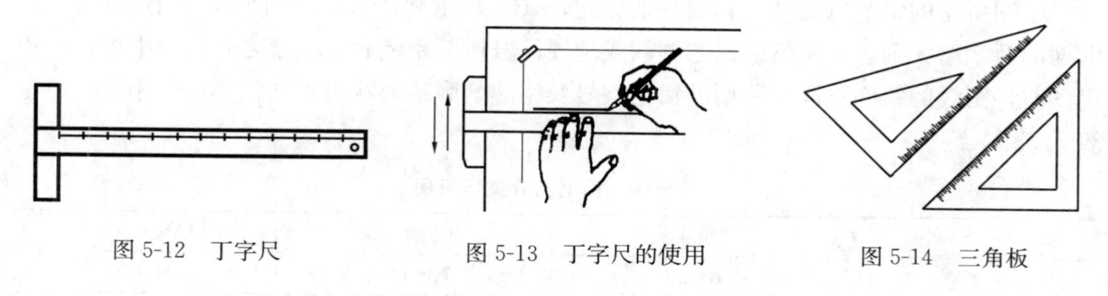

图 5-12　丁字尺　　图 5-13　丁字尺的使用　　图 5-14　三角板

3. 三角板

三角板由两块组成一付，其中一块是两个锐角为 45°的直角三角形，另一块是两锐角各为 30°和 60°的直角三角形，如图 5-14 所示。三角板与丁字尺配合使用，可以画出竖直线及 15°、30°、45°、60°、75°等倾斜直线及它们的平行线，如图 5-15 所示。

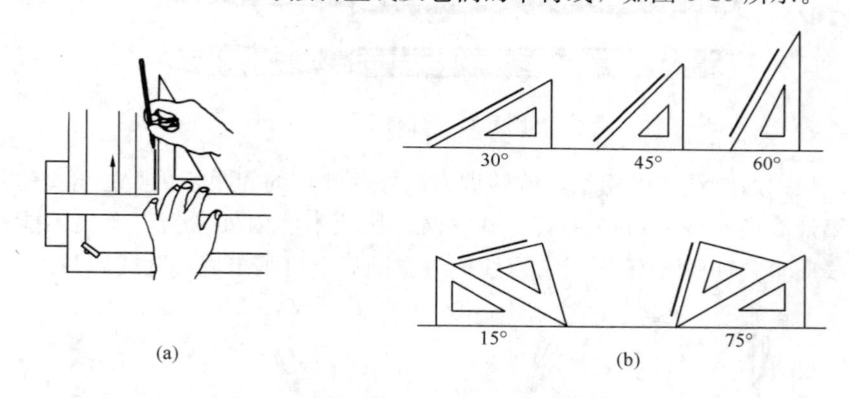

图 5-15　三角板与丁字尺配合使用

两块三角板相互配合，可以画出任意直线的平行线和垂直线，如图 5-16 所示。

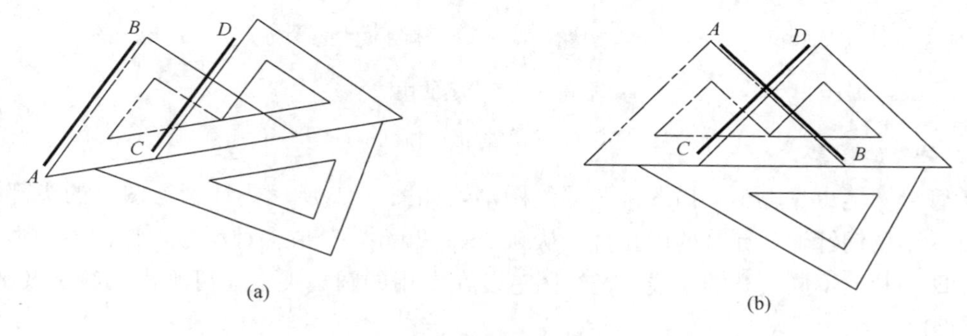

图 5-16　两块三角板配合使用

(a) 作平行线；(b) 作垂直线

5.2.2 绘图用笔

1. 铅笔

绘图所用的铅笔以铅芯的软硬程度分类，“B”表示软，“H”表示硬，各有六种型号，前面的数字越大则表示铅笔的铅芯越软或越硬。“HB”铅笔介于软硬之间属于中等。画铅笔图时，图线的粗细不同，所用的铅笔型号及铅芯削磨的形状也不同，具体选用时可参考表 5-10。

表 5-10 铅笔的分类与应用

	粗线 b	中粗线 $0.5b$	细线 $0.35b$
型号	B（2B）	HB（B）	2H（H）

2. 直线笔

直线笔也称鸭嘴笔，是传统的上墨、描图仪器，如图 5-17 所示。

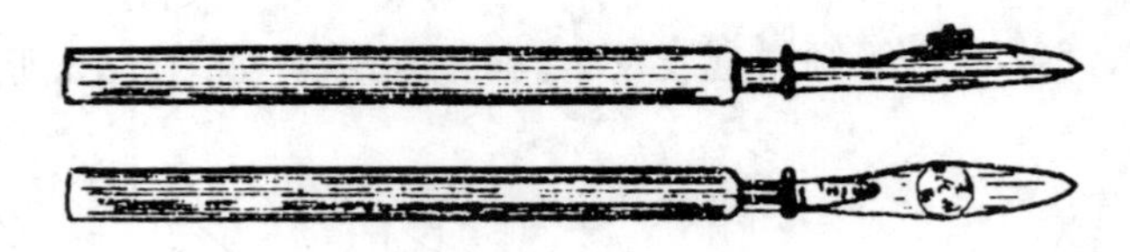

图 5-17 直线笔

画线前，根据所画线条的粗细，旋转螺钉调好两叶片的间距，用吸墨管把墨汁注入两叶片之间，墨汁高度约 5～6mm 为宜。画线时，执笔不能内外倾斜，上墨不能过多，否则会影响图线质量，如图 5-18 所示。直线笔装在圆规上可画出墨线圆或圆弧。

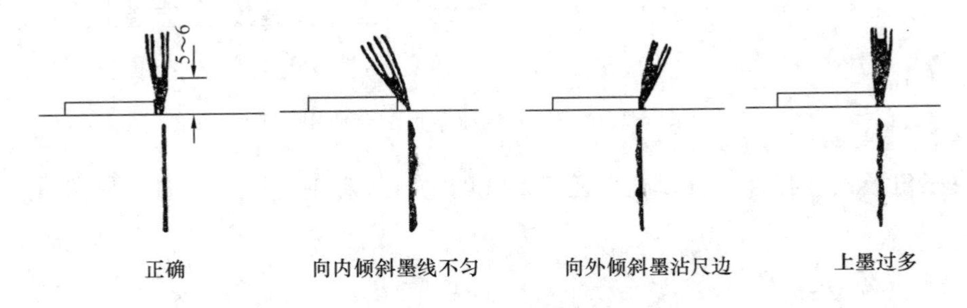

图 5-18 直线笔的用法

3. 针管绘图笔

针管绘图笔也是上墨、描图常用的绘图笔，如图 5-19 所示。针管绘图笔的头部装有带通针的不锈钢针管，针管的内孔直径从 0.1～1.2mm，分成多种型号，选用不同型号的针管笔即可画出不同线宽的墨线。把绘图笔装在专用的圆规夹上还可画出墨线圆及圆弧，如图 5-20 所示。

针管绘图笔需要使用碳素墨水，用后要反复吸水把针管冲洗干净，防止堵塞，以备再用。

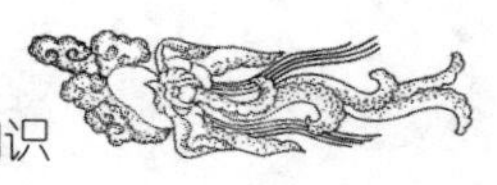

图 5-19　针管绘图笔

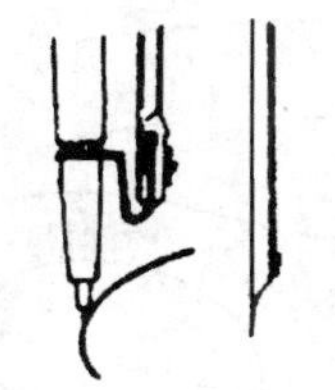

图 5-20　用绘图笔画圆

5.2.3　分规、圆规

1. 分规

分规是用来量取线段的长度和分割线段、圆弧的工具，如图 5-21（a）（b）所示。图 5-21（c）表示将已知线段 AB 三等分的试分方法：首先将分规两针张开约 1/3AB 长，在线段 AB 上连续量取三次，若分规的终点 C 落在 B 点之外，应将张开的两针间距缩短 1/3BC，若终点 C 落在 B 点之内，则将张开的两针间距增大 1/3BC，重新再量取，直到 C 点与 B 点重合为止。此时分规张开的距离即可将线段 AB 三等分。等分圆弧的方法类似于等分线段的方法。

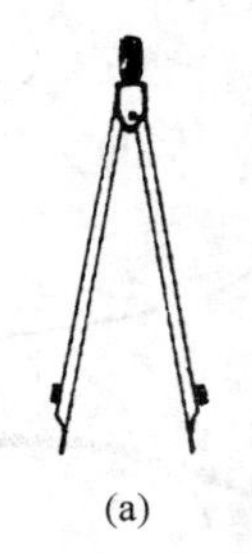

(a)

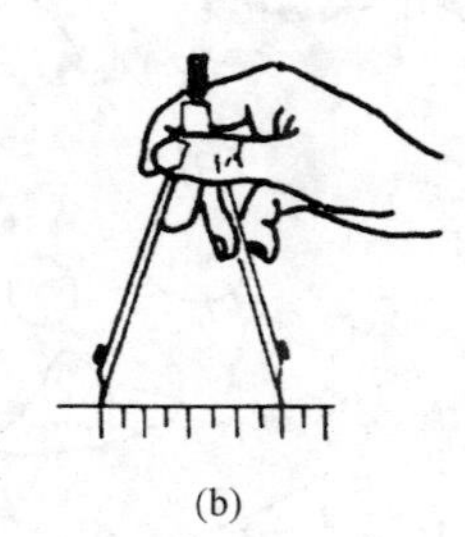

(b)

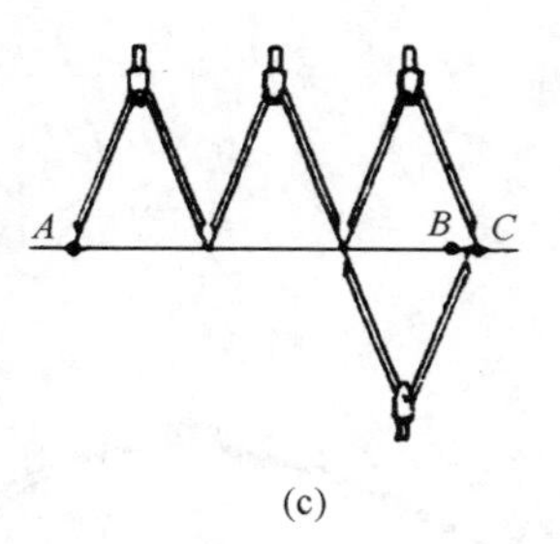

(c)

图 5-21　分规及其使用方法

（a）分规；（b）量取线段；（c）等分线段

2. 圆规

圆规是画圆和圆弧的专用仪器。为了扩大圆规的功能，圆规一般配有三种插腿：铅笔插腿、直线笔插腿、钢针插腿。画大圆时可在圆规上接一个延伸杆，以扩大圆的半径，如图 5-22 所示。

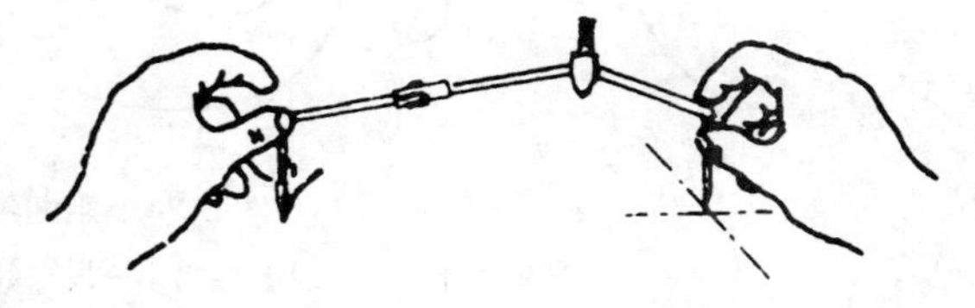

图 5-22　圆规画大圆

5.2.4　其他辅助工具

1. 曲线板

曲线板是描绘各种曲线的专用工具，如图 5-23 所示。曲线板的轮廓线是以各种平面数学曲线（椭圆、抛物线、双曲线、螺旋线等）相互连接而成的光滑曲线。

用曲线板描绘曲线时，应先确定出曲线上的若干个点，然后徒手沿着这些点轻轻地勾

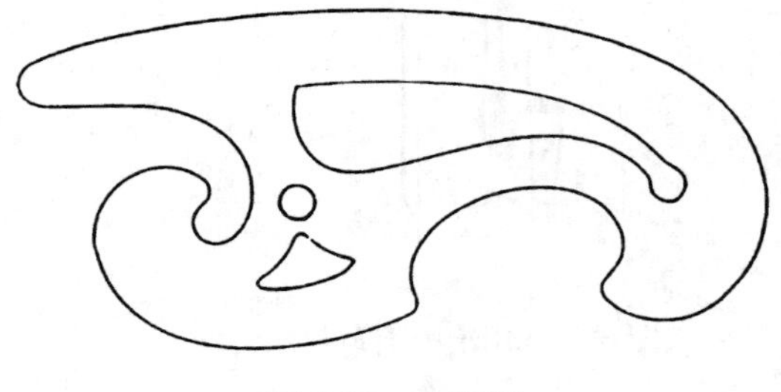

图 5-23　曲线板

勒出曲线的形状，再根据曲线的几段走势形状，选择曲线板上形状相同的轮廓线，分几段把曲线画出，如图 5-24 所示。

使用曲线板时要注意：曲线应分段画出，每段至少应有 3～4 个点与曲线板上所选择的轮廓线相吻合。为了保证曲线的光滑性，前后两段曲线应有一部分重合。

2. 建筑模板

为了提高制图的质量和速度，把制图时常用的一些图形、符号、比例等刻在一块有机玻璃板上，作为模板使用。常用的模板有建筑模板、结构模板、虚线板、剖面线板、轴测模板等。图 5-25 为建筑模板。

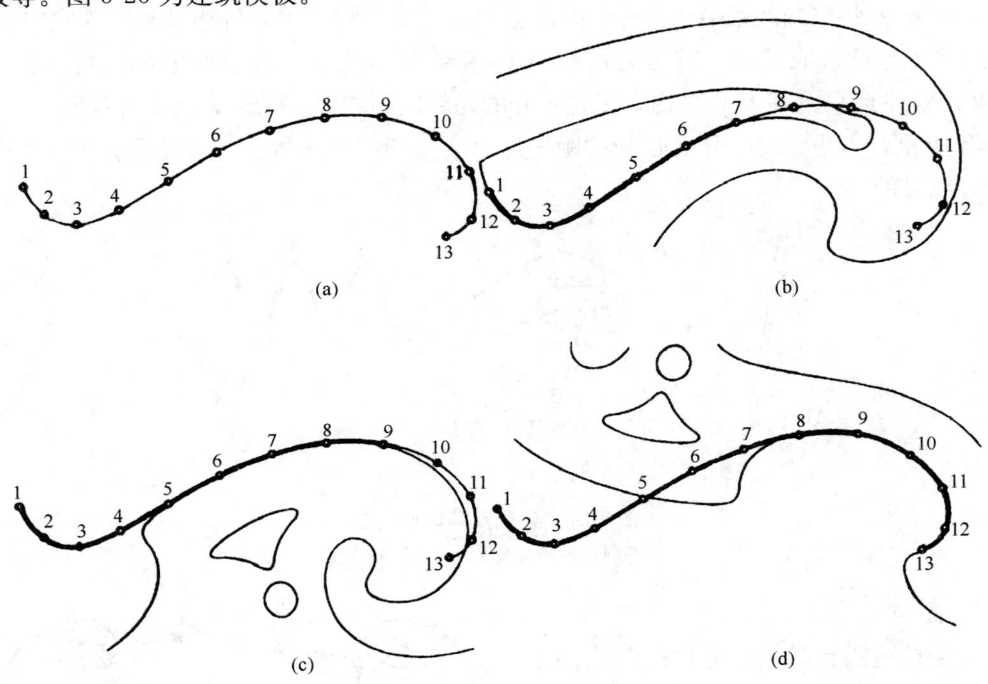

图 5-24　用曲线板画曲线

(a) 选定若干个点；(b) 画出第一段；(c) 画出第二段；(d) 画出最后一段

3. 比例尺

比例尺是绘图时用于放大或缩小实际尺寸的一种常用尺子，在尺身上刻有不同的比例刻度，如图 5-26 所示。

常用的百分比例尺有 1∶100、1∶200、1∶500；常用的千分比例尺有：1∶1000、1∶2000、1∶5000。

比例尺 1∶100 就是指比例尺上的尺寸比实际尺寸缩小了 100 倍。例如，从该比例尺的刻度 0 量到刻度 1m，就表示实际尺寸是 1m。但是，这段长度在比例尺上只有 0.01m，即缩小了 100 倍。因此，用 1∶100 的比例尺画出来的图，它的大小只有物体实际大小的 1%。

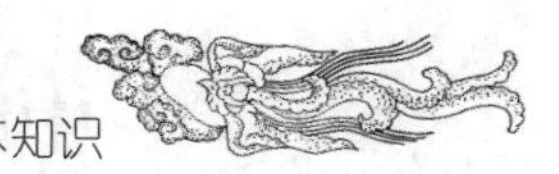

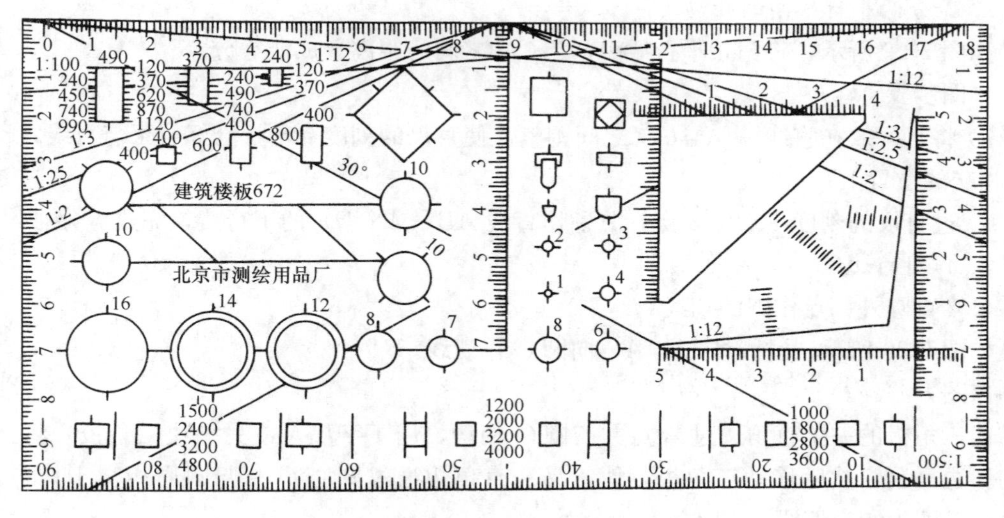

图 5-25　建筑模板

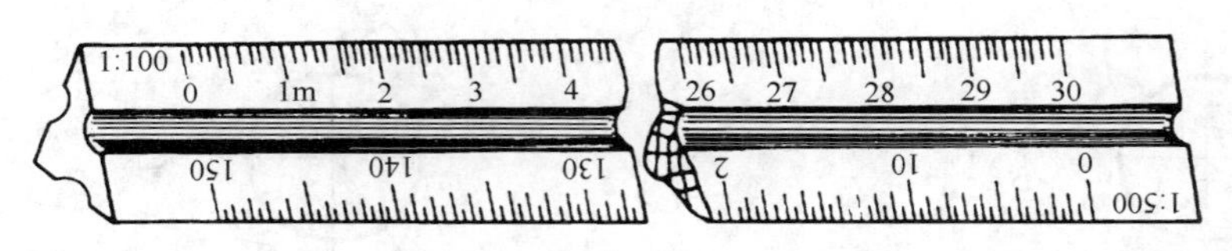

图 5-26　比例尺

5.3 几 何 作 图

1. 等分线段

如图 5-27 所示，将已知线段 AB 分成五等分。

作图步骤：

① 过点 A 作任意一条线段 AC，再从 A 点起，在线段 AC 上任意截取 $A1=12=23=34=45$，得到等分点 1、2、3、4、5；

② 连接 $5B$，并从 1、2、3、4 各等分点作直线 $5B$ 的平行线，完成等分。这些平行线与 AB 直线的交点Ⅰ、Ⅱ、Ⅲ、Ⅳ即为等分点。

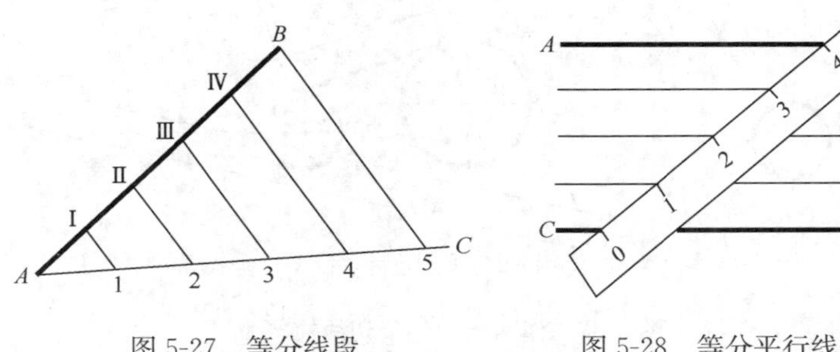

图 5-27　等分线段　　　图 5-28　等分平行线间距离

2. 等分两平行线间的距离

如图 5-28 所示，将两条平行线 AB 与 CD 之间的距离分成四等分。

作图步骤：

① 将直尺放在直线 AB 与 CD 之间调整，使直尺的刻度 0 与 4 恰好位于与直线 AB 与 CD 相交的位置上；

② 过直尺的刻度 1、2、3 点，分别作直线 AB（或 CD）的平行线，完成等分。

3. 作圆的切线

（1）自圆外一点作圆的切线

如图 5-29 所示，过圆外一点 A，向圆 O 作切线。

作图方法：

使三角板的一个直角边过 A 点并与圆 O 相切，用丁字尺（或另一块三角板）将三角板的斜边靠紧，然后移动三角板，使其另一直角边通过圆心 O 并与圆周相交于切点 T，连接 AT 即为所求切线。

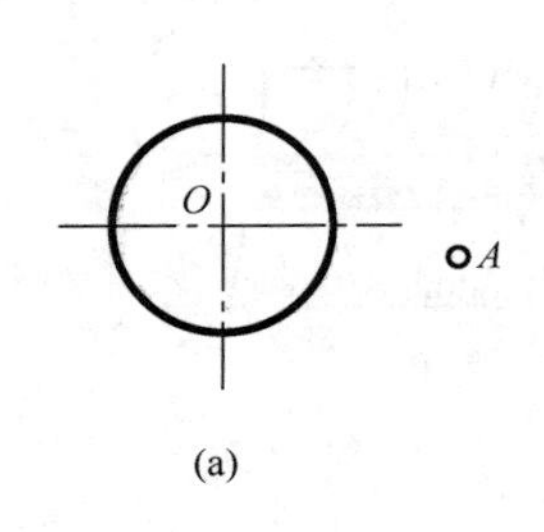

(a)

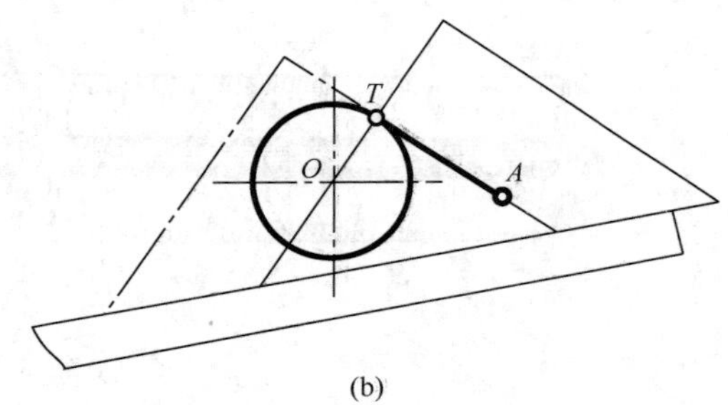

(b)

图 5-29　过圆外一点作圆的切线

（a）已知；（b）作图

（2）作两圆的外公切线

如图 5-30 所示，作圆 O_1 和圆 O_2 的外公切线。

作图方法：

使三角板的一个直角边与两圆外切，用丁字尺（或另一块三角板）将三角板的斜边靠紧，然后移动三角板，使其另一直角边先后通过两圆心 O_1 和 O_2，并在两圆周上分别找到两切点 T_1 和 T_2，连接 T_1T_2 即为所求公切线。

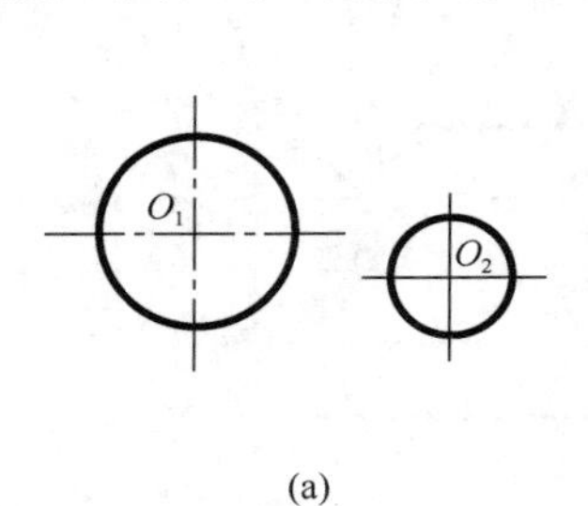

(a)

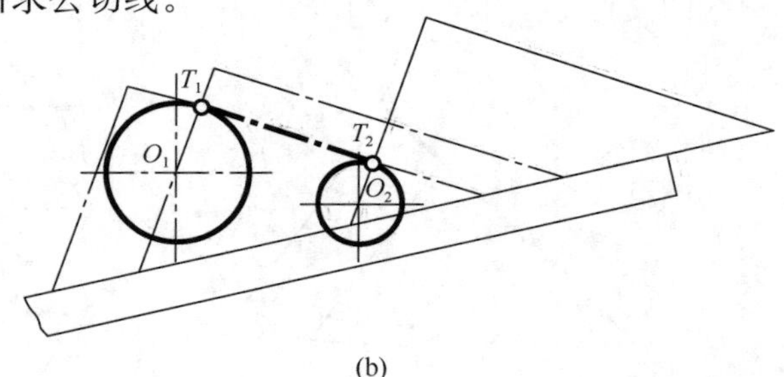

(b)

图 5-30　作两圆的外公切线

（a）已知；（b）作图

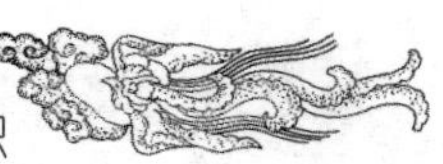

4. 正多边形的画法

（1）正五边形的画法

如图 5-31 所示，作已知圆的内接正五边形。

作图步骤：

① 求出半径 OG 的中点 H；

② 以 H 为圆心、HA 为半径作圆弧交 OF 于点 I，线段 AI 即为五边形的边长；

③ 以 AI 长分别在圆周上截得各等分点 B、C、D、E，依次连接各点，即得正五边形 $ABCDE$。

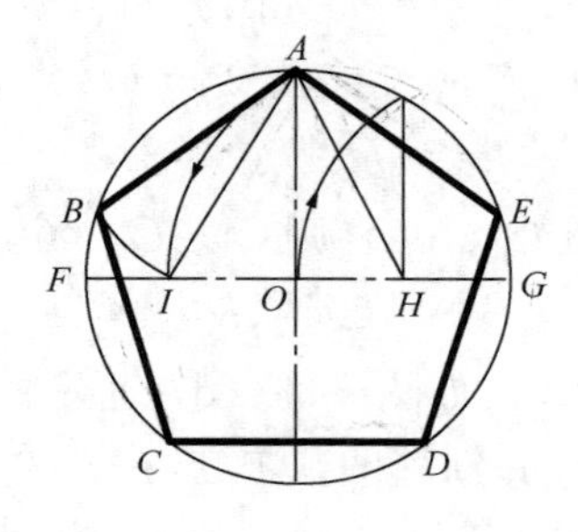

图 5-31　作圆内接正五边形

图 5-32　作圆内接正六边形

（2）正六边形的画法

如图 5-32 所示，作已知圆的内接正六边形。

作图步骤：

① 分别以 A、D 为圆心，以 $OA=OD$ 为半径作圆弧交圆周于 B、F、C、E 各等分点；

② 依次连接圆周上六个等分点，得到正六边形 $ABCDEF$。

5. 椭圆的画法

（1）同心圆法

如图 5-33 所示，已知长轴 AB、短轴 CD、中心点 O，作椭圆。

作图步骤：

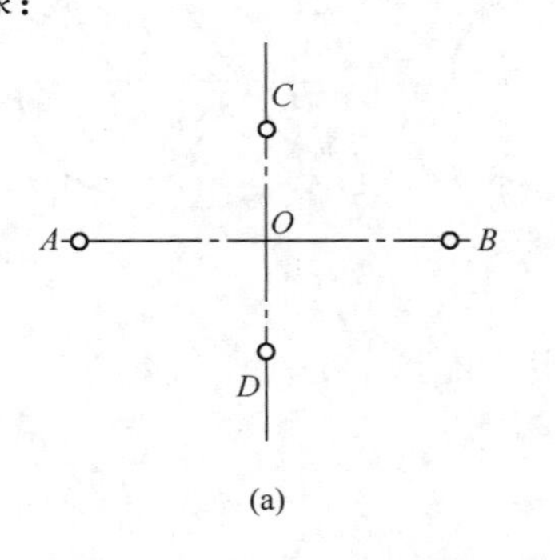

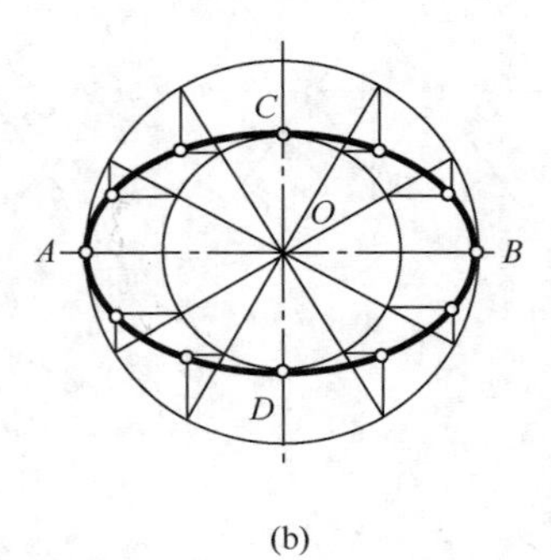

图 5-33　同心圆法画椭圆

（a）已知；（b）作图

① 以 O 为圆心，以 OA 和 OC 为半径，作出两个同心圆；

② 过中心 O 作等分圆周的辐射线（图中作了 12 条线）；

③ 过辐射线与大圆的交点向内画竖直线，过辐射线与小圆的交点向外画水平线，则竖直线与水平线的相应交点即为椭圆上的点；

④ 用曲线板将上述各点依次光滑连接，得到所画的椭圆。

（2）四心扁圆法

如图 5-34 所示，已知长轴 AB、短轴 CD、中心点 O，作椭圆。

作图步骤：

① 连接 AC，在 AC 上截取 E 点，使 $CE=OA-OC$，如图 5-34（a）所示；

② 作 AE 线段的中垂线并与短轴交于 O_1 点，与长轴交于 O_2 点，如图 5-34（b）所示；

③ 在 CD 上和 AB 上找到 O_1、O_2 的对称点 O_3、O_4，则 O_1、O_2、O_3、O_4 即为四段圆弧的四个圆心，如图 5-34（c）所示；

④ 将四个圆心点两两相连，得到四条连心线，如图 5-34（d）所示；

⑤ 以 O_1、O_3 为圆心，$O_1C=O_3D$ 为半径，分别画圆弧 $\overset{\frown}{T_1T_2}$ 和 $\overset{\frown}{T_3T_4}$，两段圆弧的四个端点分别落在四条连心线上，如图 5-34（e）所示；

⑥ 以 O_2、O_4 为圆心，$O_2A=O_4B$ 为半径，分别画圆弧 $\overset{\frown}{T_1T_3}$ 和 $\overset{\frown}{T_2T_4}$，完成所作的椭圆，如图 5-34（f）所示。

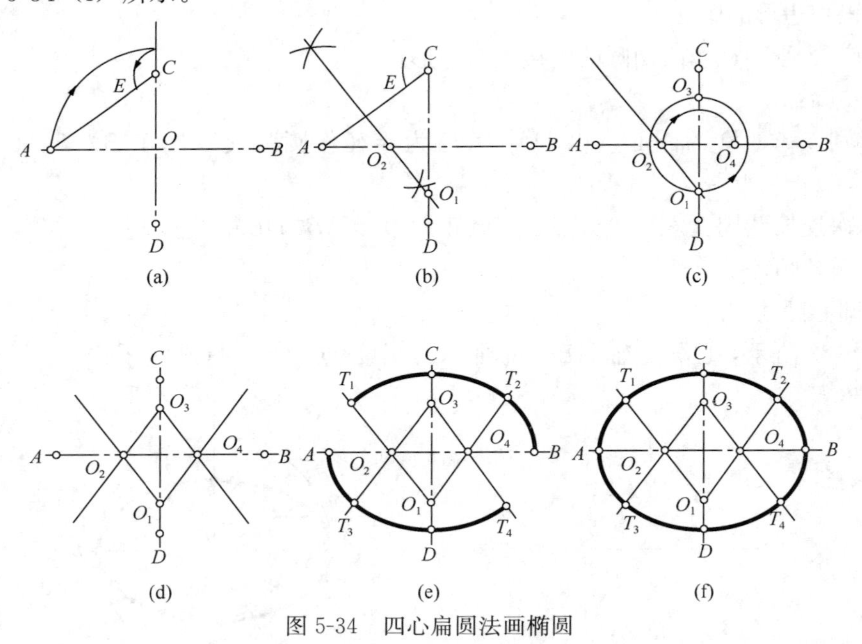

图 5-34　四心扁圆法画椭圆

（a）步骤 1；（b）步骤 2；（c）步骤 3；（d）步骤 4；（e）步骤 5；（f）步骤 6

6. 圆弧连接

1）用圆弧连接两直线

如图 5-35 所示，已知直线 L_1 和 L_2，连接圆弧半径 R，求作连接圆弧。

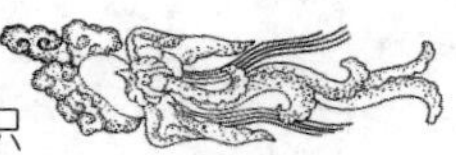

作图步骤：

① 过直线 L_1 上一点 a 作该直线的垂线，在垂线上截取 $ab=R$，再过点 b 作直线 L_1 的平行线；

② 用同样方法作出距离等于 R 的 L_2 直线的平行线；

③ 找到两平行线的交点 O，则 O 点即为连接圆弧的圆心；

④ 自 O 点分别向直线 L_1 和 L_2 作垂线，得到垂足 T_1、T_2 即为连接圆弧的连接点（切点）；

⑤ 以 O 为圆心、R 为半径作圆弧 $\overset{\frown}{T_1T_2}$，完成连接作图。

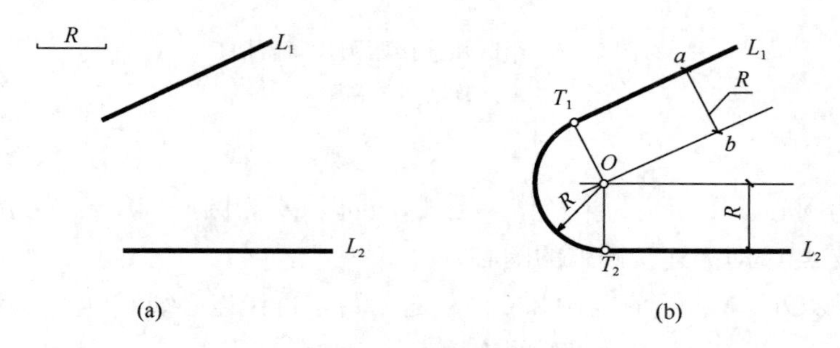

图 5-35　用圆弧连接两直线

（a）已知；（b）作图

2）用圆弧连接两圆弧

（1）与两个圆弧都外切

如图 5-36 所示，已知连接圆弧半径为 R，被连接的两个圆弧圆心为 O_1、O_2，半径为 R_1、R_2，求作连接圆弧。

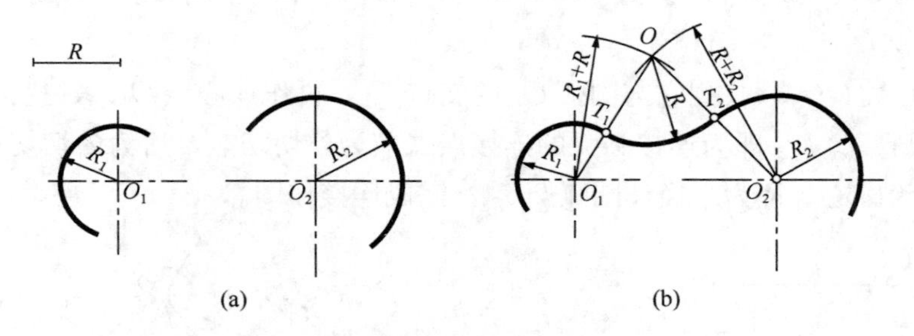

图 5-36　用圆弧连接两圆弧（外切）

（a）已知；（b）作图

作图步骤：

① 以 O_1 为圆心、$R+R_1$ 为半径作一圆弧，再以 O_2 为圆心、$R+R_2$ 为半径作另一圆弧，两圆弧的交点 O 即为连接圆弧的圆心；

② 作连心线 OO_1，找到它与圆弧 O_1 的交点 T_1，再作连心线 OO_2，找到它与圆弧 O_2 的交点 T_2，则 T_1、T_2 即为连接圆弧的连接点（外切的切点）；

③ 以 O 为圆心、R 为半径作圆弧 $\overset{\frown}{T_1T_2}$，完成连接作图。

（2）与两个圆弧都内切

如图 5-37 所示，已知连接圆弧的半径为 R，被连接的两个圆弧圆心为 O_1、O_2，半径为 R_1、R_2，求作连接圆弧。

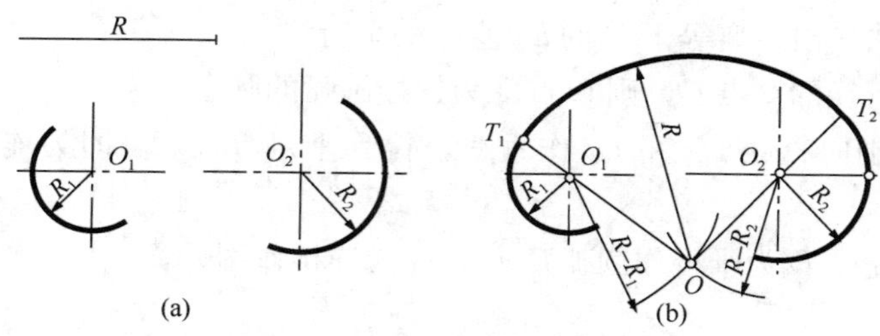

图 5-37　用圆弧连接两圆弧（内切）

（a）已知；（b）作图

作图步骤：

① 以 O_1 为圆心、$R-R_1$ 为半径作一圆弧，再以 O_2 为圆心、$R-R_2$ 为半径作另一圆弧，两圆弧的交点 O 即为连接圆弧的圆心；

② 作连心线 OO_1，找到它与圆弧 O_1 的交点 T_1，再作连心线 OO_2，找到它与圆弧 O_2 的交点 T_2，则 T_1、T_2 即为连接圆弧的连接点（内切的切点）；

③ 以 O 为圆心、R 为半径作圆弧$\widehat{T_1T_2}$，完成连接作图。

（3）与一个圆弧外切、与一个圆弧内切

如图 5-38 所示，已知连接圆弧半径为 R，被连接的两个圆弧圆心为 O_1、O_2，半径为 R_1、R_2，求作连接圆弧（要求与圆弧 O_1 外切、与圆弧 O_2 内切）。

作图步骤：

① 分别以 O_1、O_2 为圆心，$R+R_1$、$R-R_2$ 为半径作两个圆弧，则两圆弧交点 O 即为连接圆弧的圆心；

② 作连心线 OO_1，找到它与圆弧 O_1 的交点 T_1，再作连心线 OO_2，找到它与圆弧 O_2 的交点 T_2，则 T_1、T_2 即为连接圆弧的连接点（前为外切切点，后为内切切点）；

③ 以 O 为圆心、R 为半径作圆弧$\widehat{T_1T_2}$，完成连接作图。

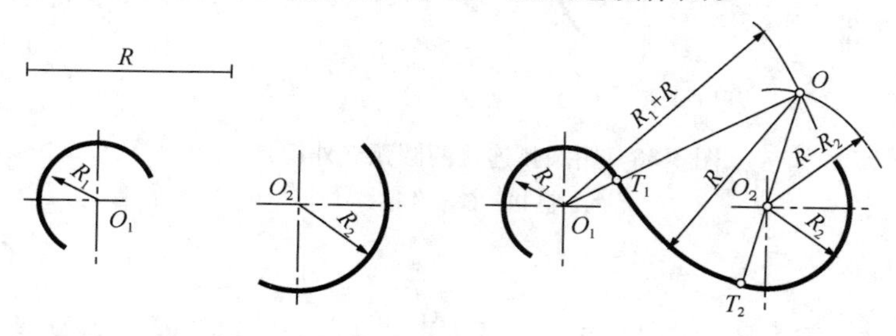

图 5-38　用圆弧连接两圆弧（一外切、一内切）

（a）已知；（b）作图

3）用圆弧连接一直线和一圆弧

如图 5-39 所示，已知连接圆弧的半径为 R，被连接圆弧的圆心为 O_1、半径为 R_1，以

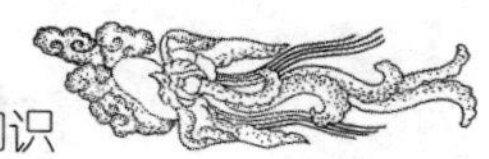

及直线 L，求作连接圆弧（要求与已知圆弧外切）。

作图步骤：

① 作已知直线 L 的平行线，使其间距为 R，再以 O_1 为圆心、$R+R_1$ 为半径作圆弧，该圆弧与所作平行线的交点 O 即为连接圆弧的圆心；

② 由点 O 作直线 L 的垂线得垂足 T，再作连心线 OO_1，并找到它与圆弧 O_1 的交点 T_1，则 T、T_1 为连接点（两个切点）；

③ 以 O 为圆心、R 为半径作圆弧 $\widehat{T_1T}$，完成连接作图。

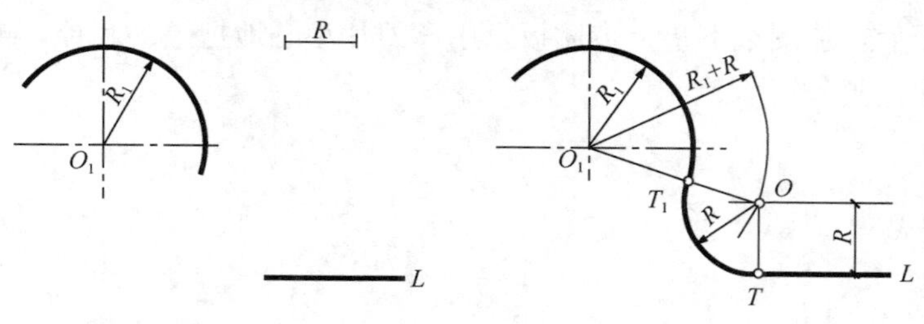

图 5-39　用圆弧连接一直线和一圆弧

（a）已知；（b）作图

5.4　制图的一般方法和步骤

掌握正确的绘图方法和步骤，能够加快绘图速度，提高图面质量。

1. 画铅笔图

（1）绘图前的准备

① 根据所绘图样的内容，准备好绘图工具和仪器，削磨好铅笔和圆规所用的铅芯。

② 根据所绘图样的大小和比例，选定所需要的图纸幅面。

③ 图纸在图板中的位置应该是图纸的左边线、下边线各距图板的左边缘、下边缘约一个丁字尺尺身的宽度。把图纸用胶带纸固定在图板上。

（2）画底稿线

① 布图。根据图样的内容和比例，在图面上进行布图，确定各图形在图纸上的位置，使图形分布合理、协调匀称。

② 根据所画图样的内容，确定画图的先后顺序，然后用尖细铅笔（常用 2H 铅笔）轻轻的画出图形的底稿线（包括尺寸界线、尺寸线、尺寸起止符号等）。画底稿线的顺序是：轴线或中心线、对称线，然后是图形的主要轮廓线，最后画细部图线。

（3）加深图线

底稿线完成后，要仔细检查校对，确认无误后按线型规定进行加深。加深的顺序是：

① 加深细实线、点划线、断裂线、波浪线及尺寸线、尺寸界线等细的图线。

② 加深中实线和虚线。先加深圆和圆弧，再自上至下的加深水平线，自左至右的加深竖直线和其他方向的倾斜线。

③ 加深粗实线。顺序与加深中实线、虚线相同。

④ 画出材料图例。

（4）写工程字

标注尺寸数字、材料说明、技术说明，填写标题栏。

2. 画墨线图

墨线图通常是在硫酸纸上用鸭嘴笔或针管绘图笔画成的，应该使用专用的碳素墨水。墨线图也要求在铅笔底稿上进行，墨线的中心线要与铅笔的底稿线重合。图线连接要准确光滑，图面要整洁。画线时要先难后易，先主后次，先圆弧后直线。画图中如果要修改墨线，需等墨迹干后，在图纸下垫上玻璃板，用薄刀片小心地把墨迹刮掉，再用橡皮擦去污垢，干净后再次上墨。

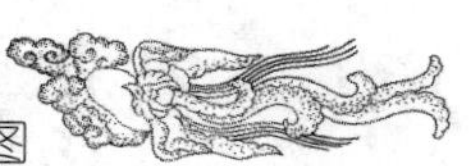

第6章　投　影　制　图

本章要点

工程上表达空间形体的方法，主要是正投影法。用正投影法得到的正投影图也称视图。本章讲述视图的形成、画图、读图、尺寸标注的基本要求、剖面图和断面图等知识。

6.1　基本视图与辅助视图

1. 基本视图

如图6-1所示，物体在三投影面体系中得到的三面投影图，简称三视图，其中V面投影图称为正立面图，H面投影图称为平面图，W面投影图称为左侧立面图。

在三视图中，为了保持图面清晰，可以不画出各视图之间的联系线。各视图之间的距离，可以根据画图的比例、图形的大小、尺寸标注所需要的位置、图纸的大小等条件来确定。但是，三视图之间必须保持“长对正，宽相等，高平齐”的“三等关系”。

三视图只能表示一个形体上、下、左、右、前、后六个方向中的前、上、左三个方向的形状和大小。为了满足工程的实际需要，按照国家《房屋建筑制图统一标准》规定，在

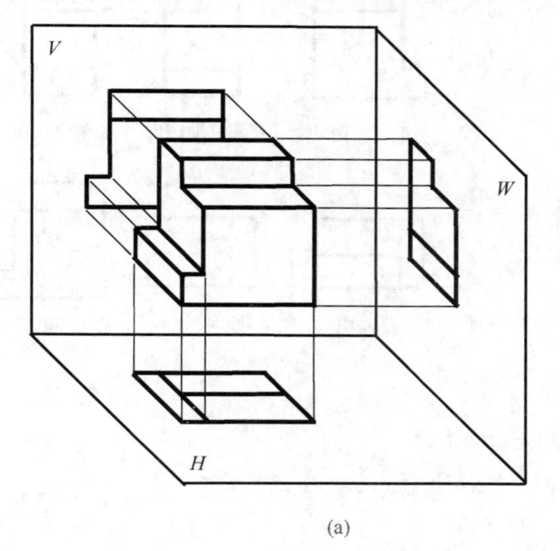

(a)

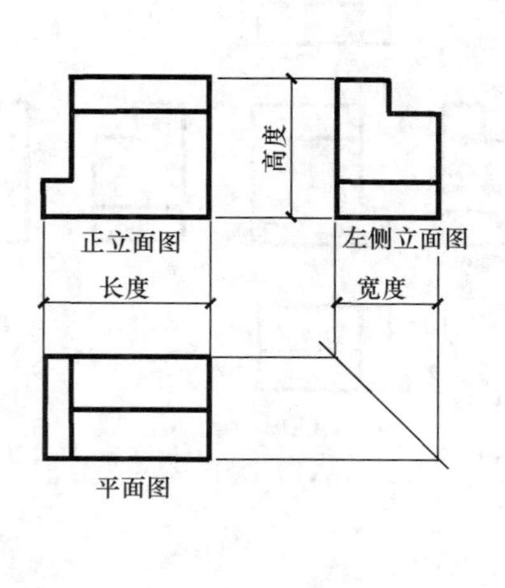

(b)

图6-1　三视图的形成

(a) 形成；(b) 三视图

三投影面（V、H、W）体系中再增加三个投影面，即：V_1、H_1、W_1 三个投影面，使形体位于六个投影面所围成的箱型之中，形成六个投影面体系，将形体向上述六个投影面进行投影，可以得到六个视图，如图 6-2（a）所示。这六个视图称为基本视图，基本视图所在的投影面称为基本投影面。除了前面已知的三视图外，再分别将 V_1、H_1、W_1 三个投影面上得到的视图称为背立面图、底面图、右侧立面图。

为了在一个平面（图纸）上得到六个基本视图，需要将上述六个视图所在的投影面都展平到 V 面所在的平面上。图 6-2（b）表示展开过程，图 6-2（c）表示展开后的六个基本视图的排列位置，在这种情况下，为了合理的利用图纸，可以不注视图名称。各视图的位置也可以按图 6-2（d）所示排列，在这种情况下，必须注写视图名称。我们可以利用这六个基本视图，从六个方向表示物体的形状和大小。

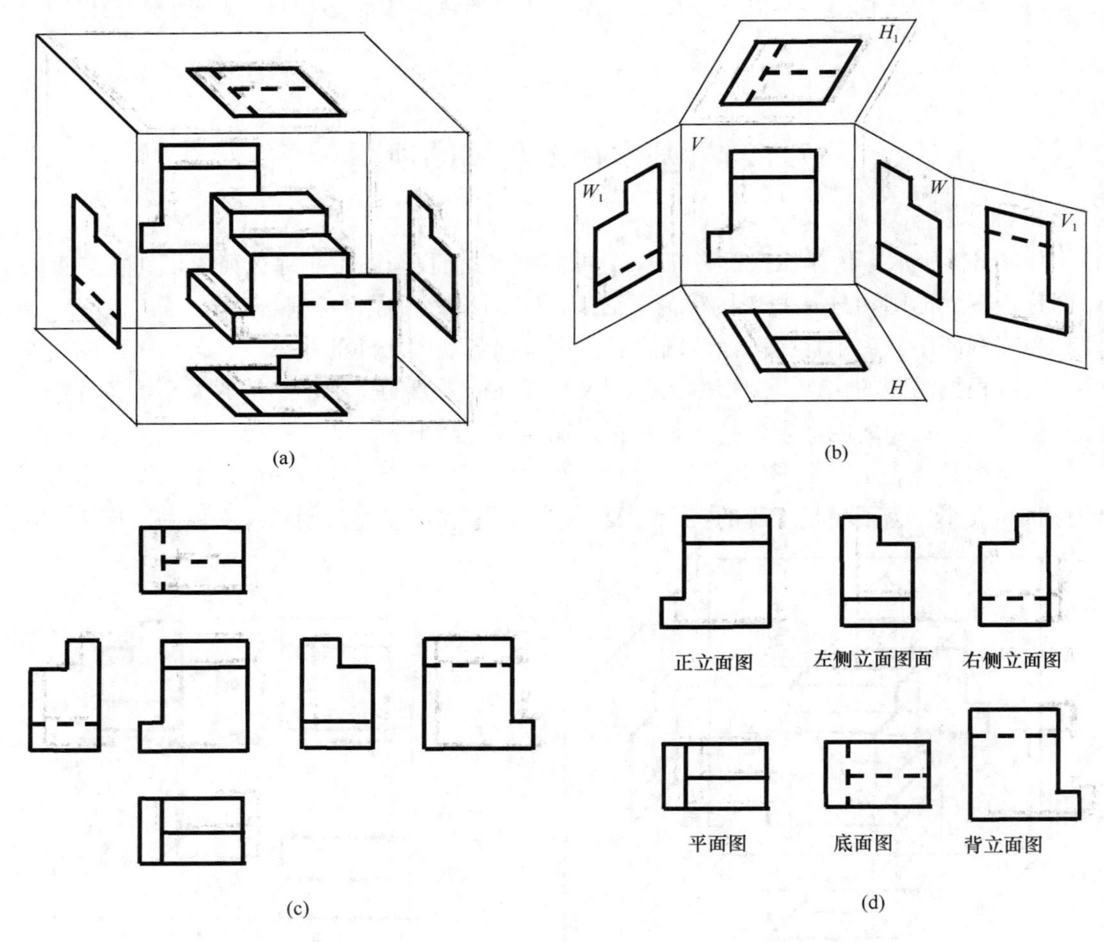

(a) (b) (c) (d)

图 6-2　基本视图示意

（a）形成；（b）投影面展开；（c）六个视图排列位置；（d）视图名称

2. 辅助视图

工程制图中，形体除了可以用基本视图表示外，也可以采用辅助视图来表示。下面是几种常用的辅助视图。

(1) 局部视图

把形体的某一局部向基本投影面作正投影，所得到的投影图称为局部视图。如图6-3(a) 所示，作出形体左侧凸出部分的局部视图，就可以把这部分的形状表示清楚。

局部视图是基本视图的一部分，要用波浪线表明其范围。画局部视图时，要在欲表达的形体局部附近，用箭头指明投影方向，并用字母标注。在所画局部视图的下方，用相同的字母标出视图的方向名称。

局部视图通常配置在箭头所指明的方向上，也可以根据实际需要配置在图纸的其他适当位置。

(2) 斜视图

如果形体的某一部分表面不平行于任何基本投影面，则在六个基本视图中都不能真实地反映该部位的形状。为了把这一倾斜于基本投影面部分的真实形状表示出来，可以设置一个与该部位表面平行的辅助投影面，然后把该部位向辅助投影面作正投影，所得到的投影图称为斜视图，如图6-3 (b) 所示。

斜视图是表示形体某一局部形状的视图，其范围也要用波浪线标明。斜视图要用箭头指明投影方向，并用字母进行标注。其图形配置可以类似于局部视图，也可以将其旋转到直立或水平位置，但要注明“旋转”字样。

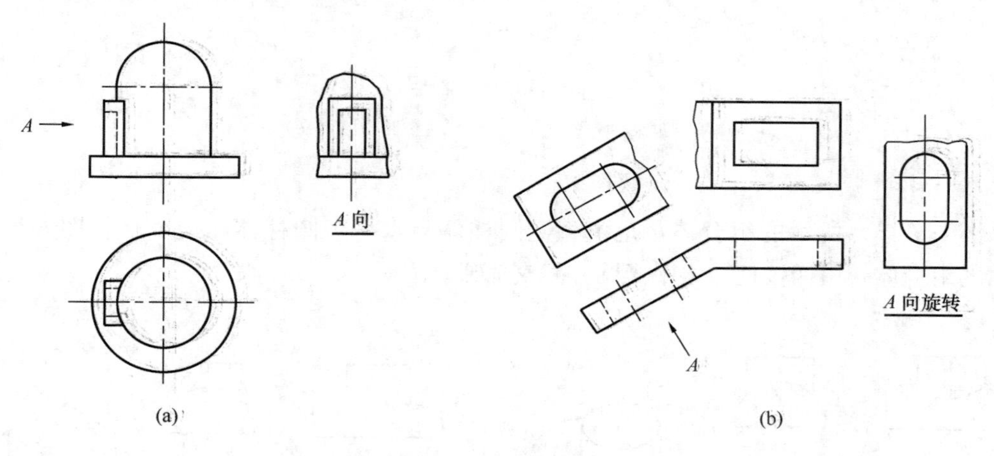

图6-3 辅助视图

(a) 局部视图；(b) 斜视图

6.2 组合体的形体分析

组合体是由棱柱、圆柱、棱锥、圆锥、球、环等基本几何体通过叠加或切割而形成的形体。建筑工程中的建筑物，不论其繁简如何，都可以看成是组合体。了解组合体的组成、组合体视图的画法、读法是绘制及阅读建筑工程图的基础。

形体根据其组成结构，可以分为基本几何体和组合体。前者为单一的几何体，后者是由基本几何体组合而成的形体。把一个组合体分解成几个基本几何体的方法称为形体分析法。基本几何体组成组合体有以下两种基本方式。

1. 叠加

叠加就是把基本几何体重叠的摆放在一起而构成组合体。根据形体相互间的位置关系，分成三种方式。

（1）叠合

如图 6-4 所示，两个组合体均由两个四棱柱重叠而成，由于两个四棱柱相对的位置不同，因而三视图也不同。图 6-4（a）上下两个四棱柱的前后左右四个面无一重合，图 6-4（b）上下两个四棱柱前面重合。

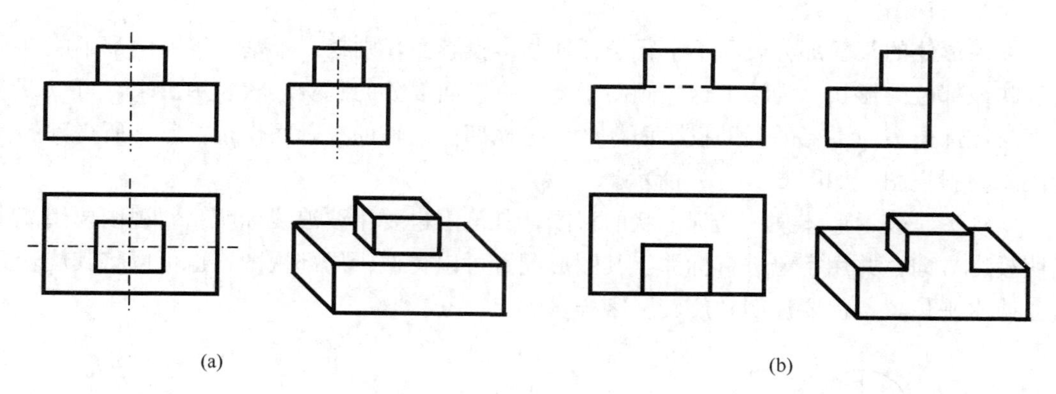

图 6-4　叠合

（a）两个四棱柱重叠方式 1；（b）两个四棱柱重叠方式 2

（2）相交

图 6-5（a）所示的组合体，是由直立圆柱体与水平半圆柱体相交而成。图 6-5（b）所示的组合体，由四棱柱与水平半圆柱相交而成。

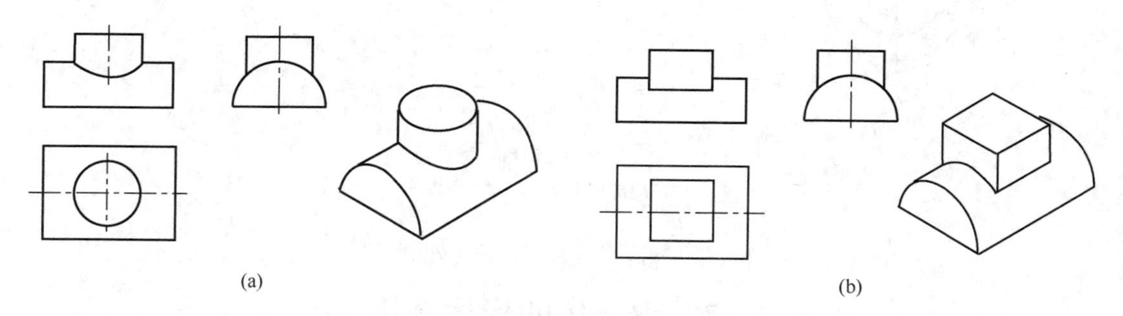

图 6-5　相交

（a）圆柱与半圆柱相交；（b）棱柱与半圆柱相交

（3）相切

图 6-6 所示组合体为圆柱与四棱柱相切组合而成。

2. 切割

图 6-7 所示组合体是由两个四棱柱分别被切割掉两个三棱柱和一个圆柱后组合而成。

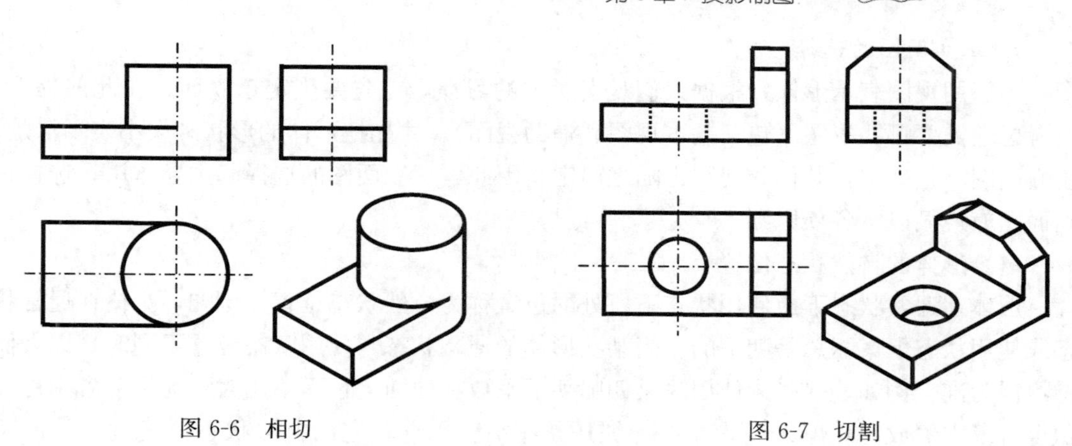

图 6-6 相切　　　　图 6-7 切割

通常所见的组合体基本上是由以上几种方式构成的。例如，图 6-8 所示组合体可以看作是由五个基本形体经过切割及叠加而成：其中底板为一个四棱柱；在底板上叠合的后立板和左右两个侧立板也是四棱柱；后立板上的圆孔为挖去一个圆柱而成。

了解了组合体各组成部分的形状以及组合方式，就可以完全认识组合体的整体形状。这对画图、看图和标注尺寸是非常必要的。

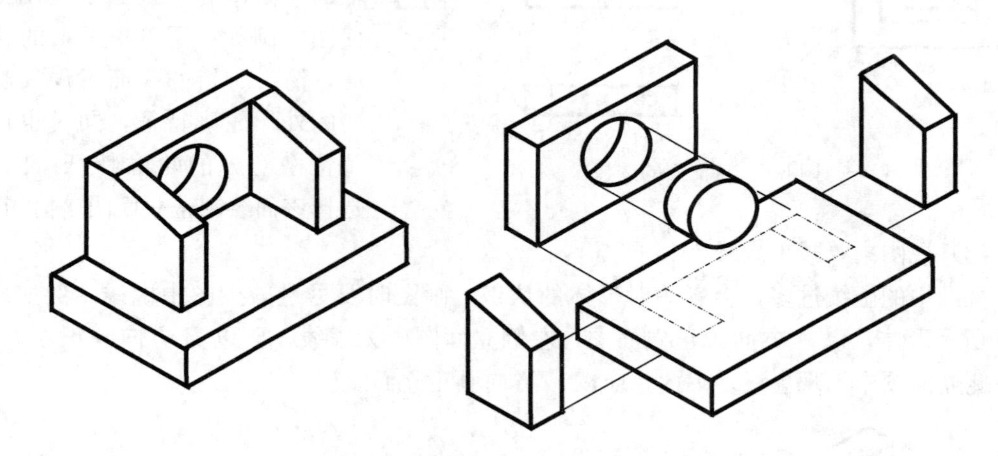

图 6-8 组合体的形体分析

6.3 组合体的视图画法

对于一个组合体，可以画出它的六个基本视图或一些辅助视图，究竟用哪些视图来表达组合体最简单、最清楚、最准确而且视图的数量又最少，问题的关键是视图的选择。

工程图样中，正立面图是基本图样。通过阅读正立面图，可以对形体的长、高方面有个初步的认识，然后再选择其他必要的视图来认识形体，通常的形体用三视图即可表示清楚。根据形体的繁简情况，有些形状复杂或特殊的形体可能需要多一些的视图，有些简单的形体可能需要的视图要少些。下面讨论选择视图的基本原则。

1. 正立面图的选择

为了用视图表示形体，根据人们观察形体的习惯，首先要确定正立面，在此前提下，再考虑还需要哪些视图（包括基本视图和辅助视图），才能把形体的形状和大小表示清楚。正立面图一旦确定，其他的视图也随之而定。因此，正立面图的选择起主导作用。选择正立面图应遵循以下各项原则。

（1）形体的自然状态位置

形体在通常状态下或使用状态下所处的位置称为自然状态位置。例如，桌椅在通常状态或使用状态下桌腿总是朝下的。当某些形体的通常状态与使用状态位置不同时，以人们的习惯为准。例如，一张床使用时是四腿朝下平放在地面上，而不用时，为了节省用地面积也可以立着放置，但人们看床的习惯还是平放。因此，它的自然状态位置就是平放位置。画正立面图时，要使形体处于自然状态位置。

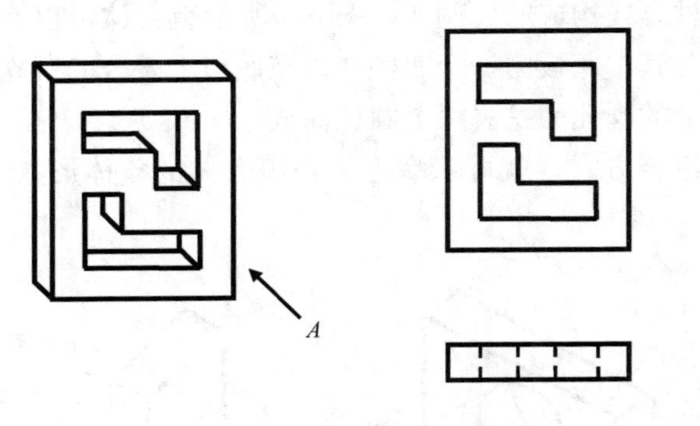

图 6-9　特征面的选择

（2）形状特征明显

确定了形体的自然位置后，还要选择一个面作为主视面，通常选择能够反映形体主要轮廓特征的一面作为主视面来绘制正立面图。例如：图 6-9 所示的花格砖，箭头所指的一面不仅反映了砖的外形轮廓特征，同时也反映了花格部分的轮廓特征。因此，选择该面绘制正立面图是恰当的。

（3）视图中要减少虚线

视图中的虚线过多，会影响对形体的认识，画图时要尽量减少图中虚线。例如：图 6-10 所示形体，以 A 方向画正立面图，左侧立面图中无虚线，而以 B 方向画正立面图，则左侧立面图中出现虚线。因此，应以 A 方向画正立面图。

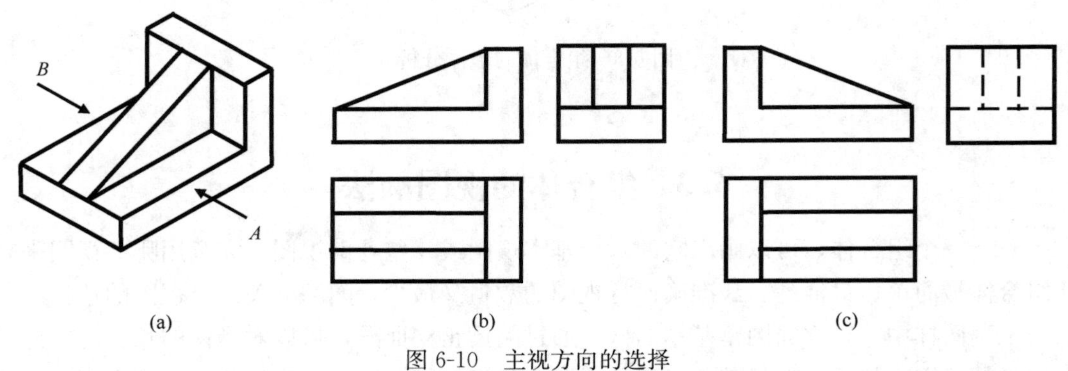

图 6-10　主视方向的选择

（a）组合体；（b）A 向；（c）B 向

（4）图面布置要合理

画正立面图时，除了前面要考虑的几个问题之外，还要考虑图面布置是否合理。例如，图 6-11 所示薄腹梁，一般选择较长的一面作正立面，如图 6-11（a）所示，这样视图占的图幅较小，图形匀称协调。如果采用梁的横向特征作正立面，如图 6-11（b）所示，则图形显得很不协调。

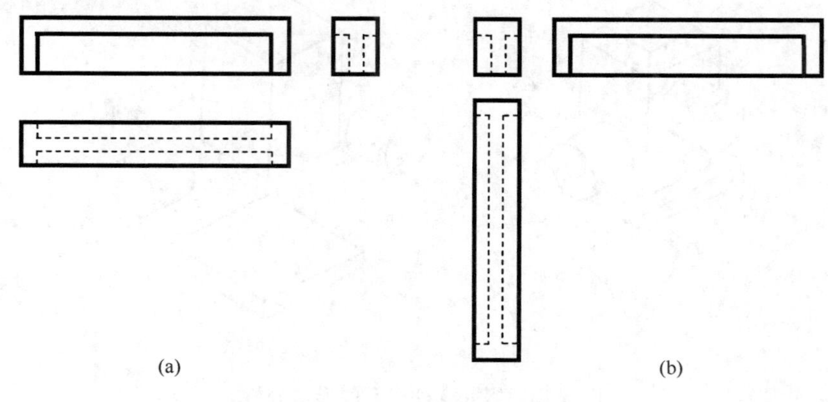

图 6-11　图面布置

（a）合理；（b）不合理

2．视图数量的选择

为了清楚地表达形体，在正立面图确定以后，还需要选择其他视图。选择哪些视图，应根据形体的繁简程度及习惯画法来决定。原则是在能把形体表示清楚的前提下，视图的数量越少越好。对于常见的组合体，通常画出其正立面图、平面图和左侧立面图即可把组合体表示清楚。对于复杂的形体还要增加其他的视图。

3．画图示例

为了能准确、迅速、清楚地画出组合体的视图，一般应按照以下步骤进行：

（1）形体分析

组合体种类繁多、形状各异，但通过分析，可以看出它们都是由一些基本形体通过叠加或切割而成的。因此、对于所要表达的组合体要进行仔细分析，看清组合体的组成，每一部分的基本形状和它们之间的相互关系，然后逐步确定各基本形体的三视图，最后按照它们的相互位置拼成所需要的组合体三视图。

（2）正立面的选择

画三视图时，要根据形体的结构、组成情况，确定其自然位置及特征面。特征面应与 V 投影面平行，从而确定出正立面图。

（3）画图步骤

① 布图，画图之前，要根据物体的形状、大小和组成结构，选择好图纸及绘图比例，在图纸的幅面内确定好各视图的位置；

② 画底稿，用 2H 铅笔轻轻的在已布好图的位置上画出形体的三视图；

③ 描深，对已画好的底稿检查、校核无误后，擦去多余图线，按规定线型描深。

【例题 6-1】已知窨井外观轴测图，如图 6-12 所示，画出窨井外形的三视图。

形体分析：窨井外形由底板（四棱柱）、井身（四棱柱）、盖板（棱台）、管道（圆柱）等部分构成。

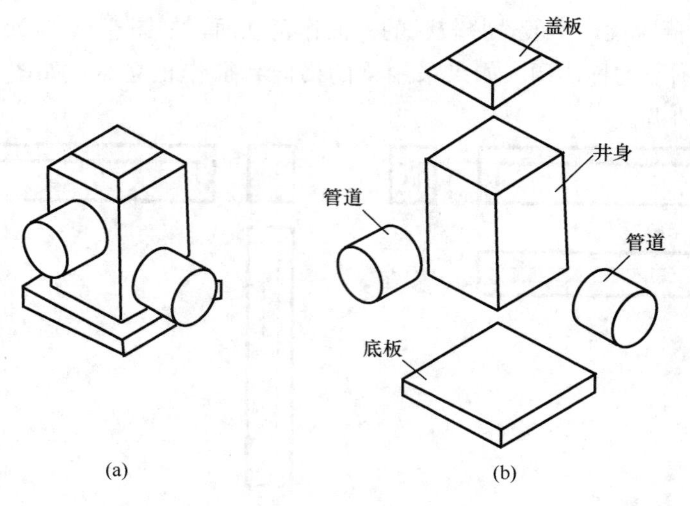

图 6-12　窨井（外形）的形体分析

（a）轴测图；（b）形体分析

画图步骤：如图 6-13 所示。

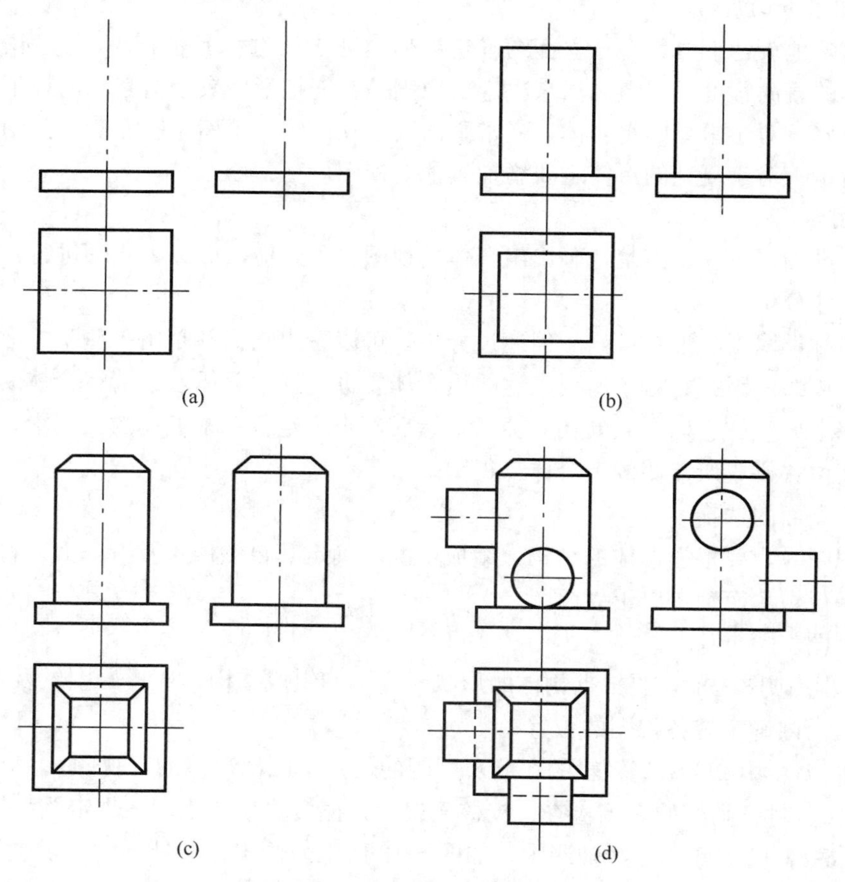

图 6-13　窨井视图画图过程

（a）画底板；（b）画井身；（c）画盖板；（d）画管道

6.4　组合体的视图读法

画图是把空间形体用一组视图在一个平面上表示出来，读图则是根据形体在平面上的一组视图，通过分析，想象出形体的空间形状。读图与画图是互逆的两个过程，其实质都是反映图、物之间的对应关系。因此，这两者在方法上是互通的。

读图时，要根据视图间的对应关系，把各个视图联系起来，通过分析想象出物体的空间形状。不能孤立地看一两个视图来确定物体的空间形状。如图 6-14 所示，两个形体的正立面图及平面图均相同，但是两个形体却是不同的。

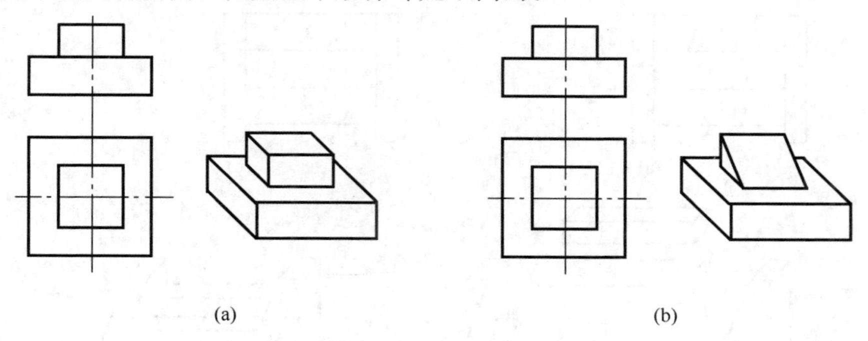

(a)　　(b)

图 6-14　两个视图相同的不同物体

(a) 甲物体；(b) 乙物体

读图的方法通常有三种：形体分析法、线面分析法和切割分析法。

1. 形体分析法

画图时，首先要对形体进行分析，把它分解为几个基本形体，然后根据这些基本形体的空间形状及相互位置关系，分别画出各个基本形体的视图，从而得到整个组合体的视图。

读图时，要根据视图之间的“长对正、高平齐、宽相等”的三等关系，把形体分解成几个组成部分（基本形体），然后对每一组成部分的视图进行分析，从而想象出它们的形状。最后，再由这些基本形体的相互位置想象出整个形体的空间形状。

读图实践中，通过视图把形体分解成几个组成部分并找出它们相互对应的各个视图，这是形体分析的关键。学习前面知识可以得知，不论什么形状的形体，它的各个视图的轮廓线总是封闭的线框，它的每一个组成部分，其相应的视图也是一个线框。从而，位于视图中的每一个线框也一定是形体或组成该形体的某一部分的投影轮廓线。这样，在视图中画出几个线框，就相当于把形体分解成几个组成部分（基本形体）。

形体分析法的基本步骤如下：

（1）划分线框、分解形体

多数情况下，采用反映形体形状特征比较明显的正立面图进行划分。

（2）确定每一个基本形体相互对应的三视图

根据所画线框及投影的“三等关系”，确定出每一个基本形体相互对应的三视图。

（3）逐个分析、确定基本形体的形状

根据三视图的投影对应关系，进行分析，想象出每一个基本形体的空间形状。

（4）确定组合体的整体形状

根据组成形体的各个基本形体的形状、相互间的位置及组合方式，从而确定出组合体的整体形状。

【例题 6-2】 用形体分析法分析图 6-15 所给出的形体的空间形状。

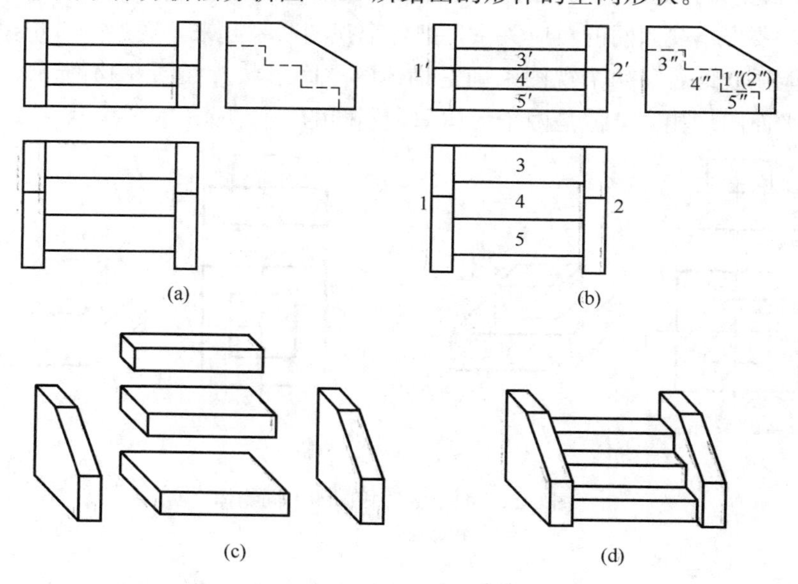

图 6-15　形体分析

（a）三视图；（b）线框分析 1；（c）线框分析 2；（d）轴测图

通过对图 6-15（a）三视图的分析，在正立面图中把组合体划分为五个线框，左右两边各一个，中间三个，如图 6-15（b）所示。通过对这五部分的三视图对照分析可知：左右两个线框表示的是两个对称的五棱柱，中间三个线框表示的是三个四棱柱，如图 6-15（c）所示。三个四棱柱按大小由下而上的顺序叠加放在一起，两个五棱柱紧靠在其左右两侧，构成一个台阶，如图 6-15（d）轴测图所示。

2. 线面分析法

组成组合体的各个基本形体在各视图中比较明显时，用形体分析法读图是便捷的。当组合体或其某一局部构成比较复杂时，用形体分析法将其分解成几个基本形体困难时，可以采用线面分析法。

线面分析法就是根据围成形体的表面及表面之间的交线的投影，逐面、逐线进行分析，找出它们的空间位置及形状，从而想象、确定出被它们所围成的整个形体的空间形状。

形体在投影图中所形成的投影元素有两种：一种是线框，另一种是线段，整个投影图就是由这两种元素构成的。投影图中线框、线段的几何意义可以归纳如下：

（1）线框的几何意义

从画法几何知道，投影图中的每一个封闭的线框，一定是形体上的某一个表面的投影。但是，该线框是平面的投影还是曲面的投影，它的空间状态及位置如何，还需要参照其他的投影来确定。

如图 6-16 所示，正立面图中线框的空间意义是：(a) 为半圆柱前后表面的投影（前半个柱面可见，后面平面不可见）；(b) 图中的线框表示圆锥的前表面的投影（前半个锥面可见，后半个锥面不可见）；(c) 和 (d) 为棱柱前后表面的投影（前面可见，后面不可见）。

在投影图中，常遇到相邻的线框，它们是相互平行的表面或相交表面的投影。如图 6-17 (a) 所示，两个相邻线框为形体前表面中两个相互平行的正平面的投影。图 6-17 (b) 中两个相邻线框为形体的左、右两个相交斜面（铅垂面）的投影。

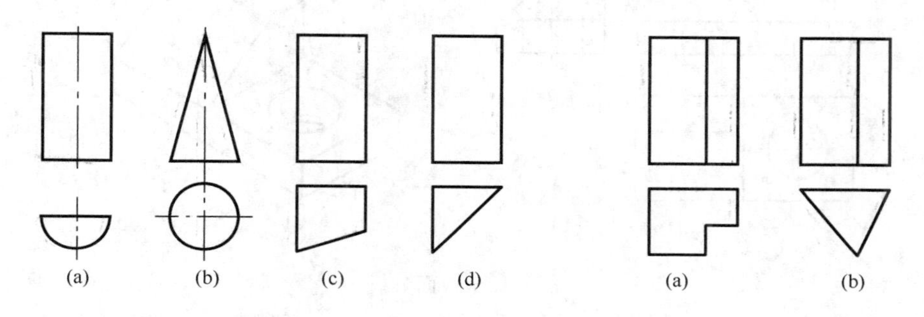

图 6-16　线框的意义　　　　图 6-17　相邻线框的意义

(2) 线段的几何意义

线段分直线段和曲线段。从画法几何中知道，投影图中的线段或者为线段的投影，或者为垂直于投影面的平面或曲面的投影。例如，图 6-16 (a) 的平面图中半圆弧为垂直于投影面的半圆柱面的投影；图 6-17 (a) 中正立面图的轮廓线均为垂直于投影面的平面的投影；图 6-17 (b) 的正立面图中三条垂直线段均为两表面交线的投影。

【例题 6-3】 用线面分析法，分析图 6-18 组合体的空间形状。

分析：如图 6-18 (a) 所示，在正立面图中有四个线框 a'、b'、c'、d' 和六条线段 $1'$、$2'$、$3'$、$4'$、$5'$、$6'$。

首先看线框 a'，在三视图中，利用“三等”关系中的“高平齐”、“长对正”和“宽相等”分别找出 a' 所对应的侧面投影 a'' 和水平投影 a，其中 a'' 为一积聚的铅垂线；a 为一积聚的水平线段，如图 6-18 (b) 所示。由上述分析可知，线框 A 在空间是一个长方形的正平面。

同理可知，线框 B 在空间是一个长方形的侧垂面；线框 C 在空间是一个六边形的正平面；线框 D 在空间是一个铅垂的圆柱面。

再看线段 $1'$，根据“三等”关系可知，其对应的水平投影为一带圆孔的正方形平面；侧面投影为一积聚的水平线段，如图 6-18 (c) 所示。由上述可知，线段Ⅰ在空间是一个带圆孔的正方形水平面。

同理可知，线段Ⅱ在空间是一个梯形的侧平面；线段Ⅲ在空间是一个长方形的水平面；线段Ⅳ在空间是一个五边形的侧平面；线段Ⅴ在空间是一个带圆孔的长方形水平面；

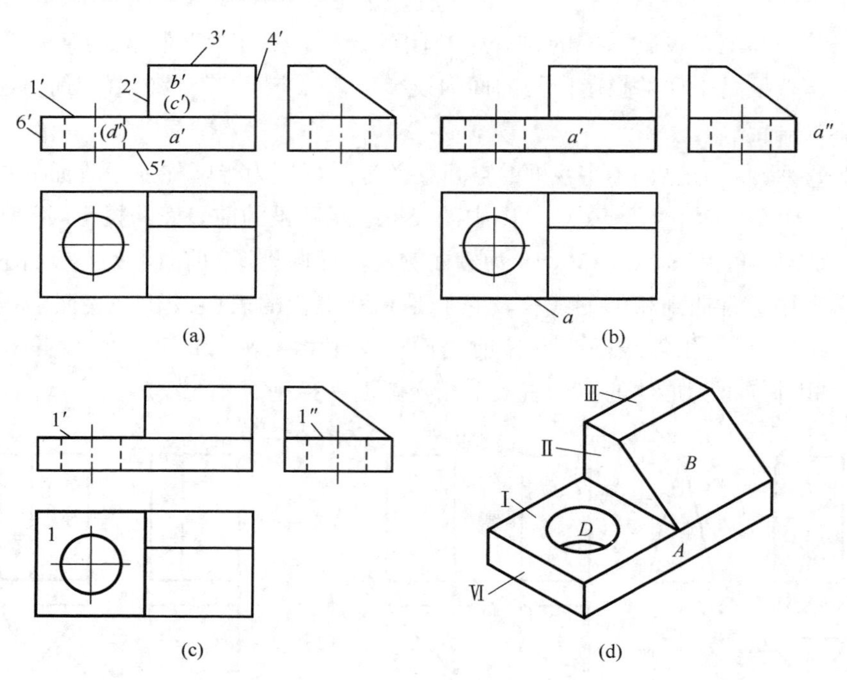

图 6-18 线面分析

(a) 分析 1；(b) 分析 2；(c) 分析 3；(d) 轴测图

线段Ⅵ在空间是一个长方形的侧平面。由前面的分析不难知道，图 6-18（a）所示形体的空间形状是如图 6-18（d）所示的轴测图。

3. 切割分析法

我们在读图时，除了用形体分析法、线面分析法外，还常采用切割分析法。

切割体是由基本形体经过几次切割而形成的形体。读图时，由所给视图进行分析，先看该形体切割前是哪种基本形体；然后再分析基本形体在哪几个部位进行了切割，切去的又是什么基本形体，从而达到认识该形体的空间形状。例如，图 6-18（a）所示形体，可以看成是由一个长方体经过三次切割而成的形体，第一次用一个水平面和一个侧平面在长方体的左上方切去一个四棱柱，如图 6-19（a）（b）所示，第二次用一个侧垂面在所得形体的右上方切去一个三棱柱，如图 6-19（c）所示，第三次在第一次切掉四棱柱的下方再挖去一个圆柱，如图 6-19（d）所示。

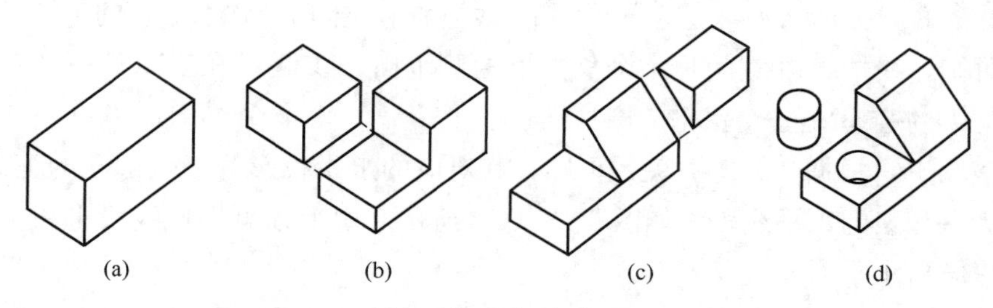

图 6-19 切割分析法

(a) 长方体；(b) 切割 1；(c) 切割 2；(d) 切割 3

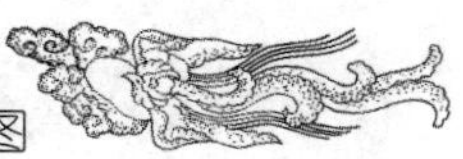

4. 读图的步骤

（1）粗读

首先根据所给的视图粗读，对所给的形体做个大致的认识，看清楚它的长度、宽度、高度、组成及结构情况。

（2）选择方法

在对形体的结构有个大致认识的前提下，对容易分解为基本形体的组合体，如以叠合、相交、相切等形式叠加而成的组合体采用形体分析法；对不容易分解的组合体，可以采用线面分析法或切割分析法。

（3）细读

确定了读图的方法以后，一般先把正立面图划分为几个部分，然后用投影的“三等”关系，找出每一部分在其他视图中的对应投影，再仔细分析，确定这几部分的空间形状，最后由各组成部分的相对位置确定出整个形体的空间形状。

【例题 6-4】已知形体的两面视图，如图 6-20（a）所示，作出第三面视图。

分析：根据给出的正立面图和左侧立面图，可以确定这个组合体是由上、下两部分叠加而成。下部底板是长方体，上部是在一个四棱台的右上方切掉一个水平四棱柱而成，如图 6-20（b）所示。

作图：首先画出底板的水平投影；再画出上部四棱台轮廓的水平投影；最后画出在四棱台的右上方切掉水平四棱柱的切割线，如图 6-20（c）（d）（e）所示。

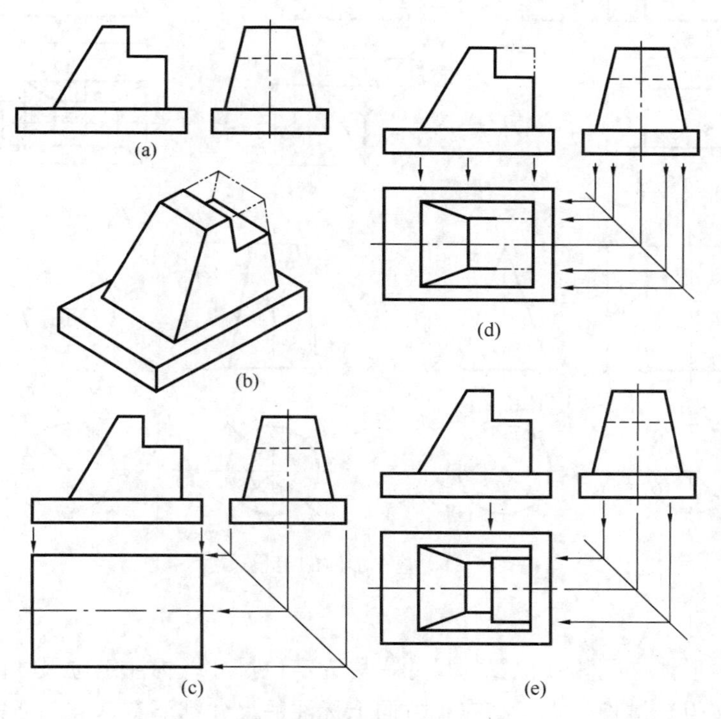

图 6-20　读图“二补三”作图

（a）已知；（b）形体分析；（c）作图步骤 1；（d）作图步骤 2；（e）作图步骤 3

6.5 组合体的尺寸标注

尺寸是施工的重要依据，尺寸标注的要求是：准确、完整、排列清晰，符合国家制图标准中关于尺寸标注的基本规定。

尺寸标注的准确、完整是指在组合体视图上标注的尺寸，可以唯一的确定组合体的形状和大小；排列清晰是指标注的所有尺寸在视图中的位置明显、整齐、有条理性。在尺寸标注中要解决两个问题：一是形体的哪些尺寸需要标注；二是这些尺寸标注在什么位置上。

1. 尺寸的种类

为了保证尺寸标注的准确、完整，由形体分析法可知，组合体的尺寸要能表达出各基本形体的大小和它们相互间的位置。因此，组合体的尺寸可以划分为三类。

（1）定量尺寸

确定基本形体大小的尺寸，称为定量尺寸。常见的基本形体有棱柱、棱锥、棱台、圆柱、圆锥、圆台、球等。这些常见的基本形体的尺寸标注，如图 6-21 所示。

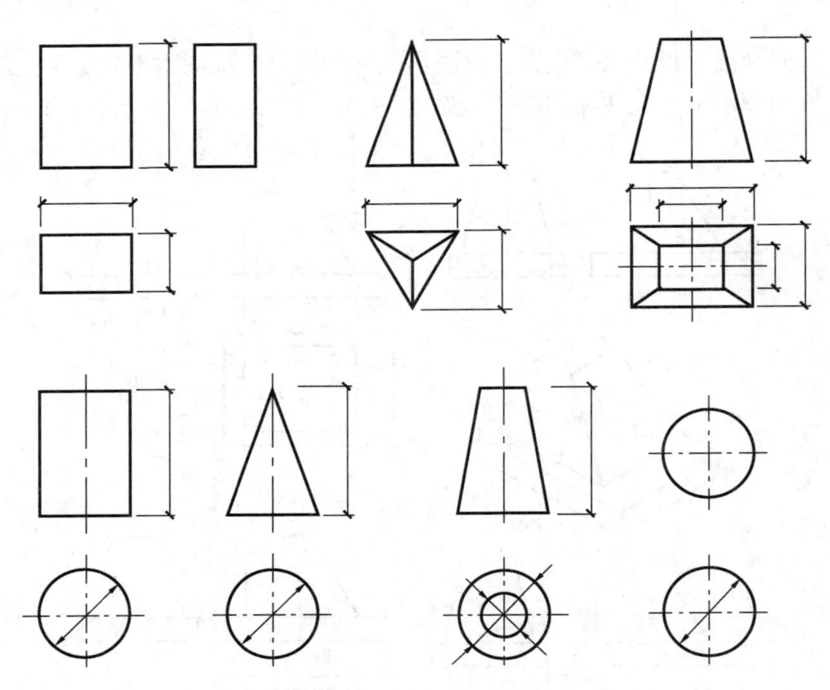

图 6-21　基本形体的定量尺寸

（2）定位尺寸

确定各基本形体之间相互位置的尺寸，称为定位尺寸。标注定位尺寸的起始点，称为尺寸的基准。在组合体长、宽、高三个方向上标注的尺寸都要有基准。通常把组合体的底面、侧面、对称线、轴线、中心线等作为尺寸的基准。

图 6-22 是各种定位尺寸标注的示例：

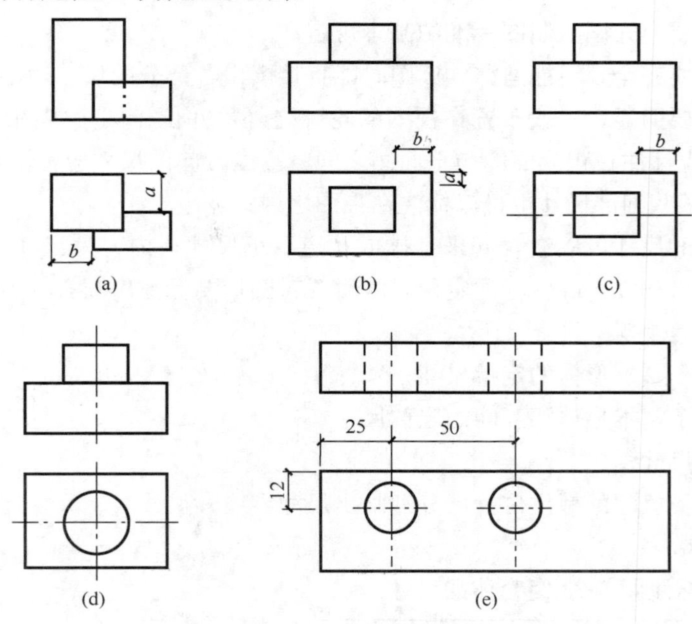

图 6-22　组合体的定位尺寸标注示例

图中（a）所示的形体是由两个长方体组合而成的，两个长方体有共同的底面，高度方向不需要定位，但是应该标注出两个长方体的前后和左右的定位尺寸 a 和 b。标注尺寸 a 时选后一长方体的后面为基准，标注尺寸 b 时选后一长方体的左侧面为基准。

图中（b）所示形体为两个长方体叠加而成的，两个长方体有一重叠的水平面，高度方向不需要定位，但是应该标注其前后和左右两个方向的尺寸 a 和 b，它们的基准分别为下一长方体的后面和右面。

图中（c）所示形体为两个前后左右对称的长方体，它们的前后位置可由对称线确定，不必标出前后方向的定位尺寸，只需标注出左右方向的定位尺寸 b 即可，其基准为下一长方体的右面。

图中（d）所示形体为由圆柱和长方体叠加而成。叠加时前后、左右对称，相互位置可以由两条对称线确定。所以，长宽高三个方向的定位尺寸都可以省略。

图中（e）所示形体为在长方体的钢板上切割出两个圆孔而成，两圆孔的定量尺寸为已知（图中未标出），为了确定这两个圆孔在钢板上的位置，必须标出它们的定位尺寸，即圆心的位置。在左右方向上，以钢板的左侧面为基准标出左边圆孔的定位尺寸 25，然后再以左边圆孔的垂直轴线为基准继续标注出右边圆孔的定位尺寸 50；在前后方向上，以钢板的后面为基准，标注出两个圆孔的定位尺寸 12。

（3）总尺寸

总尺寸是确定组合体外形总长、总宽、总高的尺寸。

在组合体的视图上，只有把上述三类尺寸都准确地标注出来，尺寸标注才是完整的。标注尺寸的数量准则是不多、不少、不能重复。

2. 尺寸标注的原则

① 尺寸标注要遵守国家制图标准的基本规定；

② 尺寸标准要齐全，不能遗漏，读图时能直接读出各部分的尺寸，不需临时计算；

③ 尺寸标注要明显，一般布置在视图的轮廓之外，并位于两个视图之间。通常属于长度方向的尺寸应标注在正立面图与平面图之间；高度方向的尺寸应标注在正立面图与左侧立面图之间。某些细部尺寸也可以标注在视图之内；

④ 同一方向的尺寸可以组合起来，排成几道，小尺寸在内，大尺寸在外，相互间要平行、等距，距离 7～10mm。标注定位尺寸时，对圆形要标注出圆心的位置。

3. 尺寸标注的步骤

① 确定出每个基本形体的定量尺寸；

② 确定出各个基本形体相互间的定位尺寸；

③ 确定出总尺寸；

④ 确定这三类尺寸的标注位置，分别画出尺寸界线、尺寸线、尺寸起止符号；

⑤ 注写尺寸数字。

【例题 6-5】标注图 6-23 组合体的尺寸。

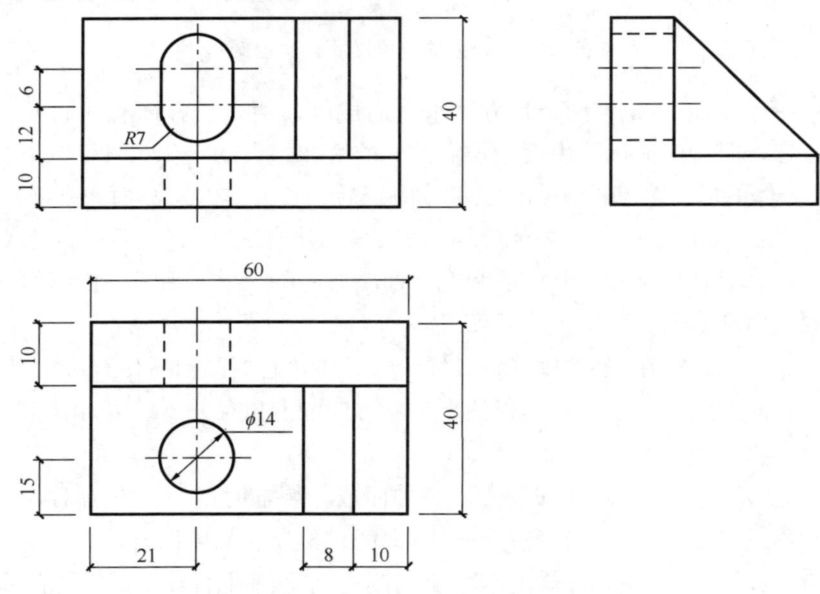

图 6-23　组合体的尺寸标注

（1）形体分析

该组合体是由底板、立板和肋板组合而成的形体，在立板上切出一个长圆孔，在底板上切出一个圆孔。

（2）尺寸

① 定量尺寸：底板的长、宽、高分别为 60、40、10；立板的长、宽、高分别是 60、10、30；肋板的高、宽、厚分别是 30、30、8；底板上的圆孔直径为 14，孔深 10；立板上的长圆孔长 20，上下为两个半圆，半径为 7。

② 定位尺寸：立板在底板的上面，其左右和后面与底板对齐，所以在长度、高度、宽度方向的定位尺寸都可省略。肋板在底板上面，其后面与立板的前面相靠，所以其高度、宽度方向的定位尺寸可以省略，在长度方向上，以底板的右端面为基准，定位尺寸为10。底板上的圆孔以底板的左侧面和前端面为基准，在长度和宽度方向的定位尺寸分别为21和15。立板上的长圆孔以立板的左侧面和下面为基准，在长度方向上的定位尺寸是21，在高度方向上的定位尺寸为12、18。

③ 总尺寸：60×40×40。

【例题 6-6】标注图 6-24 组合体的尺寸。

(1) 形体分析

该组合体是由四棱柱底板、四棱柱、四块三棱柱支撑板和四个圆柱孔组成。

(2) 尺寸

① 定量尺寸：底板为76×50×8、四棱柱为38×28×27、支撑板为19×6×19和6×11×19、圆柱孔为$\phi 8$。

② 定位尺寸：由于形体前后、左右对称，四棱柱与底板、支撑板与底板均以对称线为基准，不需要定位尺寸。四个圆孔柱在长度方向的定位尺寸为56，在宽度方向上的定位尺寸为36。

③ 总尺寸：76×50×35。

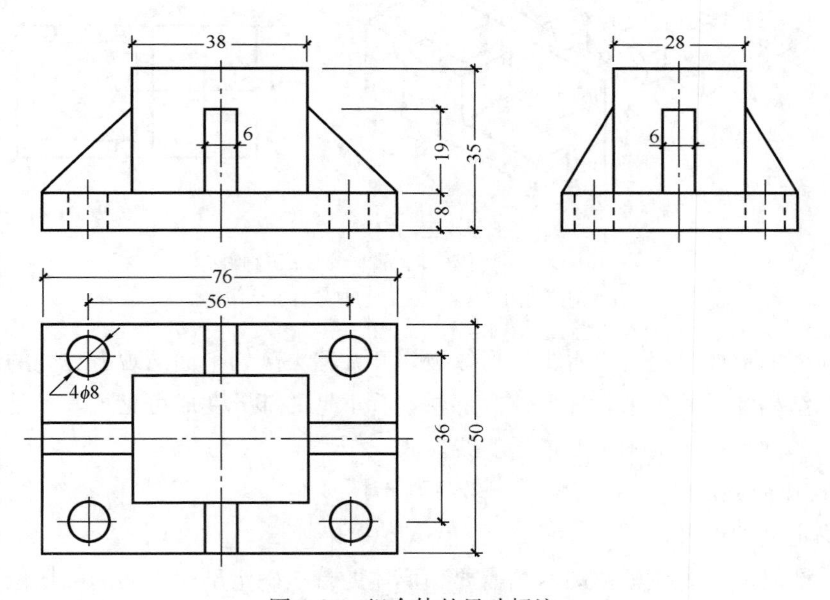

图 6-24　组合体的尺寸标注

6.6　剖　面　图

形体的基本视图和辅助视图主要表示形体的外部形状。在视图中形体内部形状的不可见轮廓线需要用虚线画出。如果形体内部形状复杂，虚线就会过多，在图面上就会出现内

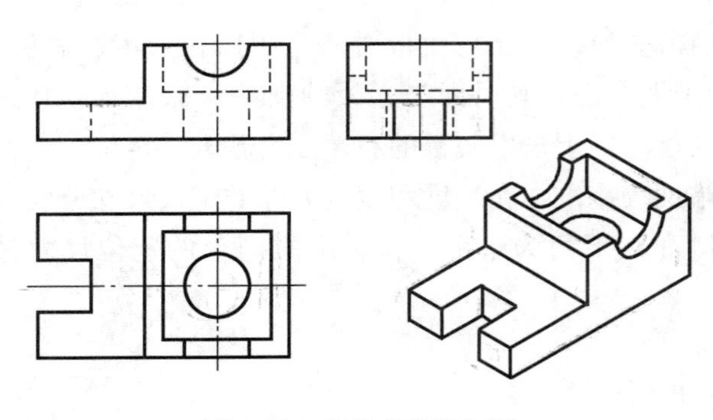

图 6-25 带有虚线的视图

外轮廓线重叠、虚线之间交叉、混杂不清，既影响读图又影响尺寸标注，甚至会出现错误。如图 6-25 所示，在形体的正立面图和左侧立面图中，就出现了表示形体内部构造的虚线。

为了清楚地表示形体的内部构造，工程上通常用不带虚线的剖面图替换带有虚线的视图。

1. 剖面图的形成

如图 6-26 所示，假想用一个剖切平面将形体切开，移去剖切平面与观者之间的部分形体，将剩下的部分形体向投影面投影，所得到的投影图称为剖面图，简称“剖面”。

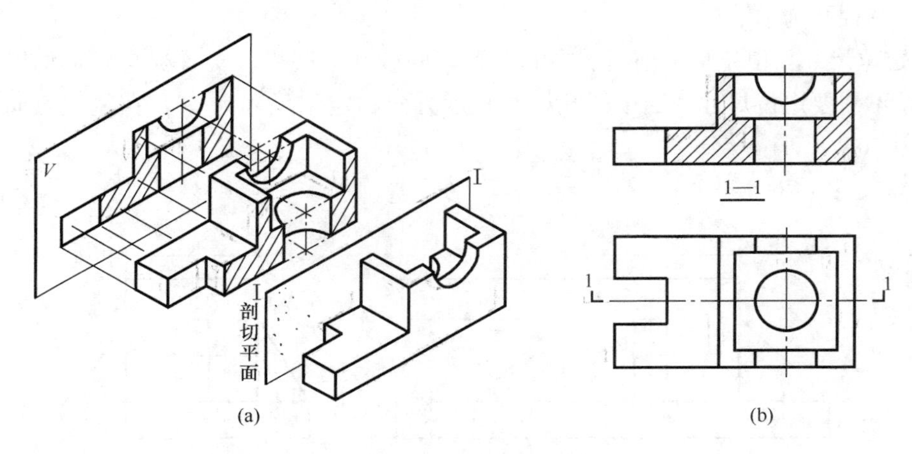

图 6-26 剖面图（全部）的形成及画法

（a）剖面图的形成；（b）剖切符号与 1-1 剖面图

从剖面图的形成过程可以看出：形体被切开并移去剖切平面与观者之间的部分形体以后，其内部结构即显露出来，使形体内部原本看不见的部分变成可见了，于是在视图中表示内部结构的虚线在剖面图中变成了实线。

2. 剖面图的画法

（1）确定剖切位置

画剖面图时，首先应根据图示的需要和形体的特点确定剖切平面的剖切位置和投影方向，使剖切后所画出的剖面图能准确、清楚地表达形体的内部形状。剖切平面一般应通过形体内部的对称平面或孔、槽的轴线，且应平行于投影面。剖面图的投影方向基本上与视图的投影方向一致。

（2）画剖面图

剖切位置确定之后，即可将形体移开，并且按投影的方法画出保留部分（剖切平面与投影面之间的部分）的投影图。

在工程图样中，如果形体的外部形状比较简单、读图不受影响的情况下，可以将视图改画成剖面图，用剖面图替换视图。把视图改画成剖面图的一般步骤是：① 视图中的外形轮廓线，一般情况下仍是剖面图的外形轮廓线——保持不变；② 视图中原本看不见的虚线，在剖面图中变成了看得见的粗实线——虚线改成粗实线。

（3）画图例线

画剖面图时，为了明显地表示出形体的内部构造，要求把剖切平面与形体接触的部位以及剖切平面与形体不接触的部位（有孔、槽的部位）加以区分，按规定应在剖切平面与形体接触的部位画出图例线。图例线用间距 2～6mm 的 45°细斜线表示。细实线的方向、间距必须一致。如果需要表明物体的构造材料时，可以把图例线改画成材料图例。常用的建筑材料图例如图 6-27 所示。

最后，需要注意的是：由于剖切是假想的，因此，某一视图改画成剖面图之后，其他视图仍要保持图形的完整性。

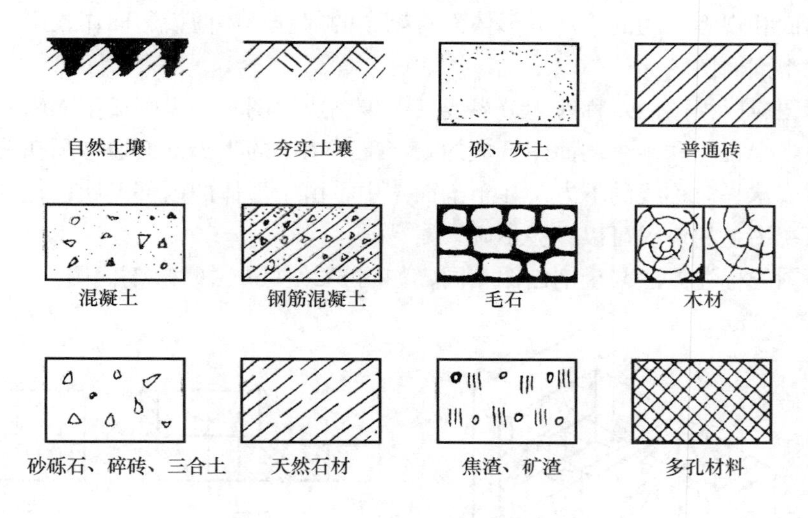

图 6-27　常用建筑材料图例

3. 剖面图的标注

剖面图的图形，是由剖切平面的位置和投影方向决定的。因此，在剖面图中要用剖切符号指明剖切位置和投影方向。为了便于读图，还要对剖切符号进行编号，并在相对应的剖面图下方标注相应的编号名称。

① 剖切符号由剖切位置线和剖视方向线组成。剖切位置由剖切位置线表示，剖切位置线用粗实线绘制，长度约 6～10mm，剖切位置线不得与图中其他图线相交；剖切后的投影方向用剖视方向线来表示，剖视方向线应垂直地画在剖切位置线的两端，其指向即为投影方向。剖视方向线用粗实线绘制，长度约 4～6mm。

② 剖切符号的编号要用阿拉伯数字按从左到右、从下到上的顺序连续编排，数字要注写在剖视方向线的端部。剖切位置线需要转折时，在转折处也应加注相同的编号。编号数字一律水平书写。如图 6-26 中平面图上所示的剖切符号及编号。

③ 剖面图的名称要用与剖切符号相同的编号命名，并注写在剖面图的下方，如图6-26中的 1-1 剖面图。

4. 常用的剖面图

画剖面图时，在表示形体内部形状清楚的前提下，可以根据形体的形状特点，采用不同的剖切方式，画出不同类型的剖面图。

（1）全剖面图

当形体在某个方向上的视图为非对称图形时，应采用全剖面图。全剖面图就是假想用一个剖切平面把形体整个切开所得到的剖面图，例如图 6-26 所示的 1-1 剖面图。

（2）半剖面图

当形体的内、外部形状均较复杂，且在某个方向上的视图为对称图形时，可以采用半剖面图来同时表示形体的内、外部形状。半剖面图的形成如图 6-28（a）所示。图中剖切平面的剖切深度刚好是形体的一半到形体的对称平面为止。形体切开后，移去剖切平面、形体的对称面和观者之间的这部分形体而将剩余的部分形体向投影面作投影，这样得到的剖面图称为半剖面图。

半剖面图应以视图的对称线为分界线，一半画成视图，一半画成剖面图，可以说，半剖面图是由半个视图和半个剖面图合成的。半剖面图中的半个剖面通常画在图形的垂直对称线的右方或水平对称线的下方。在半剖面图中，由于形体的内部形状已在剖面图上表示清楚，所以视图上的虚线可以省去不画。

半剖面图的标注方法与全剖面图相同，如图 6-28（b）中 2-2 剖面图。

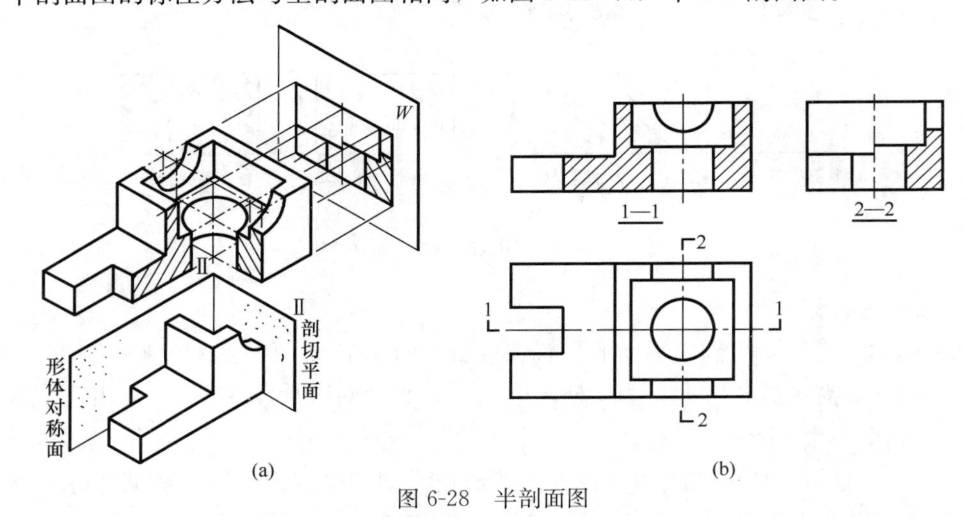

图 6-28　半剖面图

（a）半剖面图的形成；（b）剖切符号与剖面图

（3）局部剖面图

当形体某一局部的内部形状需要表达时，可以用剖切平面将形体的局部剖切开而得到的剖面图称为局部剖面图，如图 6-29 所示。

画局部剖面图时，要用波浪线标明剖面的范围，波浪线不能与视图中的轮廓线重合，也不能超出图形的轮廓线。

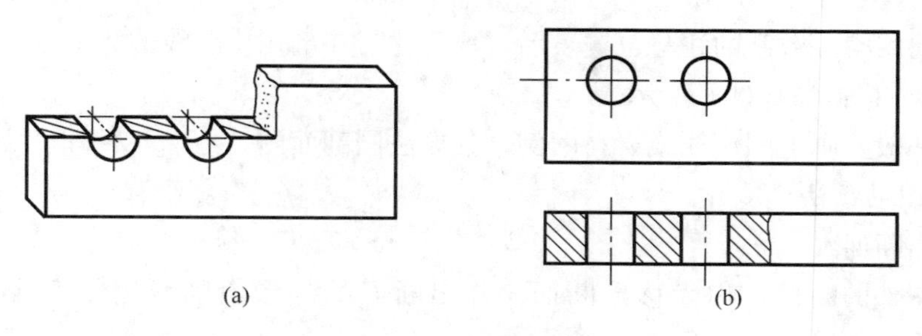

图 6-29　局部剖面图

（a）局部剖面图的形成；（b）局部剖面图

（4）阶梯剖面图

如果形体上有较多的孔、槽等，用一个剖切平面不能全部剖切到时，则可以假想用几个互相平行的剖切平面分别通过孔、槽的轴线把形体剖切开，所得到的剖面图称为阶梯剖面图，如图 6-30（a）所示。

阶梯剖面属于全剖面，在阶梯剖面图中不能把剖切平面的转折平面投影成直线，而且要避免剖切平面在图形内的图线上转折。阶梯剖面剖切位置的起止和转折处要用相同的阿拉伯数字进行标注，如图 6-30（b）所示。

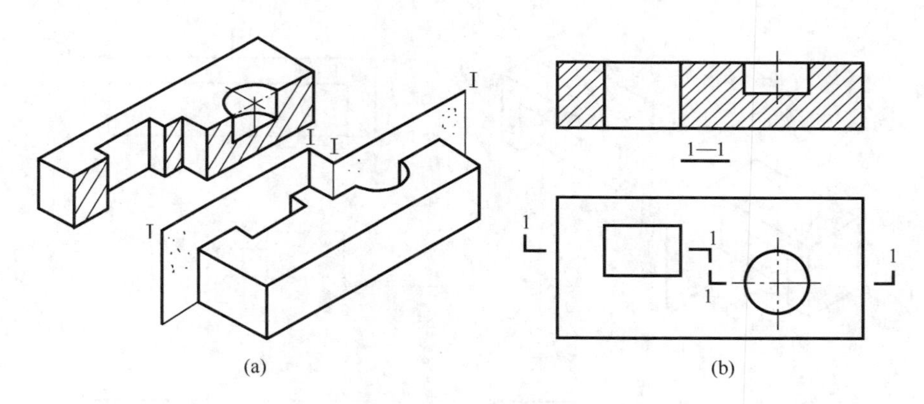

图 6-30　阶梯剖面图

（a）阶梯剖面图的形成；（b）阶梯剖切位置及剖面图

6.7　断　面　图

在工程实际中，当需要表示形体的截断面形状时，通常画出其断面图。

1. 断面图的形成

假想用一个剖切平面把形体切开，画出剖切平面截切形体所得的断面图形的投影图称为断面图，简称“断面”，如图 6-31（a）所示。

2. 断面图的标注

断面图的形状是由剖切位置和投影方向决定的。画断面图时，要用剖切符号表明剖切位置和投影方向。剖切位置用剖切位置线表示，剖切位置线用 6～10mm 长的粗实线绘制。投影方向用编号数字的注写位置表示，数字注写在剖切位置线的哪一侧，就表示向哪个方向投影，如图 6-31（b）所示。

断面图一般要画上图例线或材料图例，其方法同剖面图。

3. 断面图的画法

（1）移出断面

画在视图外的断面，称为移出断面。移出断面的外形轮廓线用粗实线绘制，如图 6-31（b)所示。

当形体需要作出多个断面时，可将各个断面图整齐地排列在视图的周围。画断面图时，根据实际情况，可以采用不同的比例，但需要注明。

形体较长且所有的断面图形都相同时，可以将断面图画在视图中间断开处，如图 6-31（c)所示。

（2）重合断面

画在视图以内的断面称为重合断面。重合断面的轮廓线应与形体的轮廓线有所区别，当形体的轮廓线为粗实线时，重合断面的轮廓线应为细实线，反之则用粗实线。重合断面如图 6-31（d）所示。

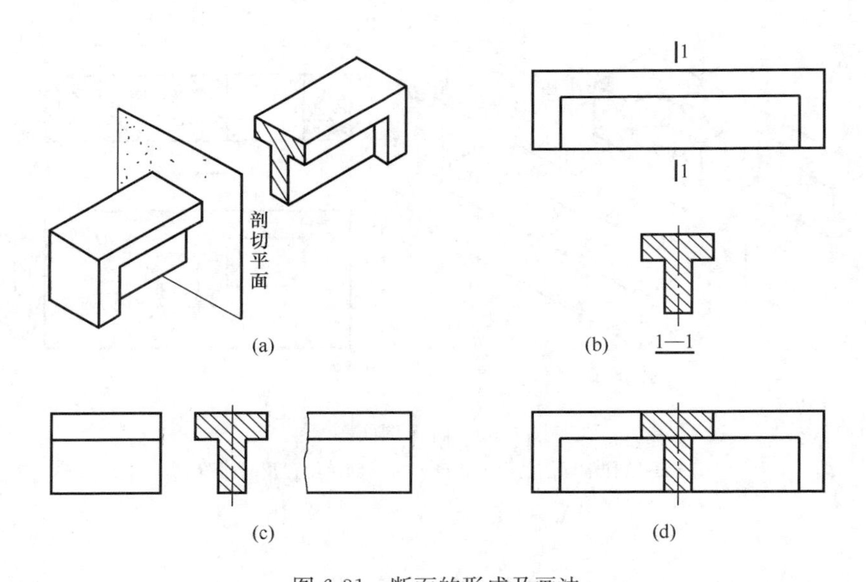

图 6-31 断面的形成及画法

（a）断面图的形成；（b）移出断面；（c）断面在视图断开处；（d）重合断面

断面图与剖面图的区别在于：断面图只是形体被剖切平面所切到的截断面图形的投影，它是“面”的投影；而剖面图则是剖切平面后面剩余部分形体的投影，它是“体”的投影。所以断面图是剖面图的一部分，即剖面图中包含断面图。如图 6-32 所示的混凝土工字柱的剖面图和断面图。

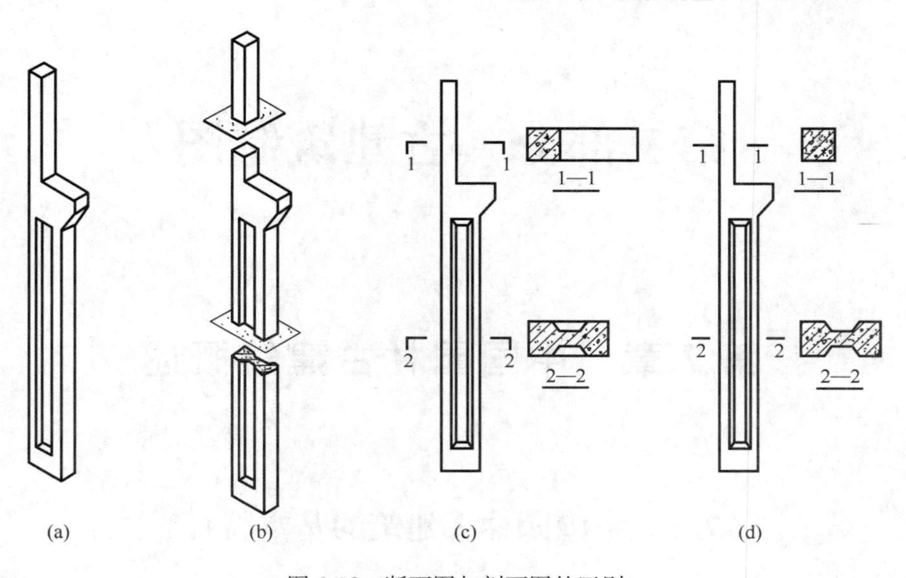

图 6-32　断面图与剖面图的区别

（a）形体；（b）剖切；（c）剖面图；（d）断面图

第二部分　古建筑制图

第 7 章　中国园林古建筑概述

7.1　中国园林古建筑的基本特征

中国园林古建筑历史悠久，源远流长，特征鲜明。中国园林主要分为寺观园林、皇家园林、私家园林三种，按照造园形式主要分为自然式（自由式）、规则式（整齐式）、混合式，按照地域主要分为江南园林、岭南园林、北方园林，园林古建筑形式也各不相同，其建造无不凝聚着劳动人民的智慧，处处体现出另具匠心，移步易景，充满着诗情画意的风格特征。我国园林古建筑在唐宋时期就已逐步达到成熟，以表现自然山水景色为主旨，布局自由，所造建筑、假山、池沼等，浑然一体，宛如天成。我国著名的园林古建筑如：颐和园、圆明园、拙政园、网师园、寄畅园、个园、豫园、绮园、清晖园、古莲花池等，凭借不同的地域条件，通过不同的造园手法、不同的建筑形式，表现出别具一格的园林意境。

中国园林组成要素主要表现在筑山、理水、叠石、种植、建筑、匾额、楹联与石刻，不论哪一种类型的园林，均体现其中。其主要风格为写意的造景手法，讲究在依山傍水之地，修建亭台楼阁、水榭、藤架、石凳石桌、青砖碧瓦、小桥人家，或高山流水，或曲径通幽，园中山石嶙峋，清流萦绕，古木参天，竹影婆娑，水波粼粼、林木森森，以小中见大的格调，塑造赋有“咫尺山林”“移步易景”“隔窗望景”的意境。

中国园林中的古建筑以木构架为主，有着中轴对称、方正严整的群体组合与布局。单体造型独特，形式多样，富于变化。尤以屋顶造型最为突出，主要有庑殿、歇山、悬山、硬山、圆山（卷棚）、攒尖、平顶、盝顶、十字顶等屋顶形式。其中，庑殿顶与歇山顶表现出一种稳重，又通过屋顶线条的巧妙组合，以及出檐部分向上微翘形成的飞檐，为建筑平添了一份动感。

7.2　学习中国园林古建筑制图的意义

中国园林古建筑不同于其他国家的园林建筑，造园手法新颖、建筑形式独特、等级鲜明、自成一体，在世界建筑史上占有重要地位，是中华民族一笔极其丰厚的文化艺术遗产。

新中国成立以来，城市的变化日新月异，道路改造、高楼林立，从生活上给人们带来了改善。但是在改造的同时对历经百年的部分古建筑带来了破坏，遗憾的是当时人们还没有意识到要保护这些历史文化遗产，等到想保护的时候才发现没有相关人员对其拆除的园林古建筑进行测绘、制图，无法恢复其原有风貌。

为更好地继承、保护这一宝贵的文化遗产，并使之发扬光大，不仅要从意识上认识到保护文物建筑的重要性，还要培养更多的古建专业技术人员，从事古建筑文物保护工作。文物保护工作范围很广，凡从事古建筑文物保护的人员，如园林古建筑科研、教学、设计、施工及管理工作的人员，都需要对古建筑制图与识图方面的知识进行学习与掌握。

由于园林古建筑与现代建筑在形式上存在着本质的不同，在学习和掌握古建筑制图与识图的基础上，同时还要对古建筑一些基本元素进行了解。这样才能对古建筑如何测绘、整理资料，如何制图、标注、保护等做到统一化、专业化。

历经数百年遗留下来的宫殿、坛庙、寺院、园林、民居等古建筑成千上万，为了更好保护这些文物古建筑，当务之急要建立完善的文物古建筑保护体系，成立专门的古建筑档案管理，对有价值的文物古建筑进行收集、整理，登记造册，对其现状古建筑进行专业的测绘、制图。但是由于遗留下来的古建筑遍布全国各地、数量极多，这些工作需要大量的古建专业人员参与进来，专业人员的培训与学习是必要的，只有培养扎实的专业基础才能更完整、更准确的表述建筑的形制。

建筑在园林中是不可或缺的一部分，它与道路、绿化、水系、山石等有着紧密的联系，为了能够清楚地反映图纸中的建筑结构形式和尺度，要求我们加强制图的规范化与严谨性。后文着重对制图的基础知识、如何正确制图、尺寸标注等进行了分析，希望对大家有所帮助。

第8章　总平面图

本章要点

在掌握了投影的基本概念和制图的基本原理后，具体学习古建筑制图的流程和方法。本章主要介绍总平面图的构成、图例表示方法与线型分类、制图步骤与画法等基本概念。

8.1　构　成

① 总平面图全面表达基地内所有建、构筑物，表达与相邻基地及其建构物、城市公共用地的各种平面关系（地面、空间、地下），基准关系系统采用坐标系统，比例常用1∶500，1∶1000，1∶2000；在具体工程中，由于市国土局及有关单位提供的地形图比例常为1∶500，故总平面图的常用绘图比例是1∶500。图中尺寸单位为m，注写到小数点后两位。

② 由于总平面图绘图比例较小，图中的原有房屋、道路、绿化、桥梁边坡、围墙及新建房屋等均是用图例表示，在较复杂的总平面图中，如用了国标中没有的图例，应在图纸中的适当位置绘出新增加的图例。

③ 在总平面图上通常画有多条类似徒手画的波浪线，每条线代表一个等高面，称其为等高线。等高线上的数字代表该区域地势变化的高度。等高线上所注的高度是绝对标高。我国把青岛附近的黄海平均海平面定为绝对标高的零点。其他各地的标高均以此为基准。

④ 总平面图中要标注新建建筑物的层数、新建建筑物的±0.000的标高、新建建筑物的角点坐标（标注两个对角点即可）、图中所用的非常规的建筑图例，所要表达的建筑物用粗线绘制，而原有的建筑物用细线绘制。

⑤ 指北针是用来确定新建房屋的朝向的，细实线圆的直径为24mm，箭尾宽度为圆直径的1/8，即3mm。圆内指针涂黑并指向正北，在指北针的尖端部写上“北”字，或“N”字。

⑥ 风向玫瑰图：根据某一地区多年统计，各个方向平均吹风次数的百分数值，按一定比例绘制的，是新建房屋所在地区风向情况的示意图。一般多用八个或十六个罗盘方位表示，玫瑰图上表示风的吹向是从外面吹向地区中心，图中实线为全年风向玫瑰图，虚线为夏季风向玫瑰图。由于风向玫瑰图也能表明房屋和地物的朝向情况，所以在已经绘制了

风向玫瑰图的图样上不必再绘制指北针。在建筑总平面图上，通常应绘制当地的风向玫瑰图。没有风向玫瑰图的城市和地区，则在建筑总平面图上画上指北针。风向玫瑰图最大的方位为该地区的主导风向。

⑦ 技术经济指标：在总平面图绘制完毕后，在适当的位置（一般是图纸的右侧空白处）要填好技术经济指标，技术经济指标主要反映该项目的具体数据，如用地面积、建筑占地面积、地上面积、地下面积、总建筑面积、建筑高度、建筑层数、绿地率、容积率、建筑密度等。填写技术经济指标的内容要以项目的自身情况而定，不涉及的内容不用填写。

8.2　图例的表示方法及线型

1. 线型

线型一般分为粗线、中粗线、细实线，轴线是细点划线，有时也用粗点划线，还能用到细虚线或粗虚线，根据具体的线型要求确定。

2. 常规表示方法

粗线 —— 新建建筑外轮廓；

中粗 —— 无需着重强调表示的建筑、道路等；

细线 —— 只需反映该建筑的形式，图例填充等。

8.3　制图步骤及画法

1. 制图步骤

设置绘图布局 → 绘制建筑边界、场地边界 → 标注（尺寸、轴号、坐标、建筑层数、建筑高度等）→ 技术指标 → 标注文本（图名）→ 加入图签。

2. 总平面图（含地形）

图 8-1 中所示山形地势线型应选用最细的线型，其他线型均应比此线型粗重，这样画出的线才能看清楚要表达的内容。

3. 四合院总平面图

图 8-2 中所示为三进四合院，要将四合院在地形中突出反映出来，因此将周边地形的建筑、道路等线的线型表示为最细的线，将四合院用地范围内的地上、地下建筑、道路、绿植等重要内容用略粗的线反映出来。

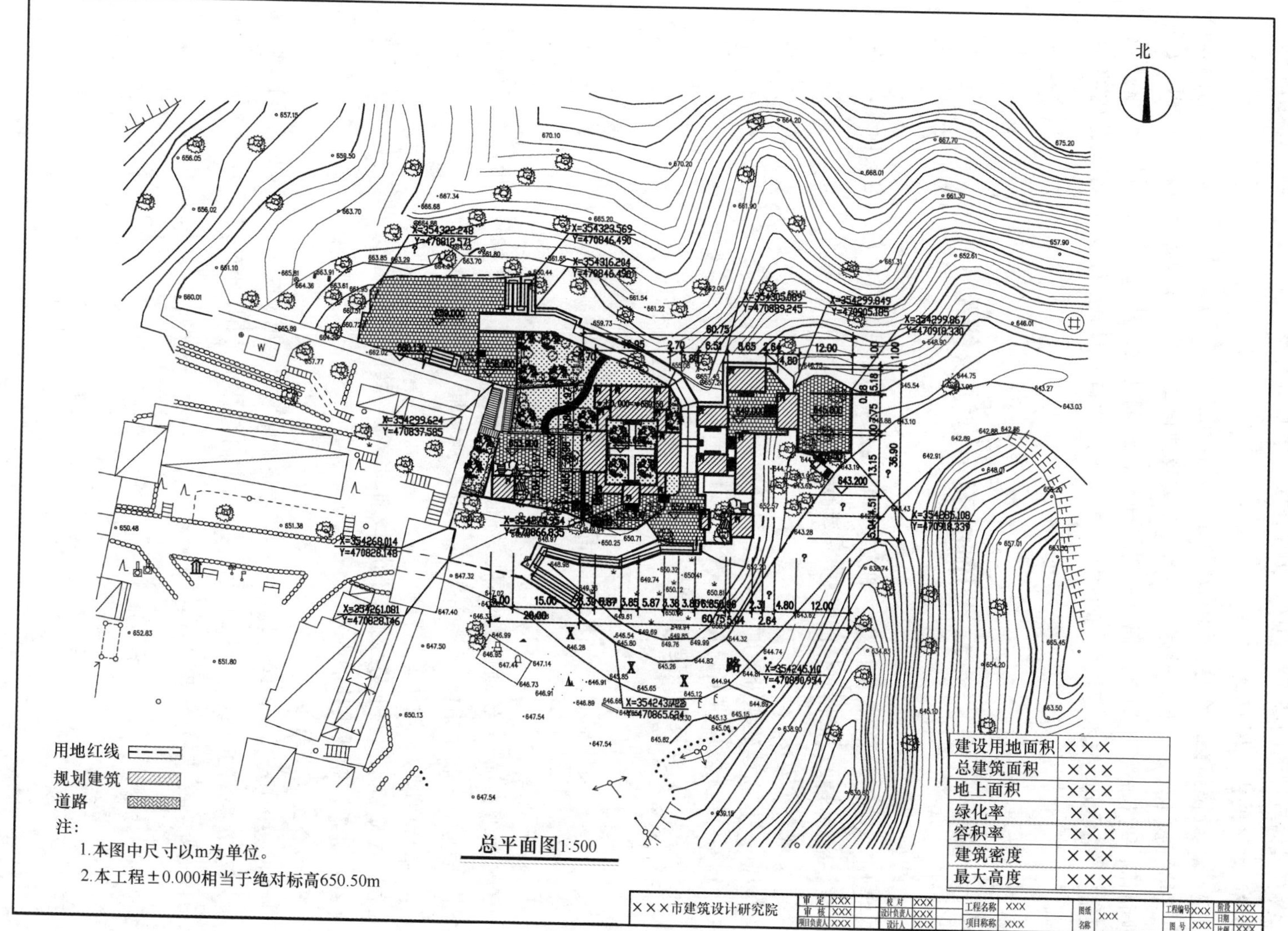
北
用地红线
规划建筑
道路
注：
1.本图中尺寸以m为单位。
2.本工程±0.000相当于绝对标高650.50m
总平面图1:500
建设用地面积 ×××
总建筑面积 ×××
地上面积 ×××
绿化率 ×××
容积率 ×××
建筑密度 ×××
最大高度 ×××
×××市建筑设计研究院

图 8-1　总平面图（含地形）

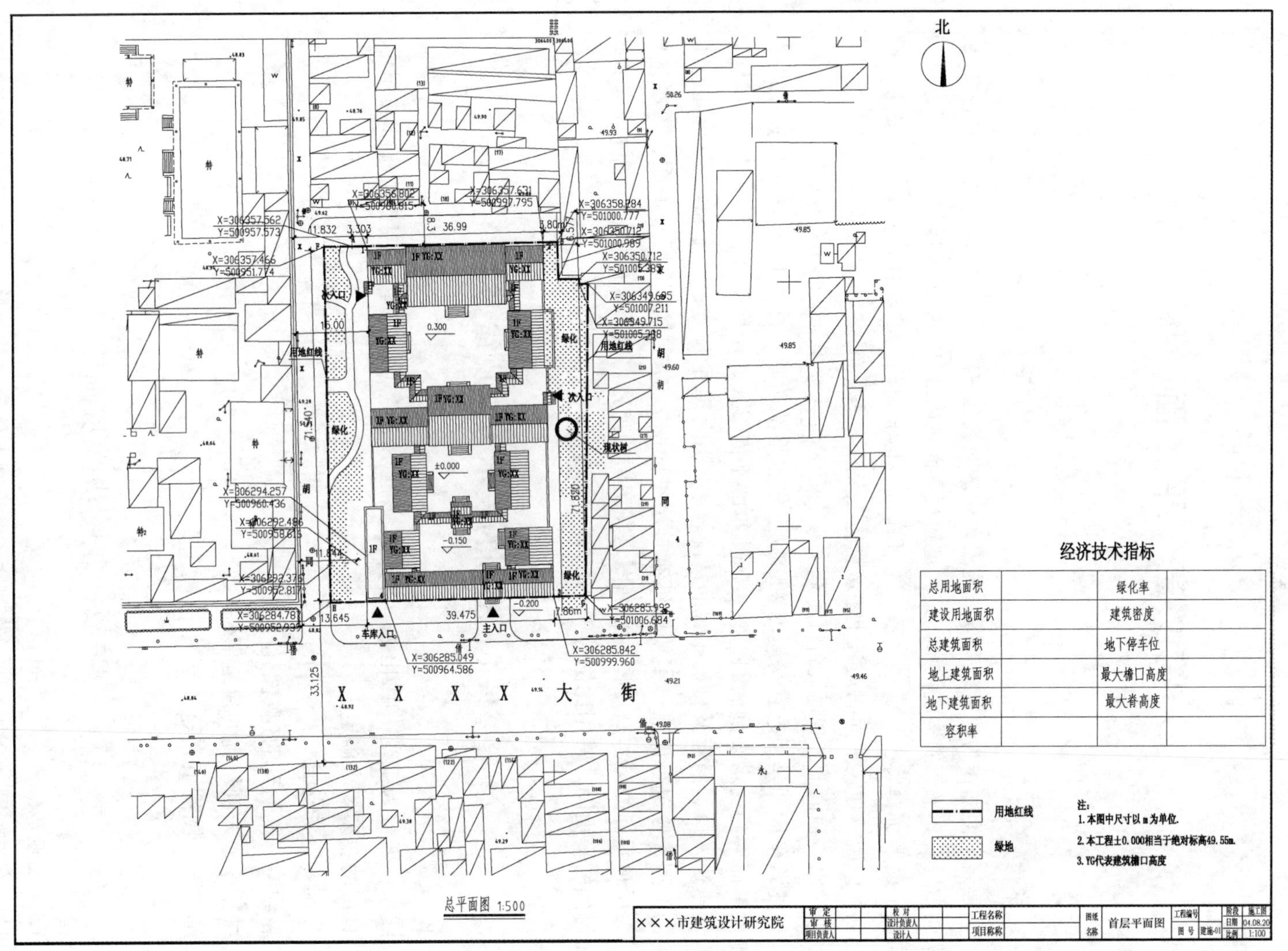
北
经济技术指标
总用地面积
建设用地面积
总建筑面积
地上建筑面积
地下建筑面积
容积率
绿化率
建筑密度
地下停车位
最大檐口高度
最大脊高度
用地红线
绿地
注：
1.本图中尺寸以m为单位.
2.本工程±0.000相当于绝对标高49.55m.
3.YG代表建筑檐口高度
X X X X 大 街
主入口
次入口
车库入口
绿化
现状树
总平面图 1:500
×××市建筑设计研究院
首层平面图

图 8-2　四合院总平面图

第9章　平　面　图

本章要点

建筑平面图作为建筑设计图、施工图中的重要组成部分，反映建筑物的功能需要、平面布局及其平面的构成关系，是决定建筑立面及内部结构的关键环节，其主要反映建筑的平面形状、大小、墙柱关系、内部布局、地面、门窗的具体位置和占地面积等情况。所以说，建筑平面图是新建建筑物施工及施工现场布置的重要依据，也是设计及规划给排水、强弱电、暖通设备等专业工程平面图和绘制管线综合图的依据。

建筑平面图是假想在房屋的窗台以上作水平剖切后，移去上面部分作剩余部分的正投影而得到的水平剖面图。它表示建筑的平面形式、墙柱位置、大小尺寸、房间布置、建筑入口、门厅及楼梯布置的情况，表明墙、柱的位置、厚度和所用材料以及门窗的类型、位置等情况。主要图纸有首层平面图、二层或标准层平面图、顶层平面图、屋顶平面图等。其中屋顶平面图是在房屋的上方，向下作屋顶外形的水平正投影而得到的平面图。常用比例为 1∶100、1∶50。

9.1　图例的表示方法及线型

1. 线型

线型一般分为粗线、中粗线、细实线，轴线是细点划线，还会用到细虚线或粗虚线，根据具体的线型要求确定。

2. 常规表示方法

粗线——剖切到的建筑部位；

中粗——未剖切到的建筑部位；

细线——图例填充等。

9.2　制图步骤及画法

1. 制图步骤

设置绘图布局→绘制轴线→绘制柱子→绘制墙体→修剪墙体→绘制门、窗等→标注尺寸→绘制轴号→绘制楼梯→材料填充→标注（尺寸、轴号、材质等）→标注文本（图名）→加入图签。

2. 画法

(1) 建筑平面画法

符号表示方法（假定）：M——门；C——窗；GC——高窗（高窗在平面图中应为虚线表示）。

尺寸线标注方法：一般分为建筑外围尺寸标注、建筑内部尺寸标注两部分。

建筑外围尺寸标注通常为3道尺寸线，由外向内依次为：第1道尺寸线为总尺寸，主要反映台明间的总尺寸；第2道尺寸线为轴线尺寸，主要反映轴线之间的尺寸及轴线距台明间的尺寸；第3道尺寸线为分尺寸，主要反映轴线距洞口、轴线距墙体、台阶、台明等细部之间的尺寸。

建筑内部尺寸标注通常为室内墙身之间，轴线距洞口、轴线距墙体等尺寸。

【例题9-1】 图9-1～图9-4为建筑平面制图步骤及画法。

第一步：画出轴线，标注轴线尺寸及轴号（图9-1）。

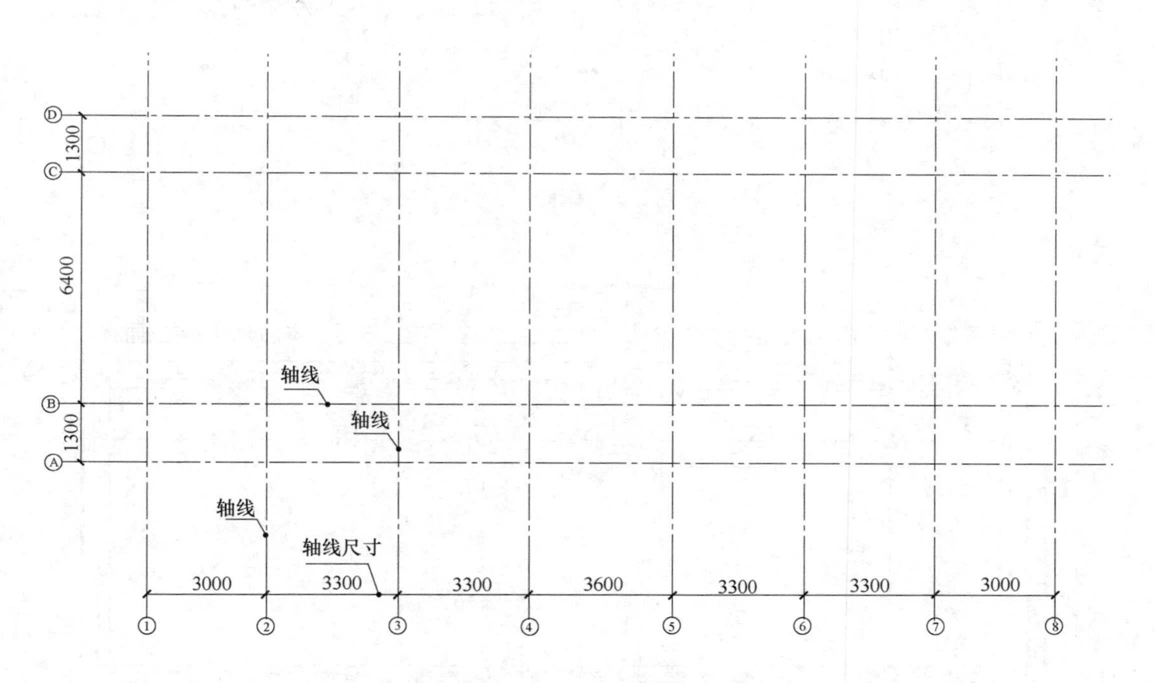

图9-1　轴线、轴号及尺寸

第二步：画出墙体及柱位（图9-2）。

第三步：画出装修、台明、散水等部位（图9-3）。

第四步：完善尺寸标注，写明构件材料规格，标注室内外地坪标高，添加指北针、图名、材料填充符号等（图9-4）。

【例题9-2】 图9-5～图9-9为几种不同建筑类型平面的画法。

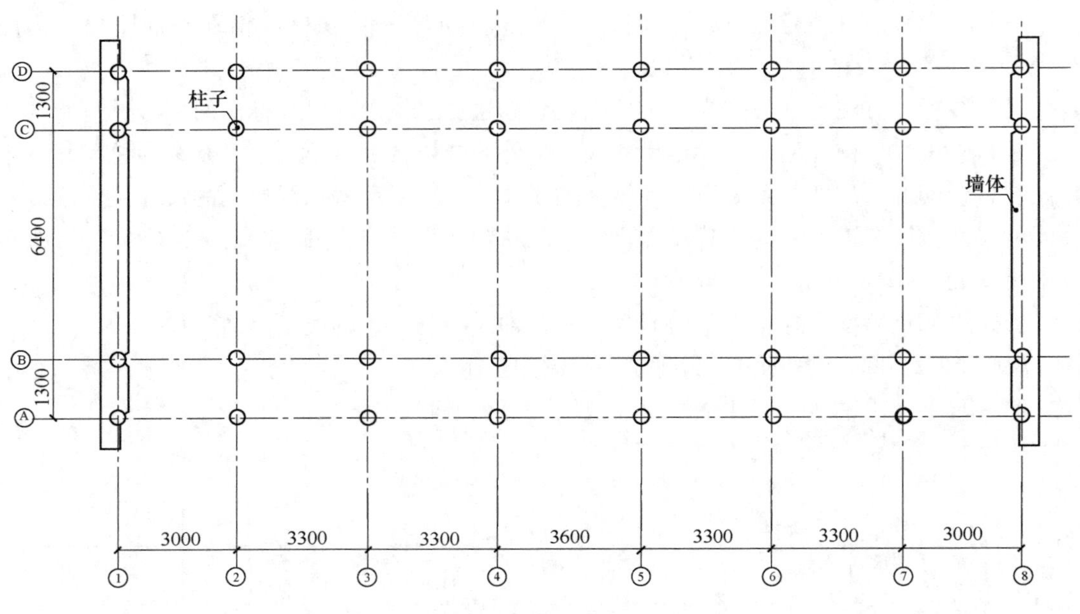

图 9-2　墙体及柱位

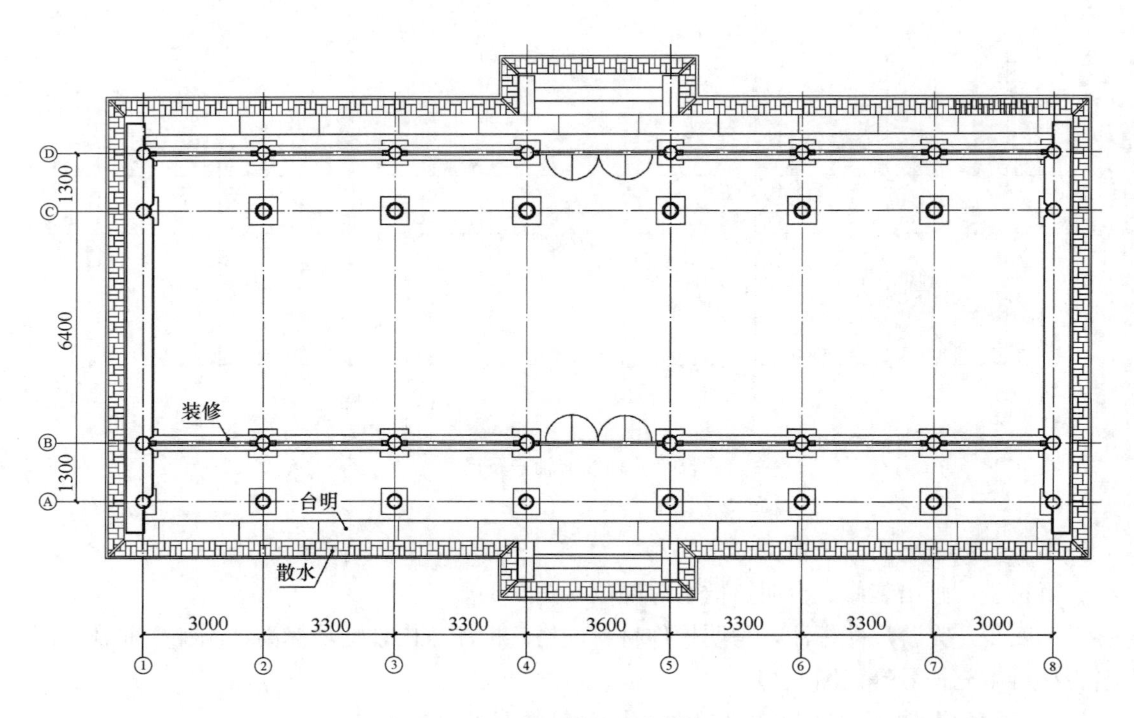

图 9-3　绘制细节部位

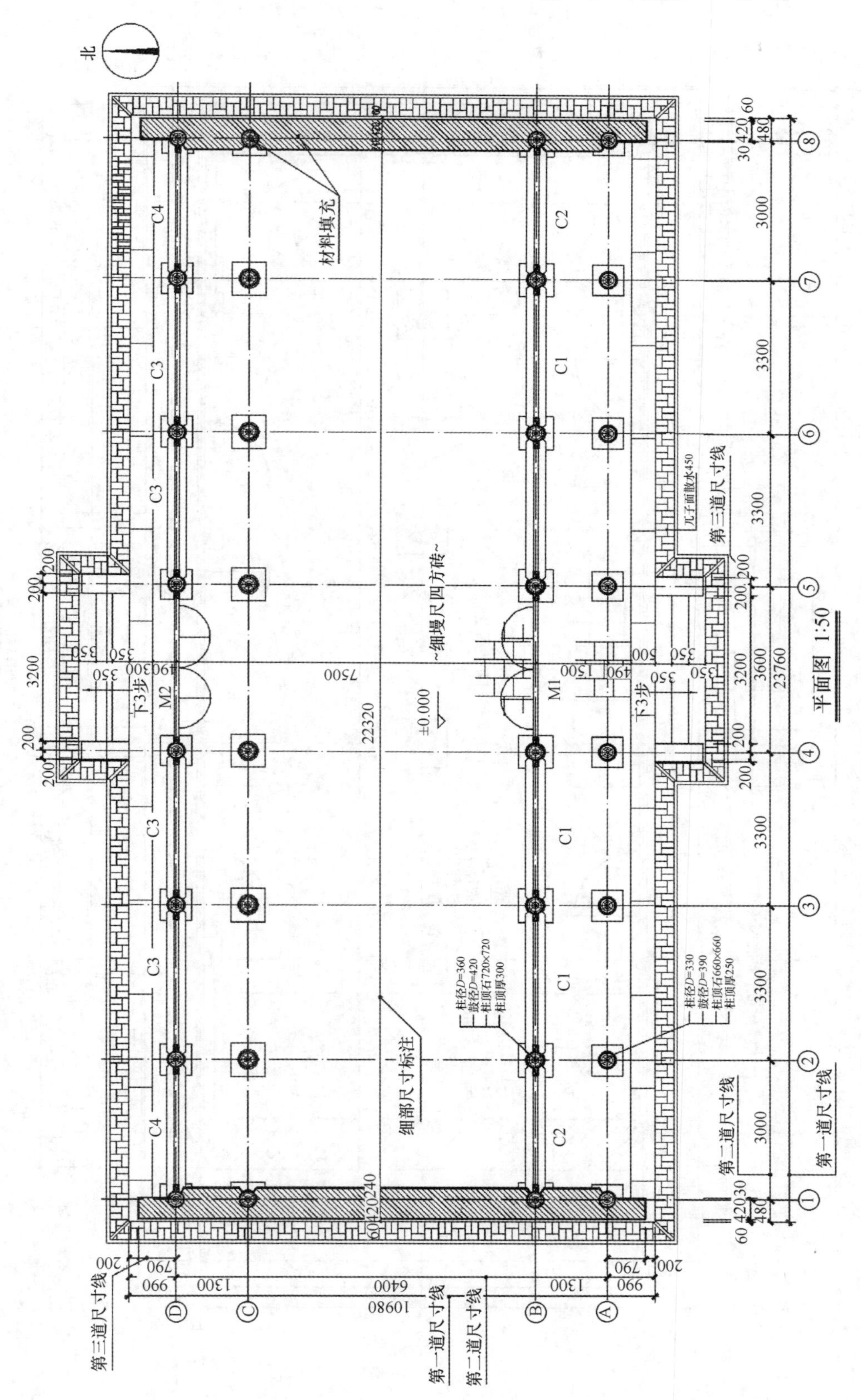
北
材料填充
细部尺寸标注
~细墁尺四方砖~
±0.000
22320
7500
M1
M2
C1
C2
C3
C4
下3步
几子面散水450
第一道尺寸线
第二道尺寸线
第三道尺寸线
平面图 1:50
3000
3300
3200
3600
23760
6400
10980
1300
990
790
200

图 9-4　完善图纸

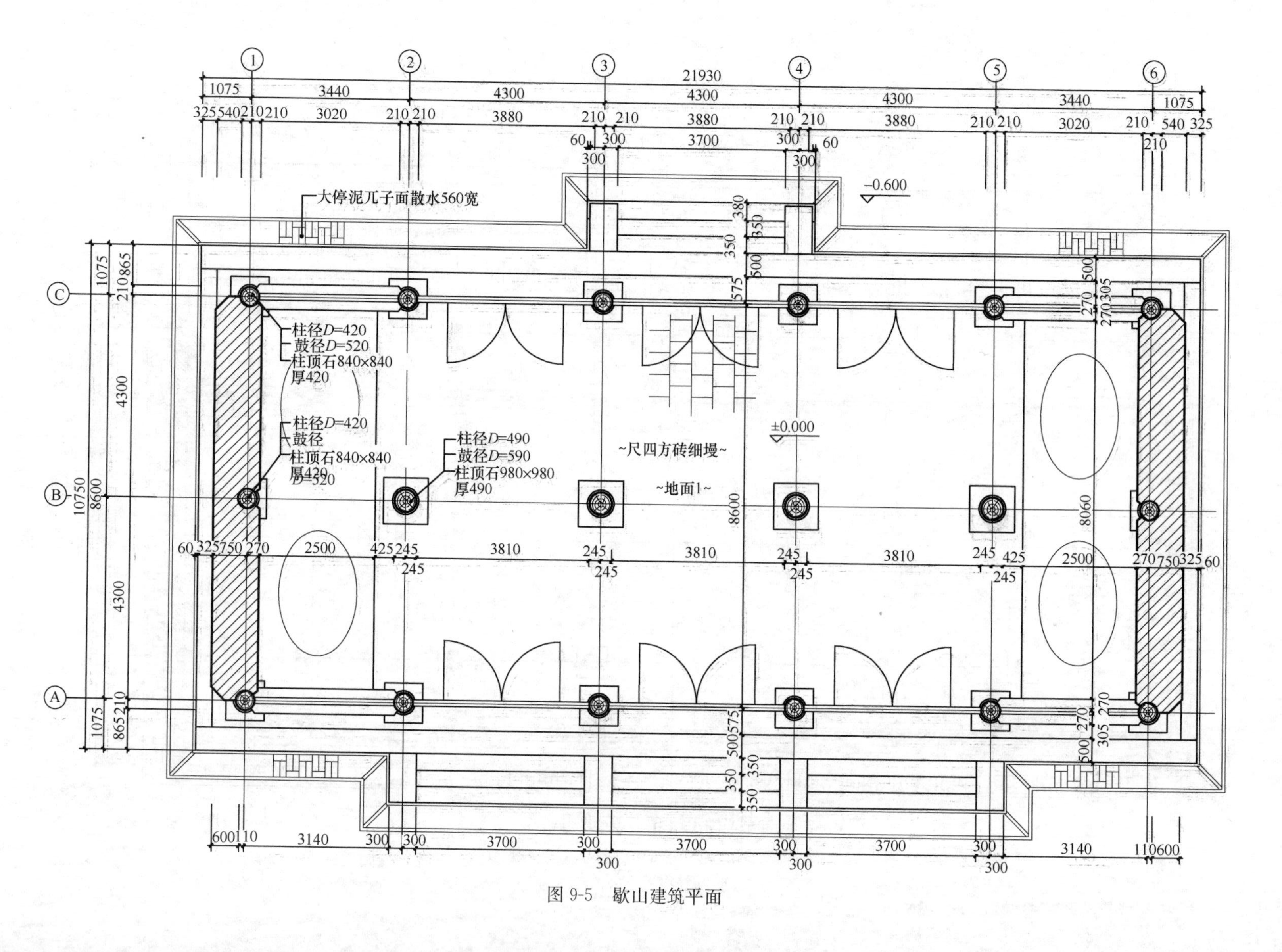
大停泥几子面散水560宽
~尺四方砖细墁~
~地面1~
柱径D=490
鼓径D=590
柱顶石980×980
厚490
柱径D=420
鼓径D=520
柱顶石840×840
厚420
±0.000
-0.600
21930
10750

图 9-5 歇山建筑平面

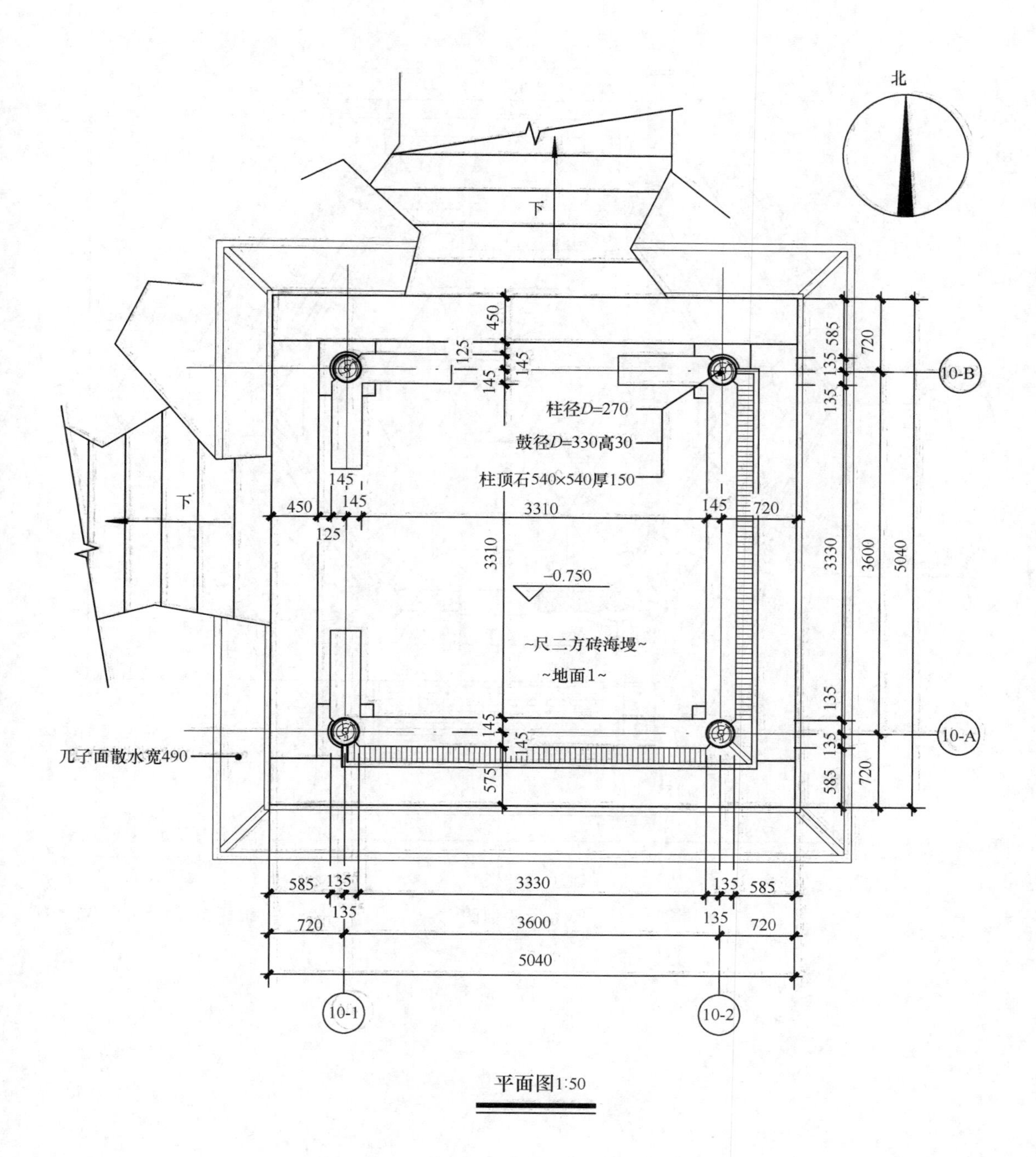

图 9-6　四角亭建筑平面图

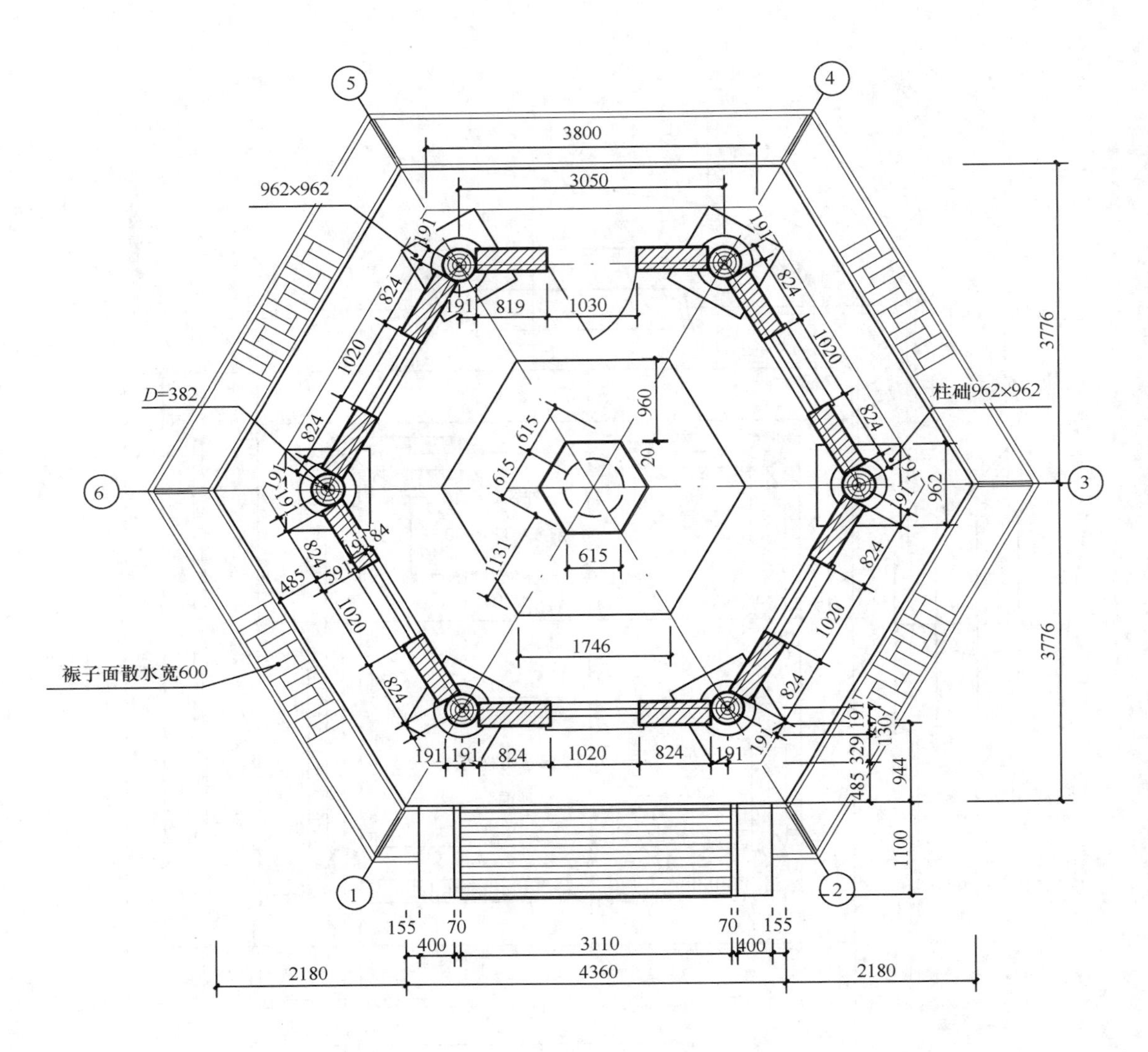

图 9-7 六角亭建筑平面图

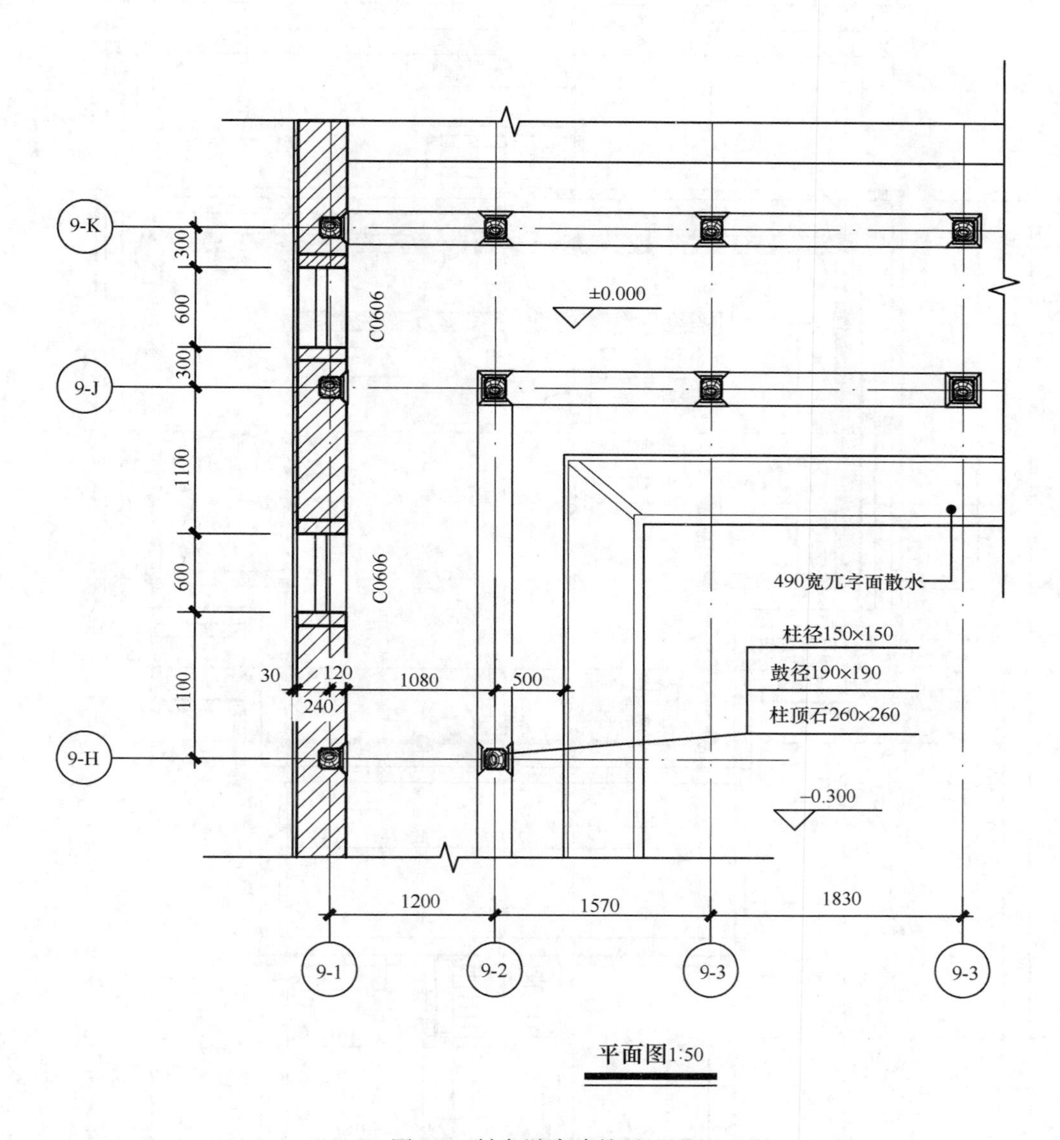

图 9-8　转角游廊建筑平面图

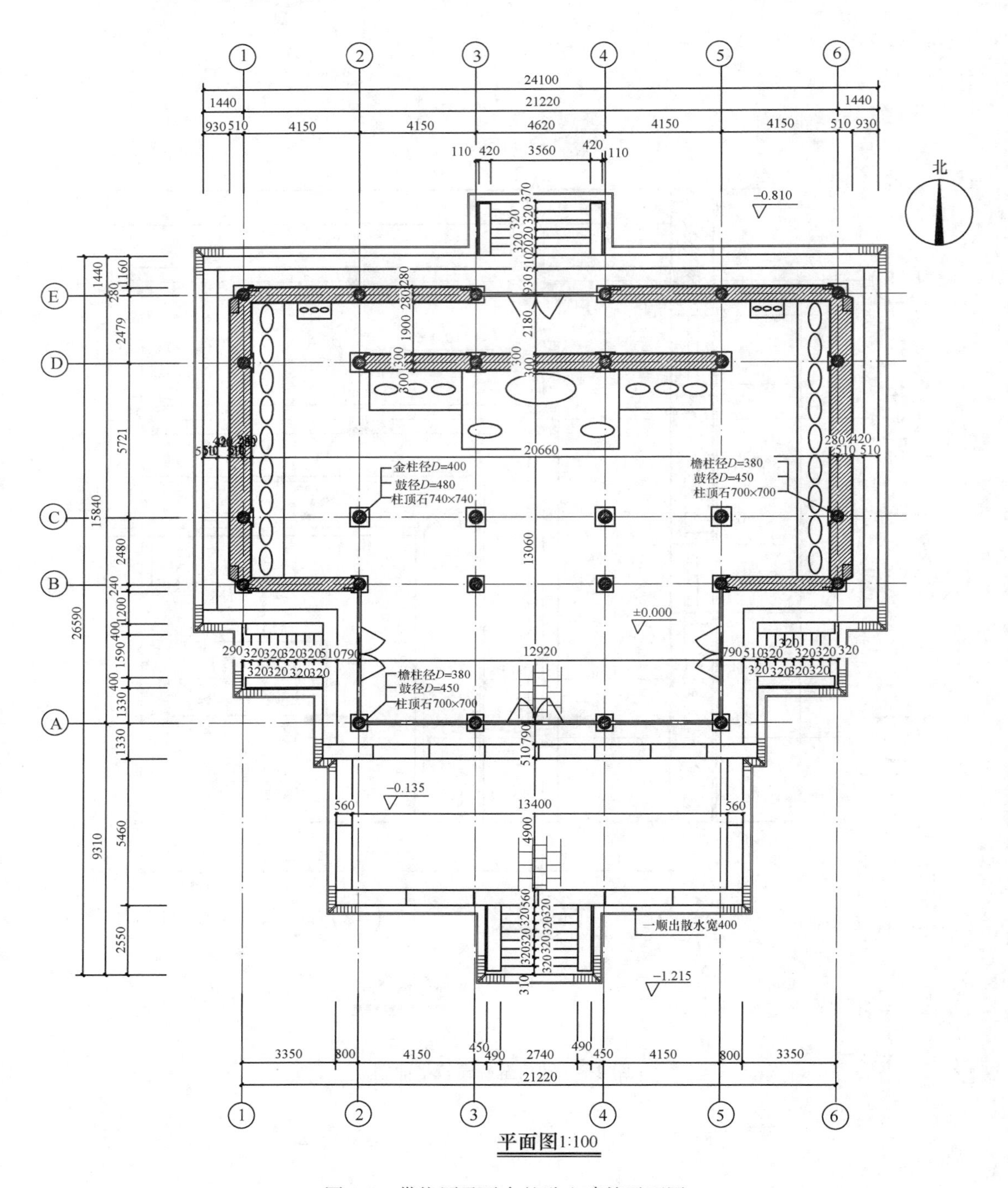

图 9-9　带抱厦及平台的歇山建筑平面图

（2）屋顶平面画法

屋顶平面尺寸标注：对于复杂的屋面一般采用 3 道尺寸线；对于简单的屋顶平面，只需采用 2 道尺寸线，主要反映屋面出檐尺寸的大小、出檐尺寸与轴线的关系。同时要在屋顶平面上用“箭头”表示清楚排水方向。

为了更能清楚地表达屋顶平面的形式，一目了然，通常将屋面的外轮廓线设定为粗线，屋面填充线为细线。

【例题 9-3】 图 9-10～图 9-12 为歇山屋顶平面制图步骤及画法。

第一步：画出轴线，标注轴线尺寸及轴号（图 9-10）。

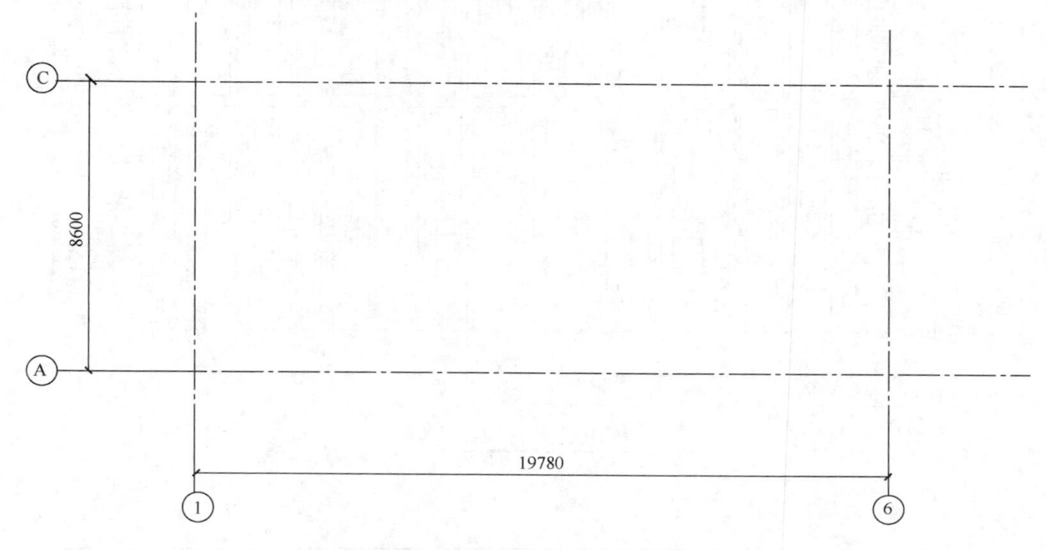

图 9-10　轴线、轴号及尺寸

第二步：画出屋面线、屋脊线，完善尺寸及标高（图 9-11）。

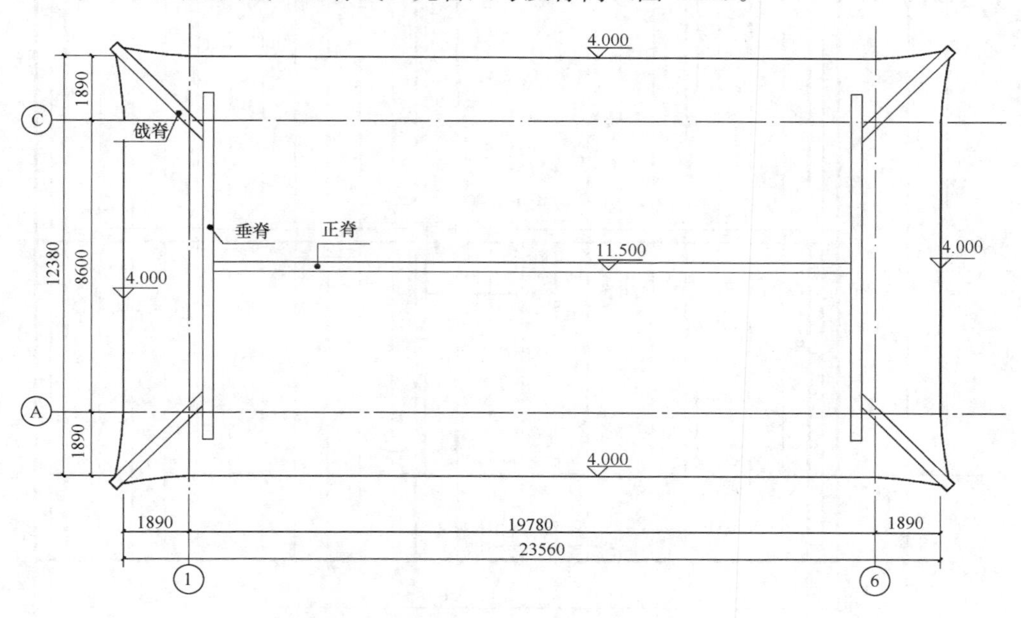

图 9-11　屋面线及屋脊线

第三步：填充屋面线、表示屋面排水的方向及添加图名（图 9-12）。

【例题 9-4】 图 9-13～图 9-15 为几种不同建筑类型屋顶平面的画法。

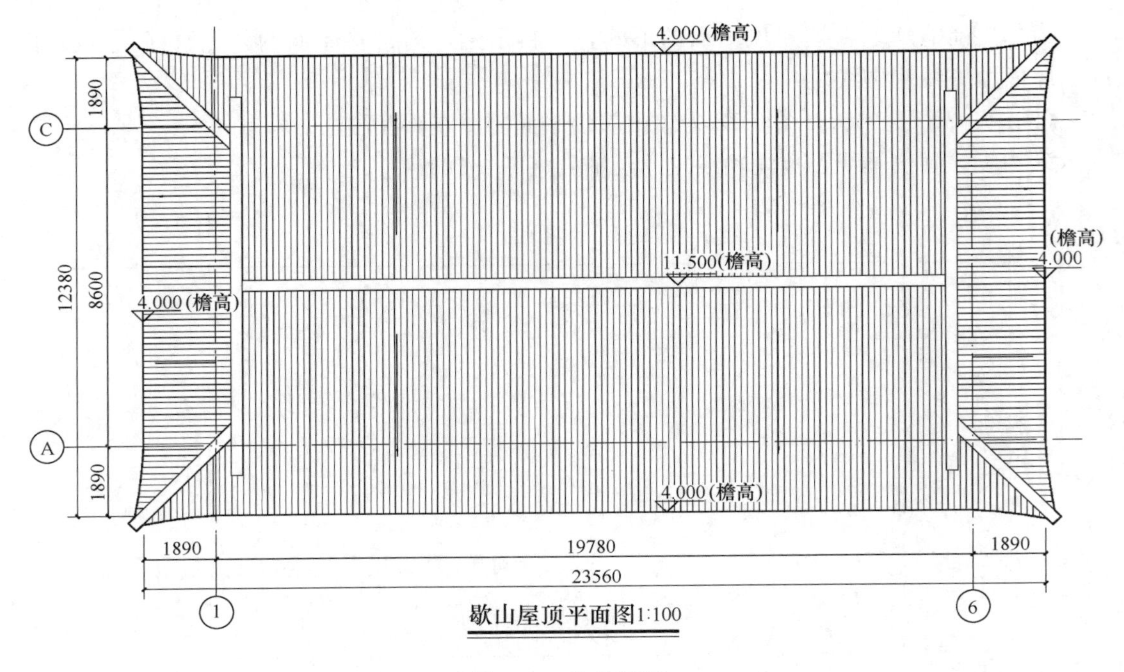

图 9-12　完善图纸

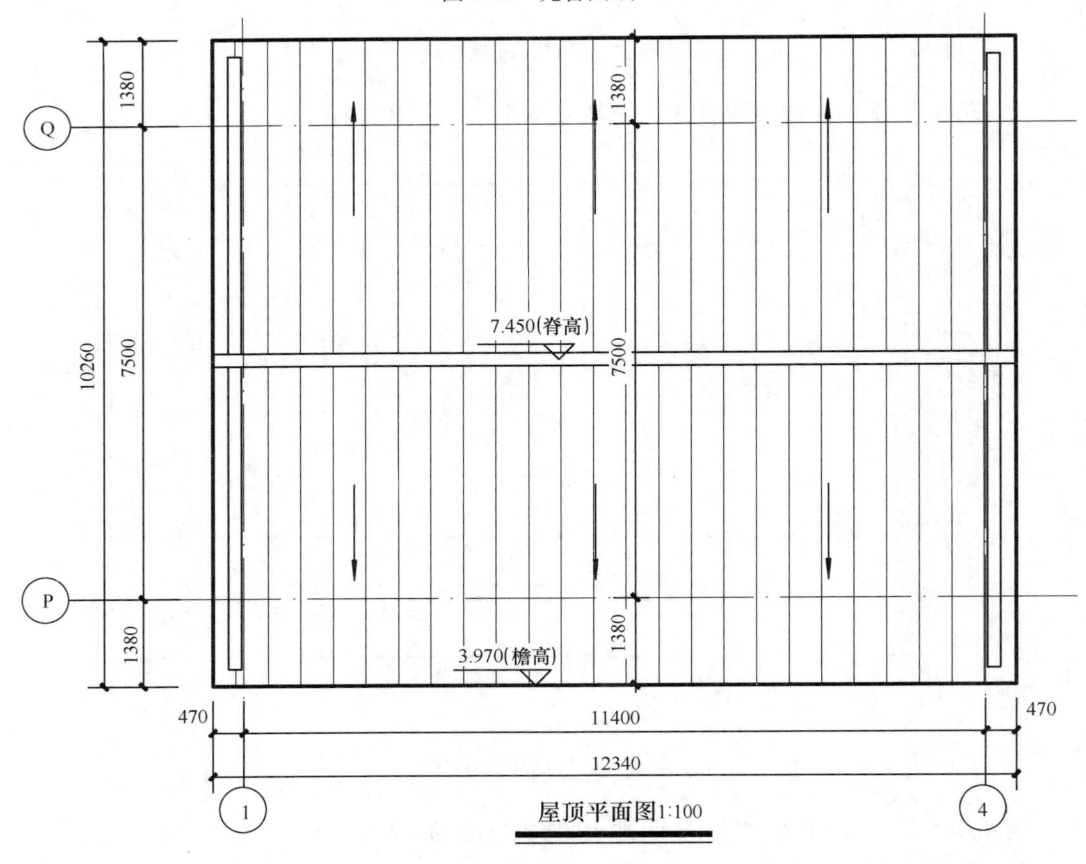

图 9-13　硬山屋顶平面图

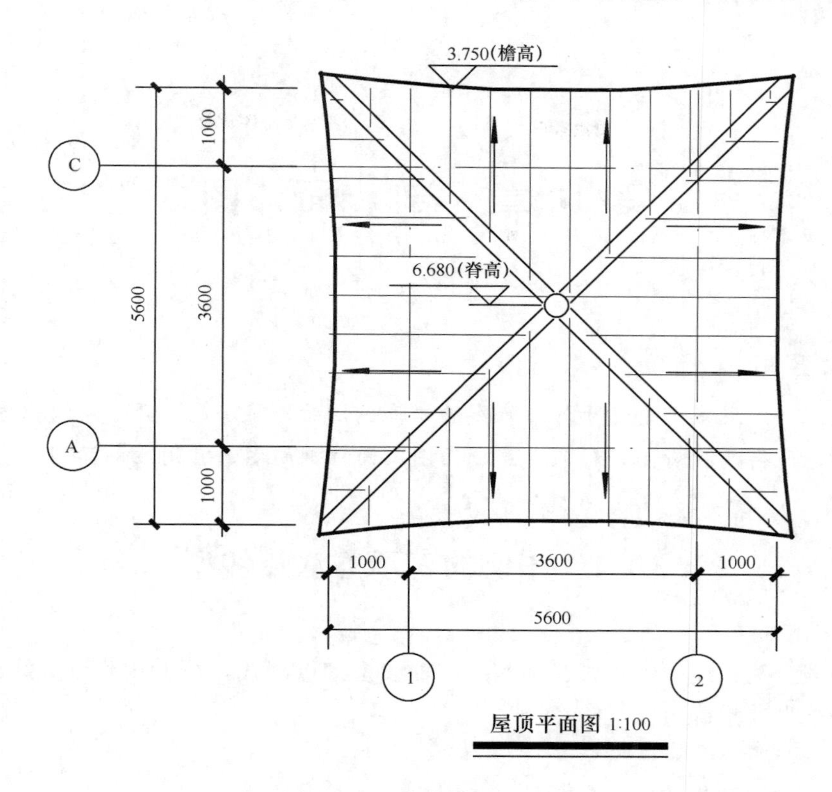

图 9-14 四角亭屋顶平面图

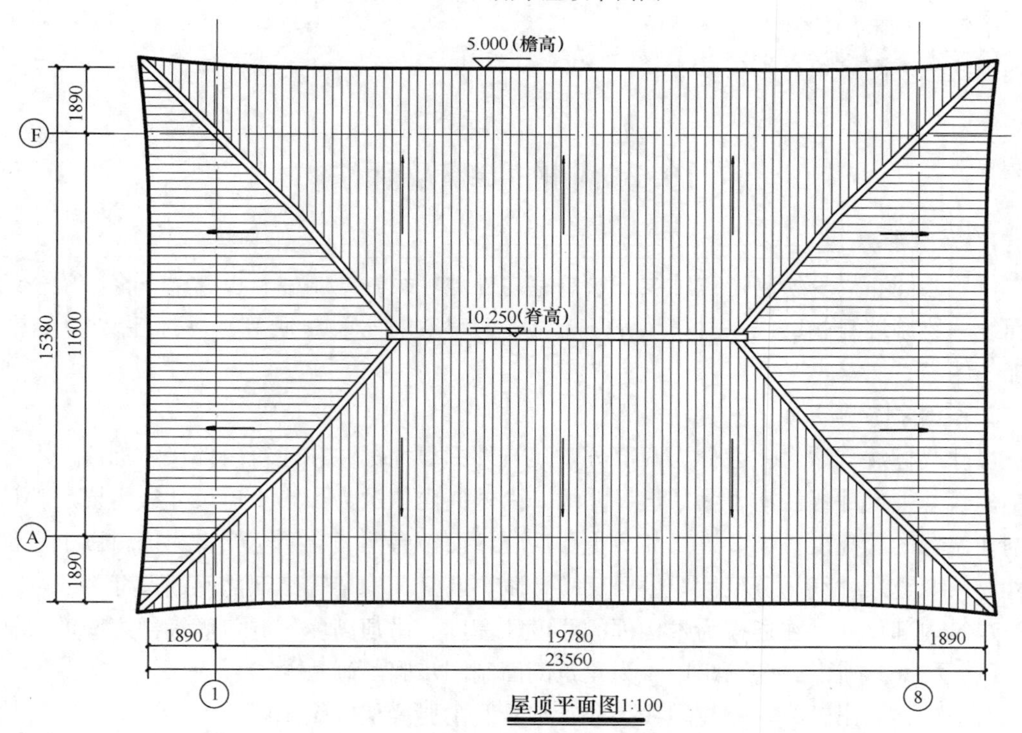

图 9-15 庑殿屋顶平面图

第10章　剖　面　图

本章要点

假想用一个或多个垂直于外墙轴线的铅垂剖切面，将房屋剖开，反映出建筑内部结构形式，所得的投影图，称为建筑剖面图，简称剖面图。常用比例1：100、1：50。

10.1　图例的表示方法及线型

1. 线型

线型一般分为粗线、中粗线、细实线，轴线是细点划线，还能用到细虚线或粗虚线，根据具体的线型要求确定。

2. 常规表示方法

粗线——剖切到的部位；

中粗——未剖切到的建筑部位；

细线——图例填充等。

10.2　制图步骤及画法

1. 制图步骤

设置绘图布局→绘制定位轴线→绘制室内外地坪线→绘制柱、板、梁→椽、望→绘制屋面线→绘制墙身轮廓线→材料填充→标注（尺寸、轴号、材质等）→标注文本（图名）→加入图签。

2. 建筑剖面画法

尺寸线标注方法：一般分为两部分，建筑外围尺寸标注和建筑内部尺寸标注。

建筑外围尺寸标注通常为3道尺寸线，由外向内依次为：第1道尺寸线主要反映该建筑剖切位置的总高度；第2道尺寸线主要反映地面至台明、台明至檐口、檐口以上三部分尺寸；第3道尺寸线为分尺寸，主要反映台阶、墙身、构架等细部之间的尺寸。

建筑内部尺寸标注通常为木构件的厚度、高度、吊顶高度、洞口等细部之间的尺寸。

【例题10-1】图10-1～图10-4为建筑剖面制图步骤及画法。

第一步：画出轴线，标注轴线尺寸、轴号及主要梁架（图10-1）。

第二步：画出屋面、墙体、装修等部位（图10-2）。

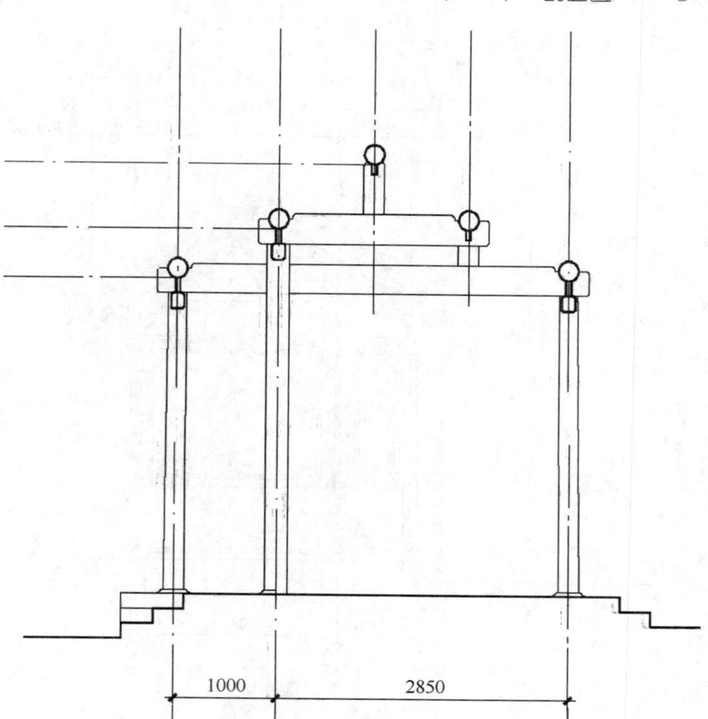

图 10-1　轴线、轴号、尺寸及主要梁架

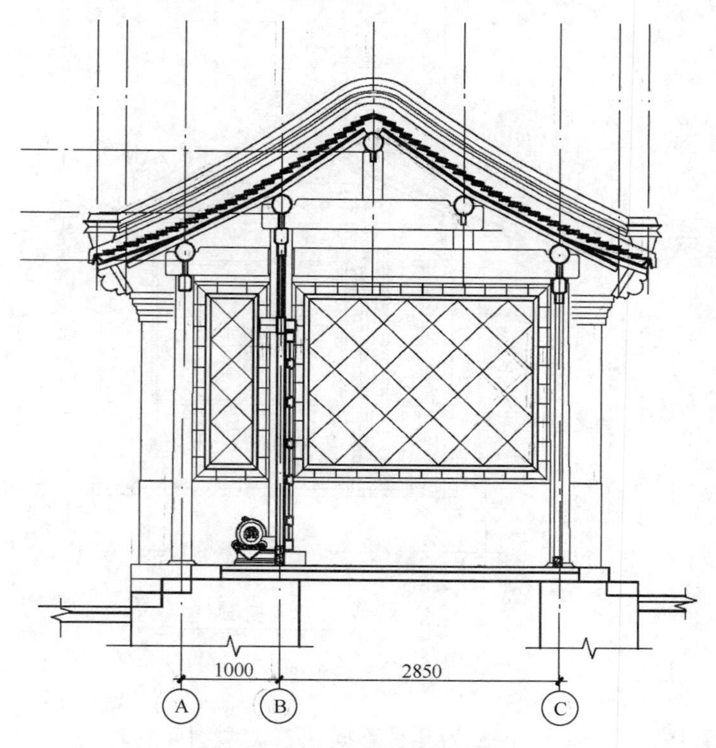

图 10-2　绘制细节部位

第三步：标注尺寸及标高（图 10-3）。

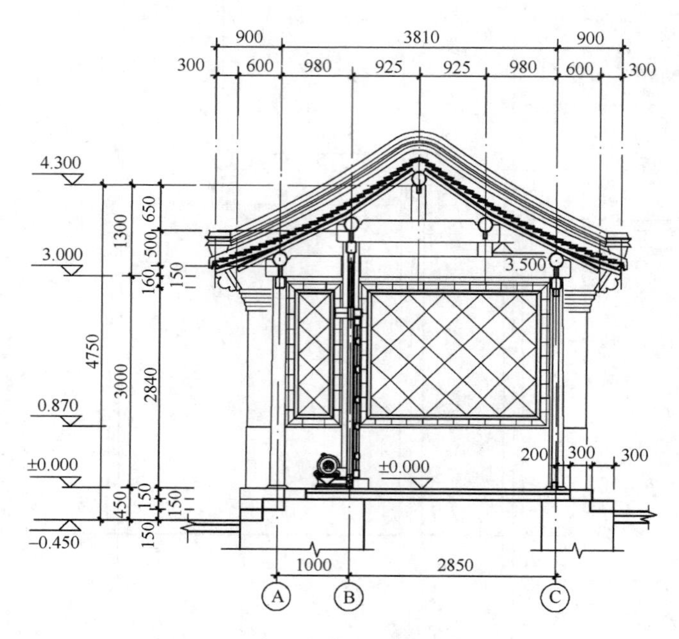

图 10-3　标注尺寸及标高

第四步：标注尺寸、标高、构件规格、墙面及地面做法、材料填充符号、图名等（图 10-4）。

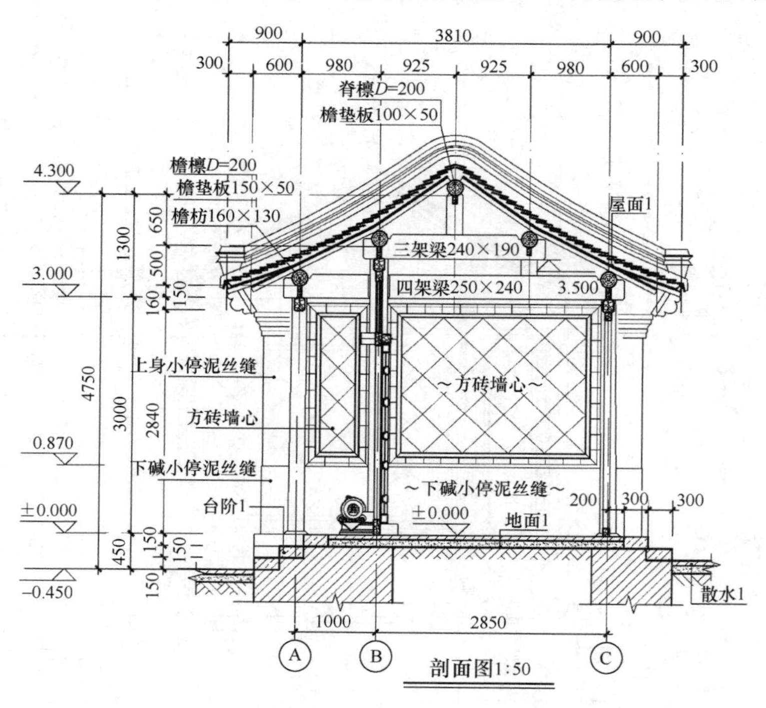

图 10-4　完善图纸

【例题 10-2】图 10-5～图 10-12 为几种不同建筑类型剖面的画法。

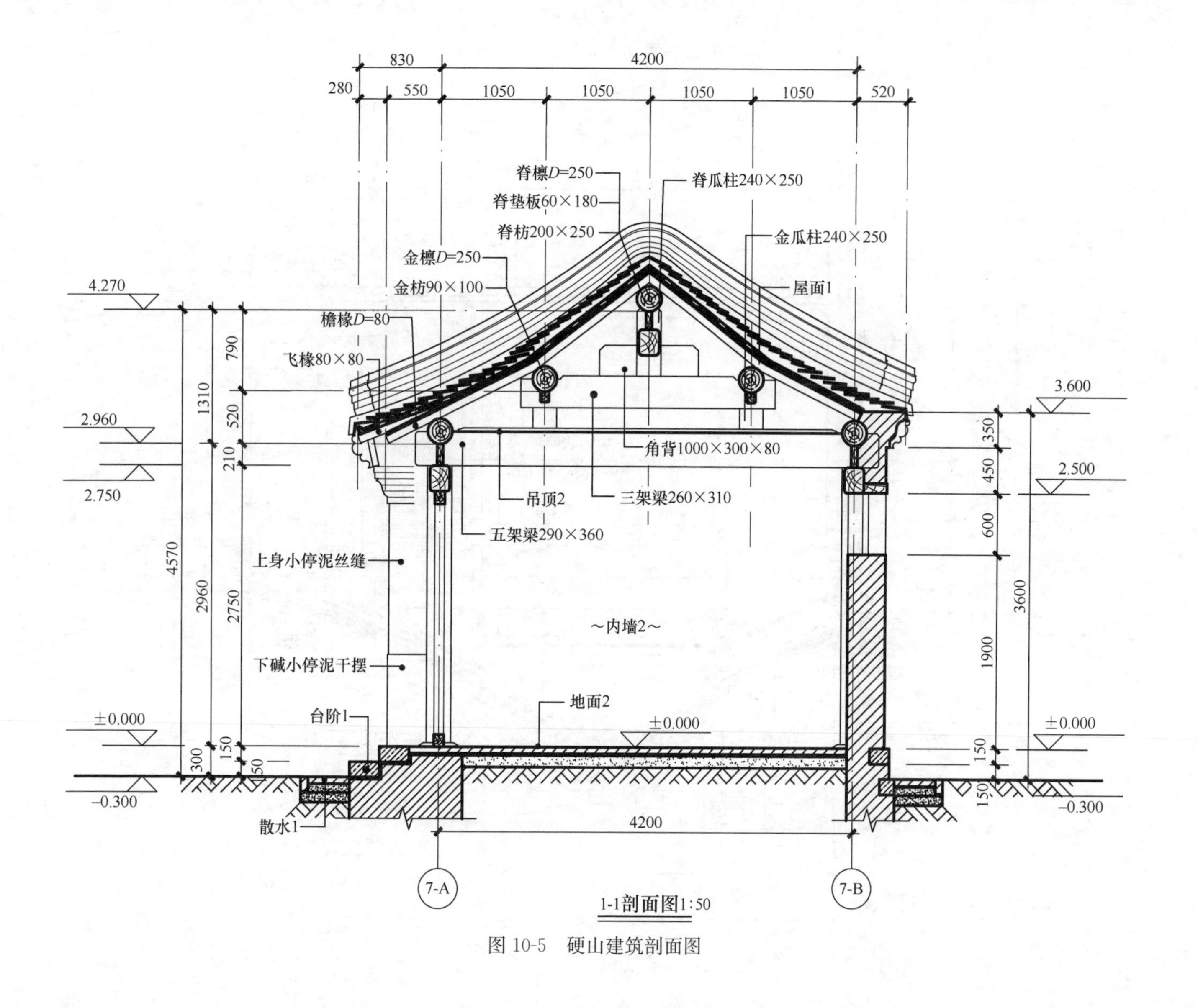

图 10-5　硬山建筑剖面图

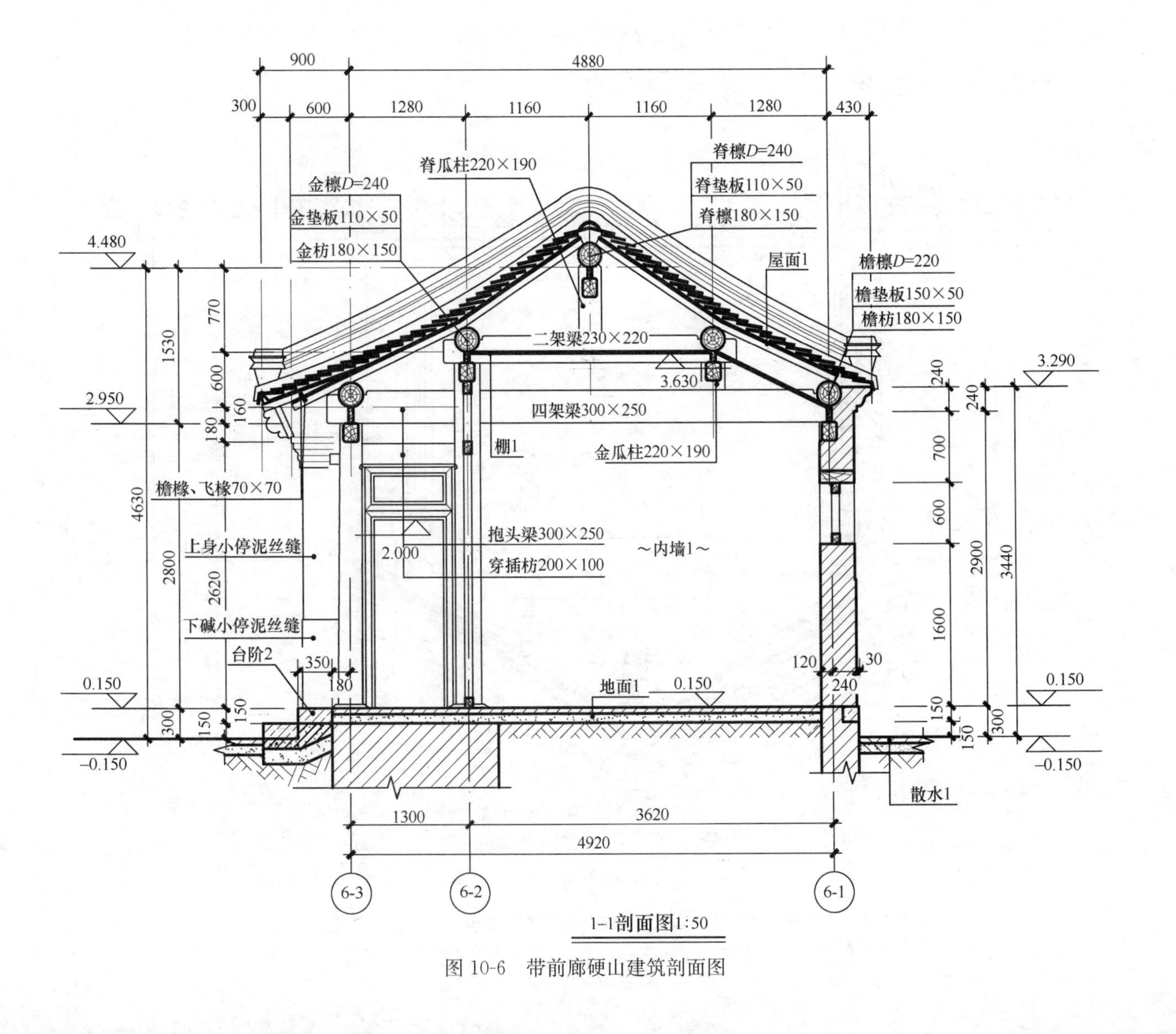

1-1剖面图1:50

图 10-6 带前廊硬山建筑剖面图

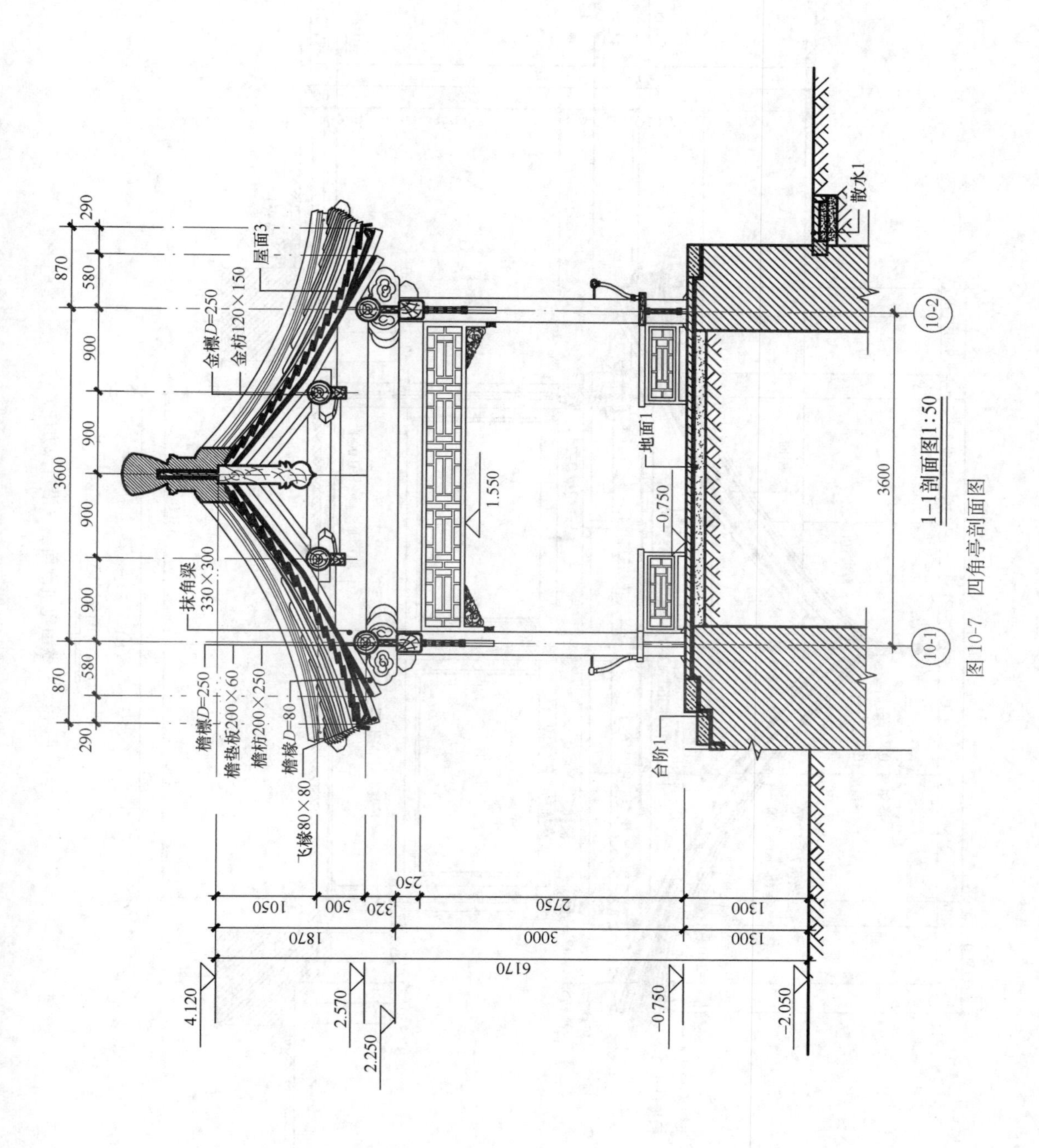
屋面3
金檩D=250
金枋120×150
抹角梁
330×300
檐檩D=250
檐垫板200×60
檐枋200×250
檐椽D=80
飞椽80×80
地面1
散水1
台阶1
1.550
-0.750
4.120
2.570
2.250
-2.050
1-1剖面图1:50
10-1
10-2
3600
6170
1870
3000
1300
1050
500
320
250
2750
290
870
580
900

图 10-7　四角亭剖面图

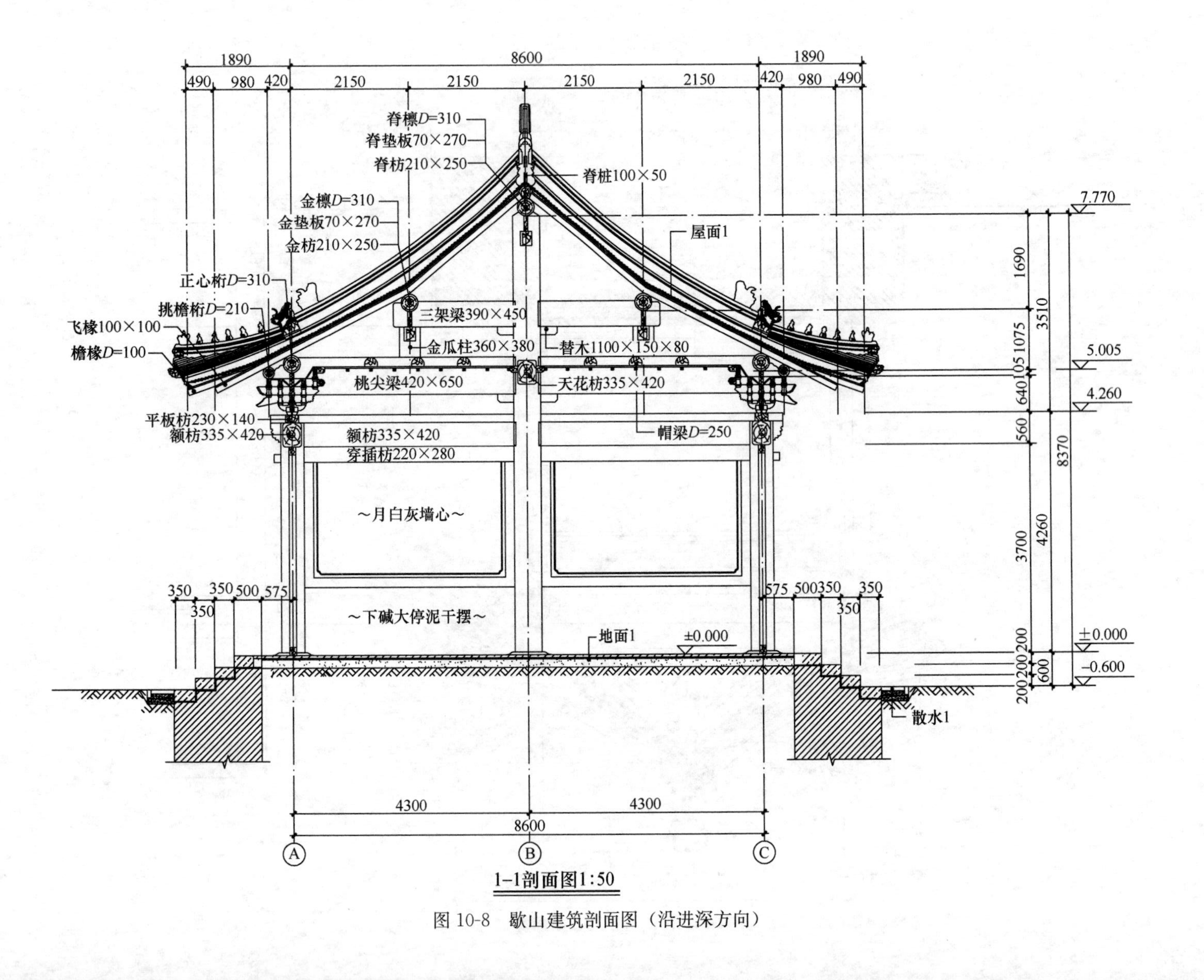

1-1剖面图1:50

图 10-8 歇山建筑剖面图（沿进深方向）

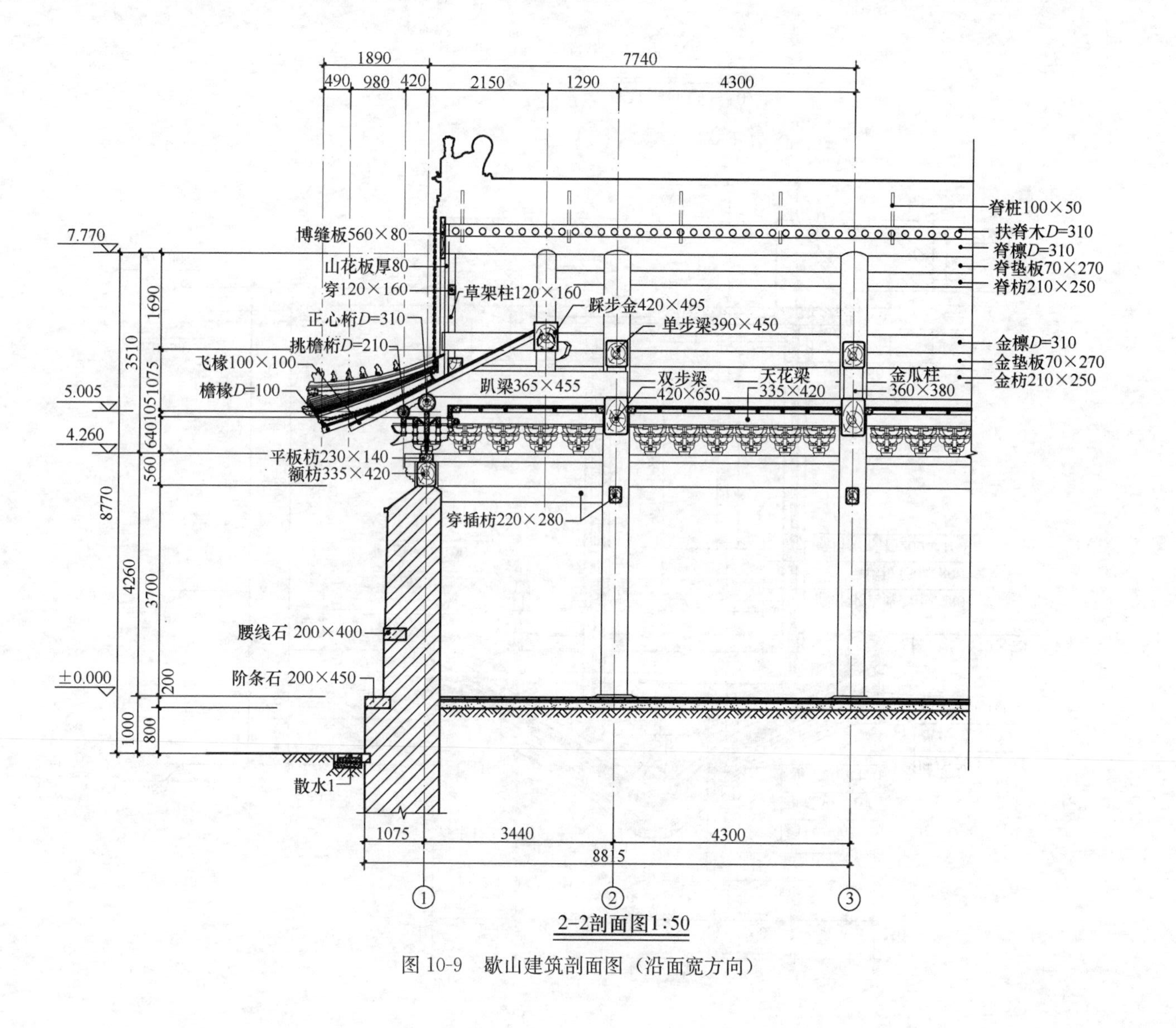

图 10-9　歇山建筑剖面图（沿面宽方向）

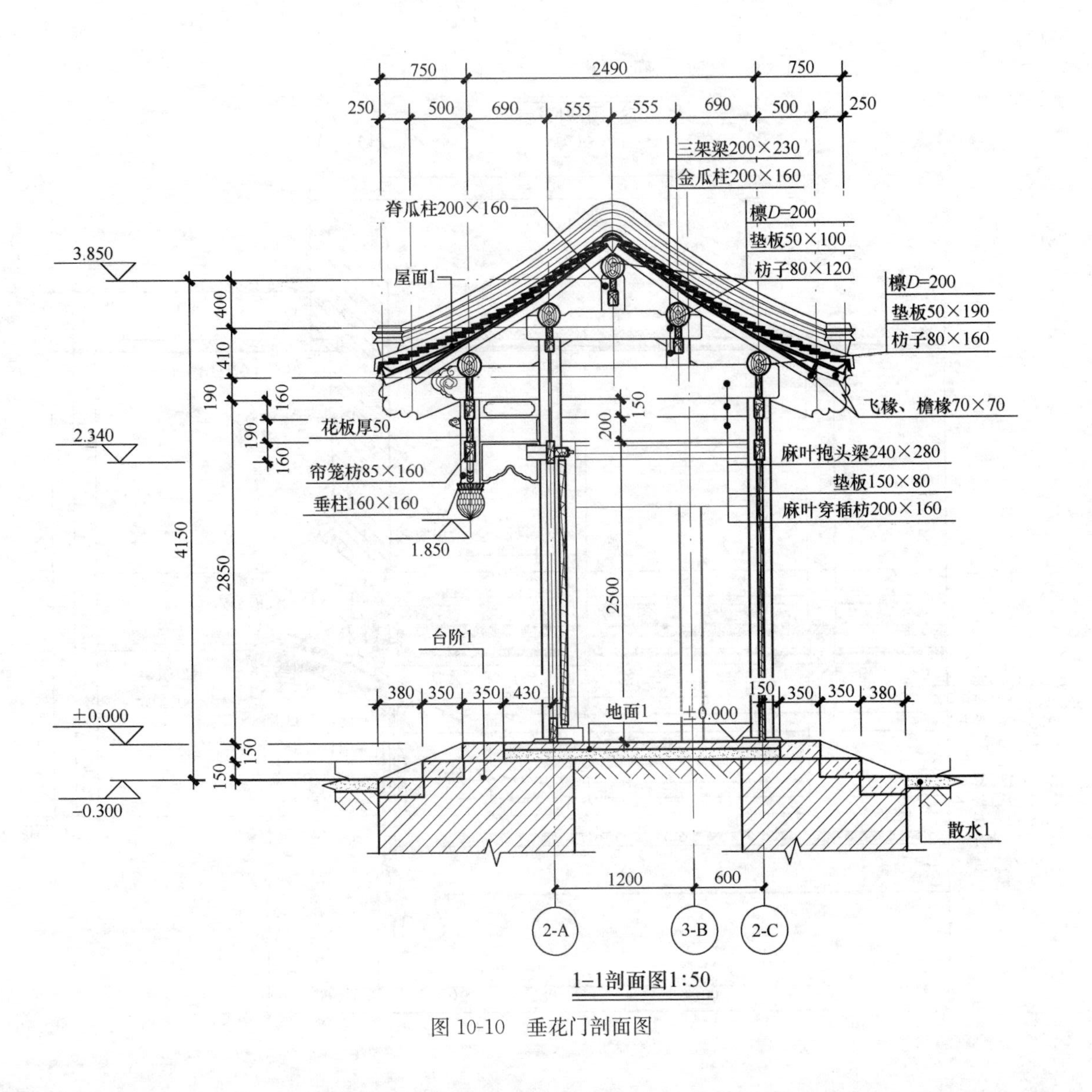

1-1剖面图1:50

图 10-10　垂花门剖面图

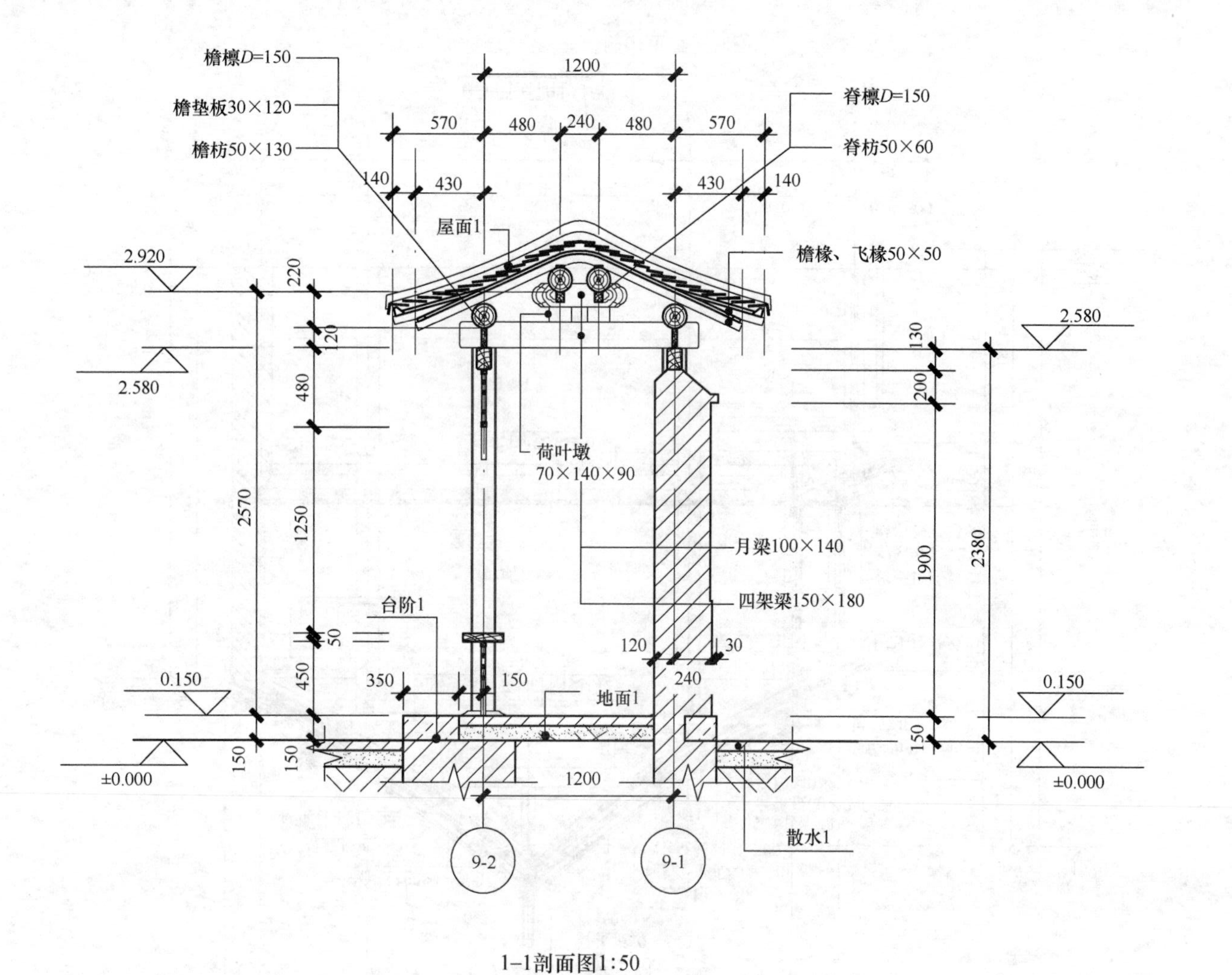

1–1剖面图1:50

图 10-11　游廊剖面图

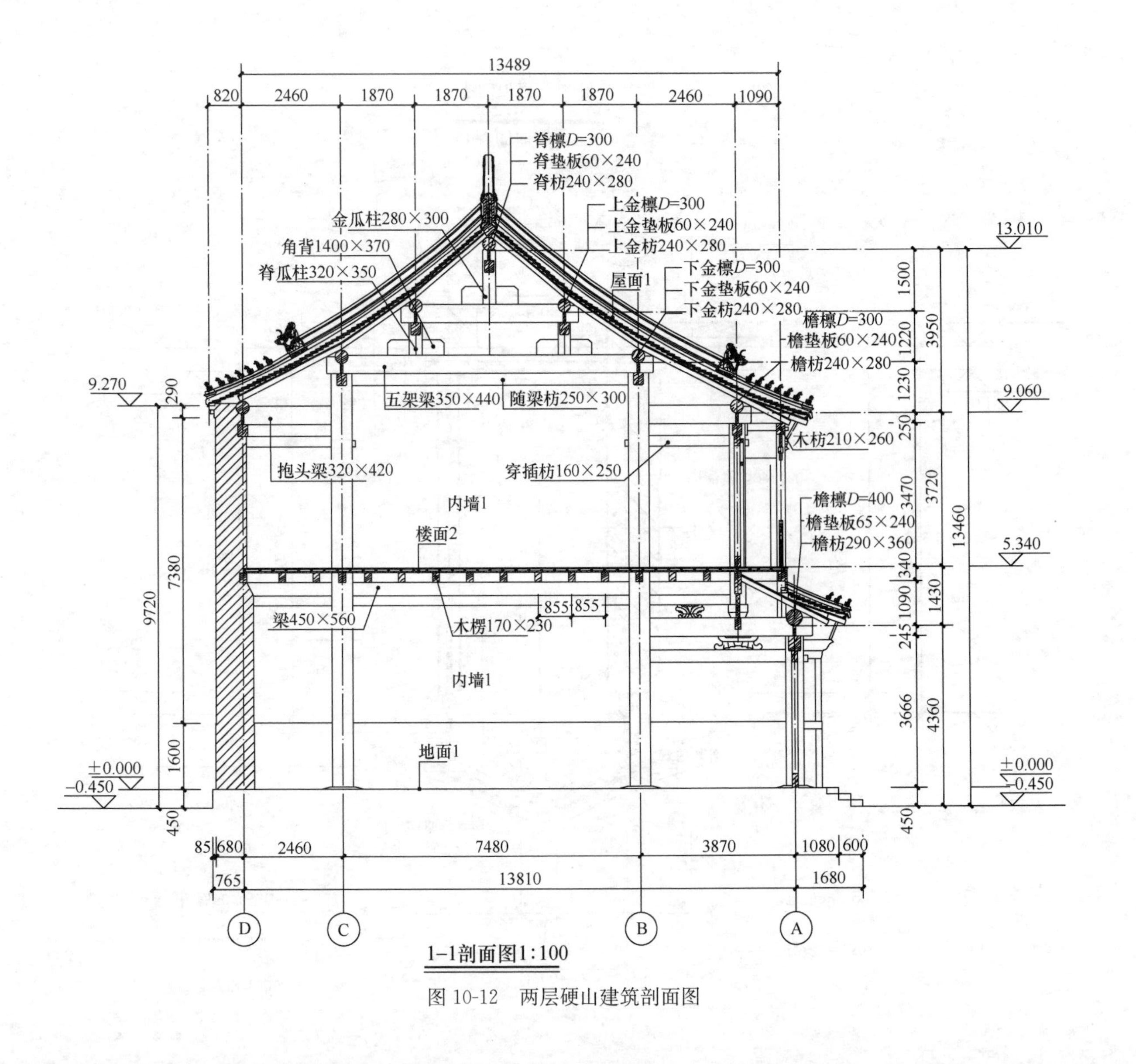

1-1剖面图1:100

图 10-12　两层硬山建筑剖面图

第 11 章　立　面　图

本章要点

建筑立面图是在与建筑立面相平行的投影面上所作的正投影图，简称立面图。建筑立面图主要用来表示建筑的外部造型、屋顶形式、门窗位置及形式、墙面形式等部分及其材料和做法。常用比例为 1∶100、1∶50。

11.1　图例的表示方法及线型

1. 线型

线型一般分为粗线、中粗线、细实线，轴线是细点划线，还会用到次粗线、细虚线或粗虚线，根据具体的线型要求确定。

2. 常规表示方法

粗线——剖切到的建筑部位；

中粗——未剖切到的建筑部位；

细线——图例填充等。

11.2　制图步骤及画法

设置绘图布局→绘制定位轴线→绘制室内外地坪线→绘制柱、板、梁→屋面→绘制墙身轮廓线→标注（尺寸、轴号、材质等）→标注文本（图名）→加入图签。

【例题 11-1】图 11-1～图 11-4 为建筑立面制图步骤及画法。

第一步：画出定位轴线、轴号、台明部分、墙体及柱、梁、垫板、枋子的位置（图 11-1）。

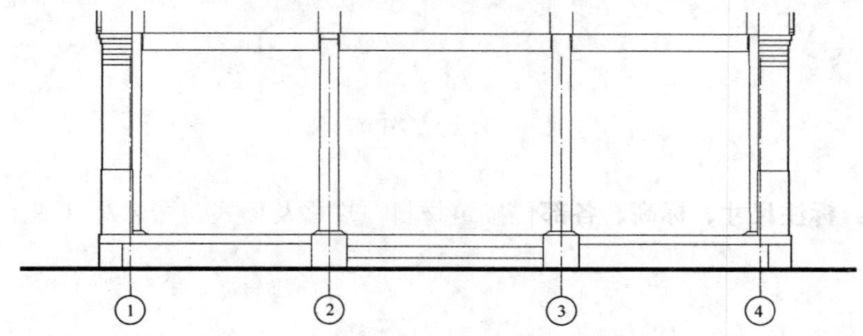

图 11-1　轴线、轴号及基础部件的位置

第二步：画出椽子、屋面瓦及垂脊（图 11-2）。

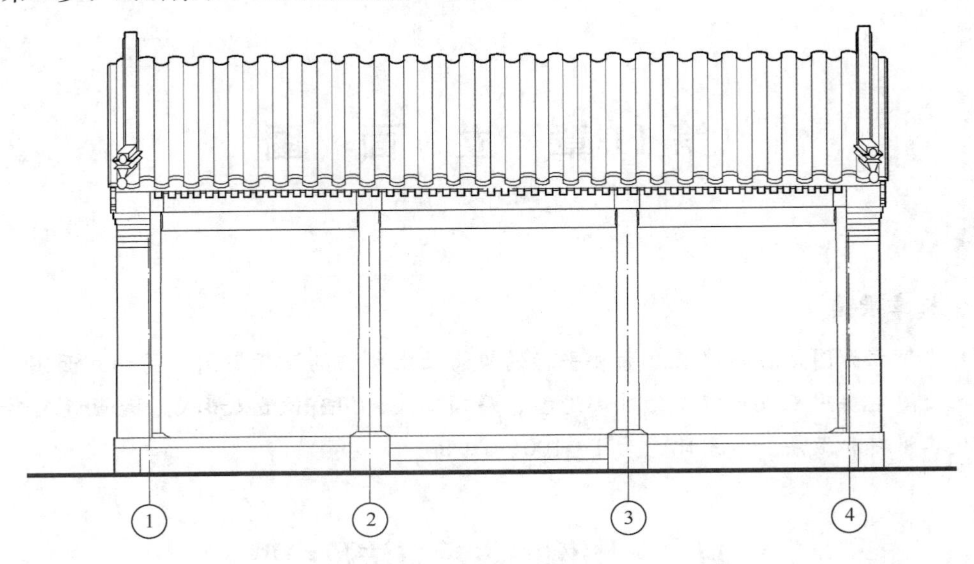

图 11-2　椽子、屋面瓦及垂脊

第三步：画出槛墙及装修形式（图 11-3）。

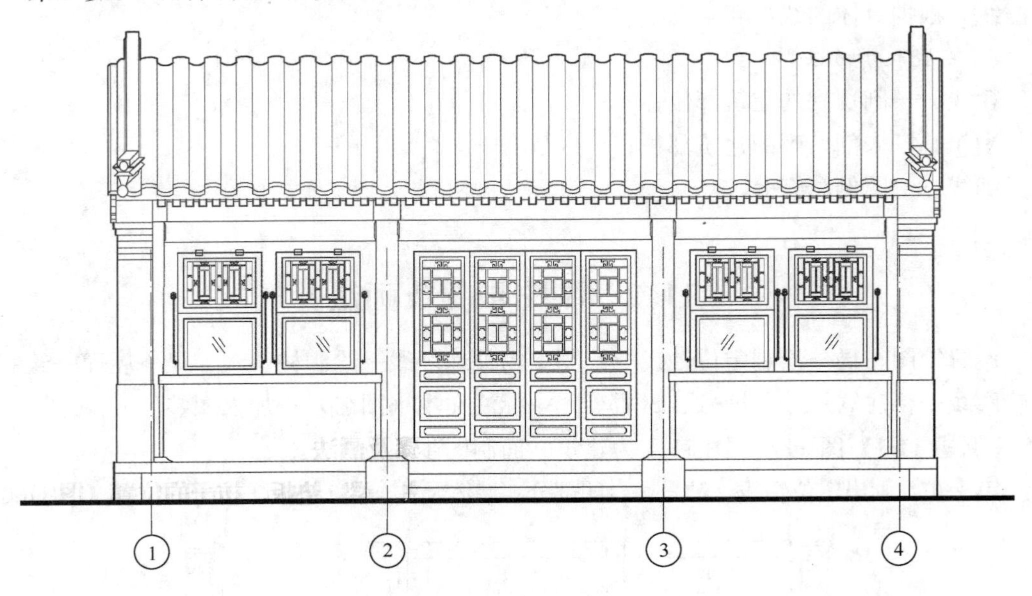

图 11-3　绘制细节部位

第四步：标注尺寸、标高、各部位砌筑材料、规格及形式与图名等（图 11-4）。

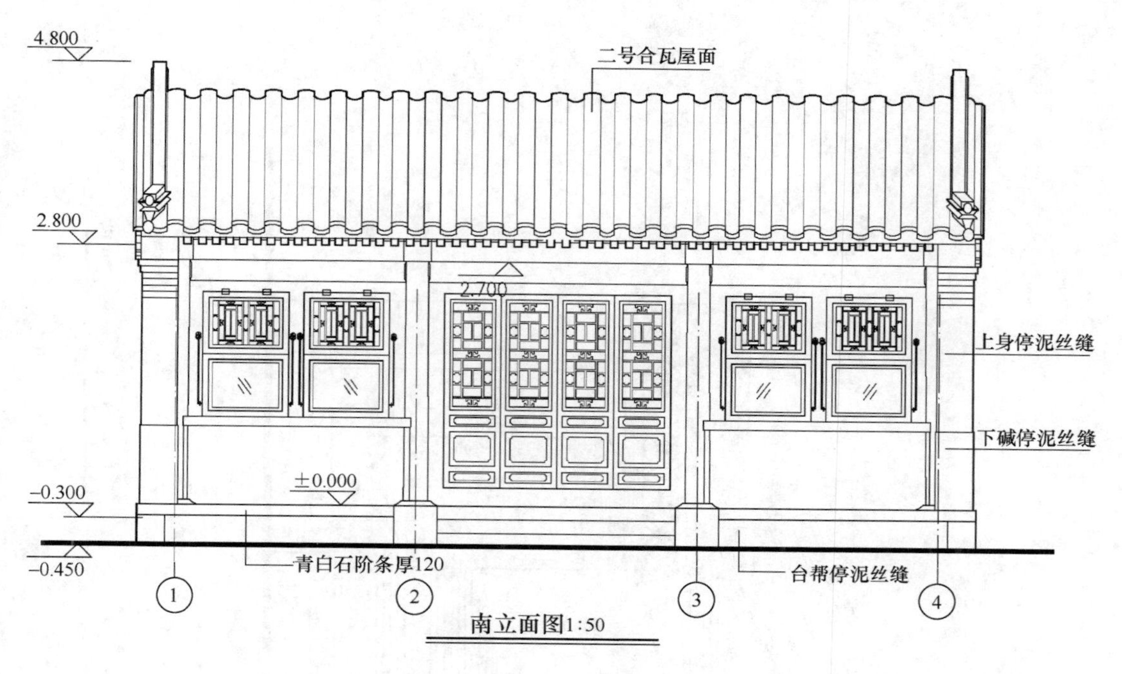

图 11-4　完善图纸

【例题 11-2】 图 11-5～图 11-15 为几种不同建筑类型立面的画法。

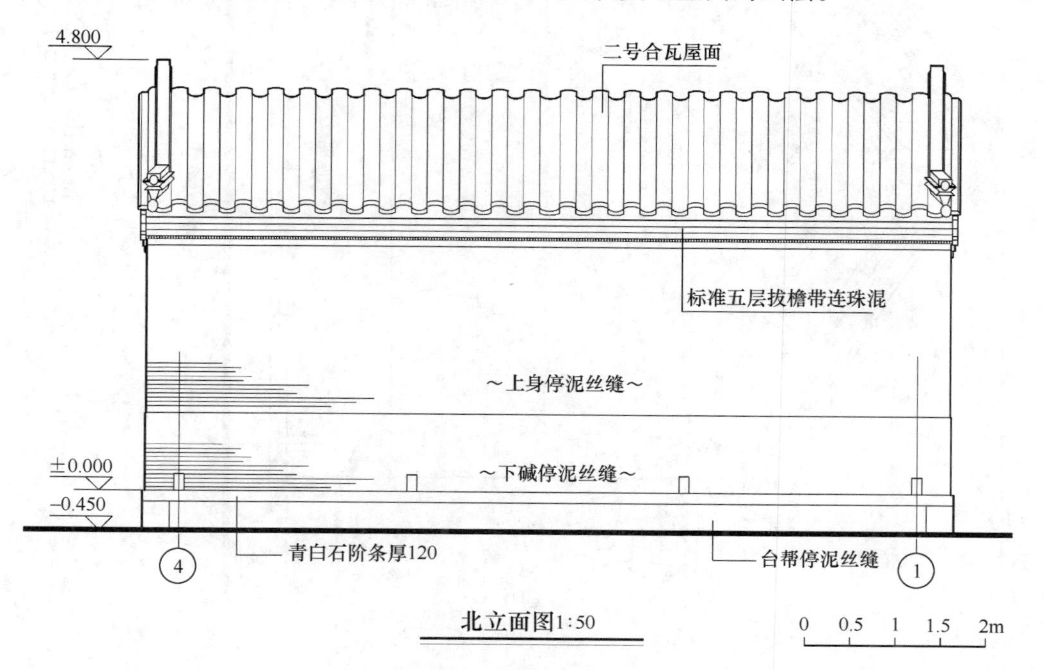

图 11-5　硬山建筑北立面图

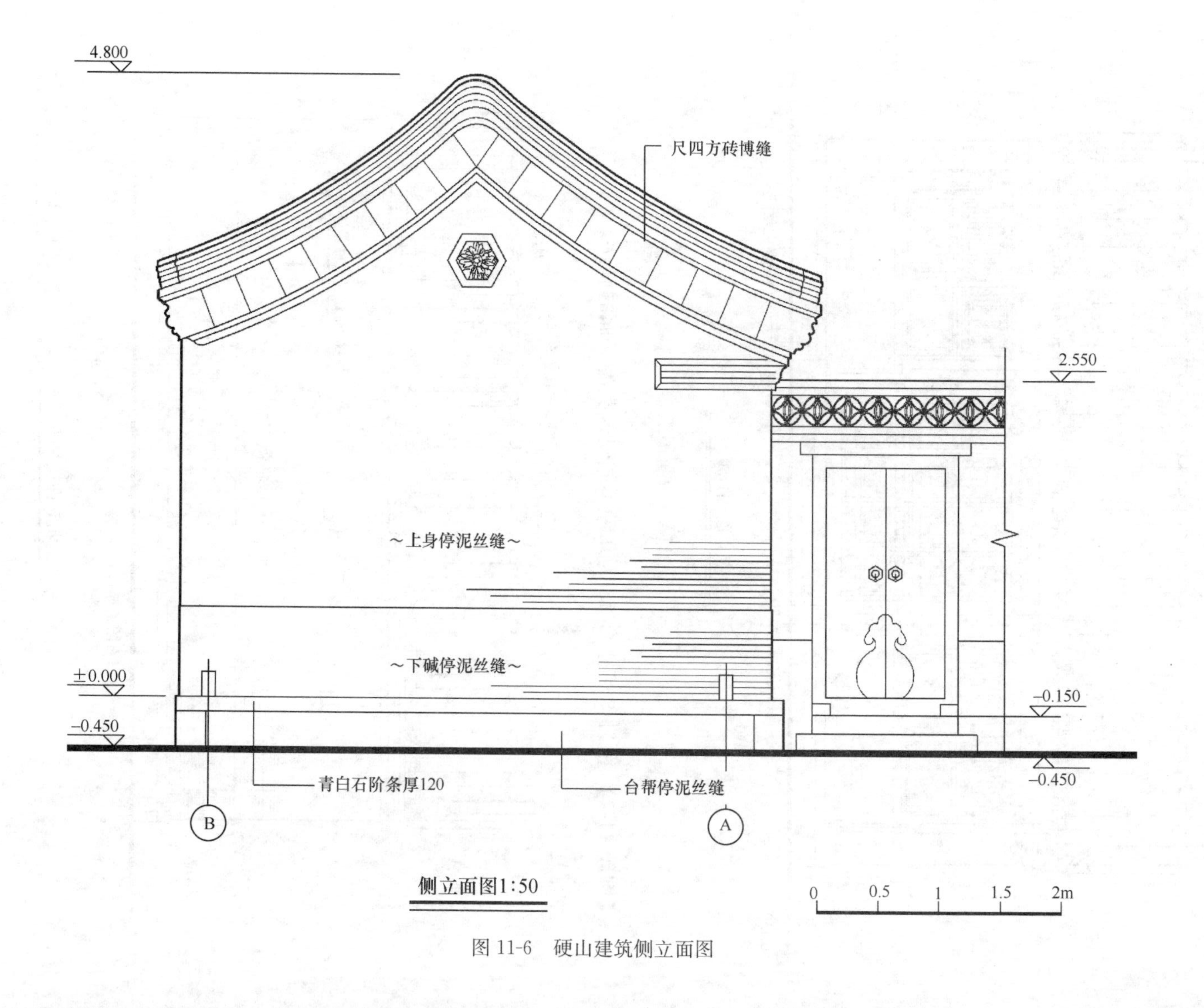

图 11-6　硬山建筑侧立面图

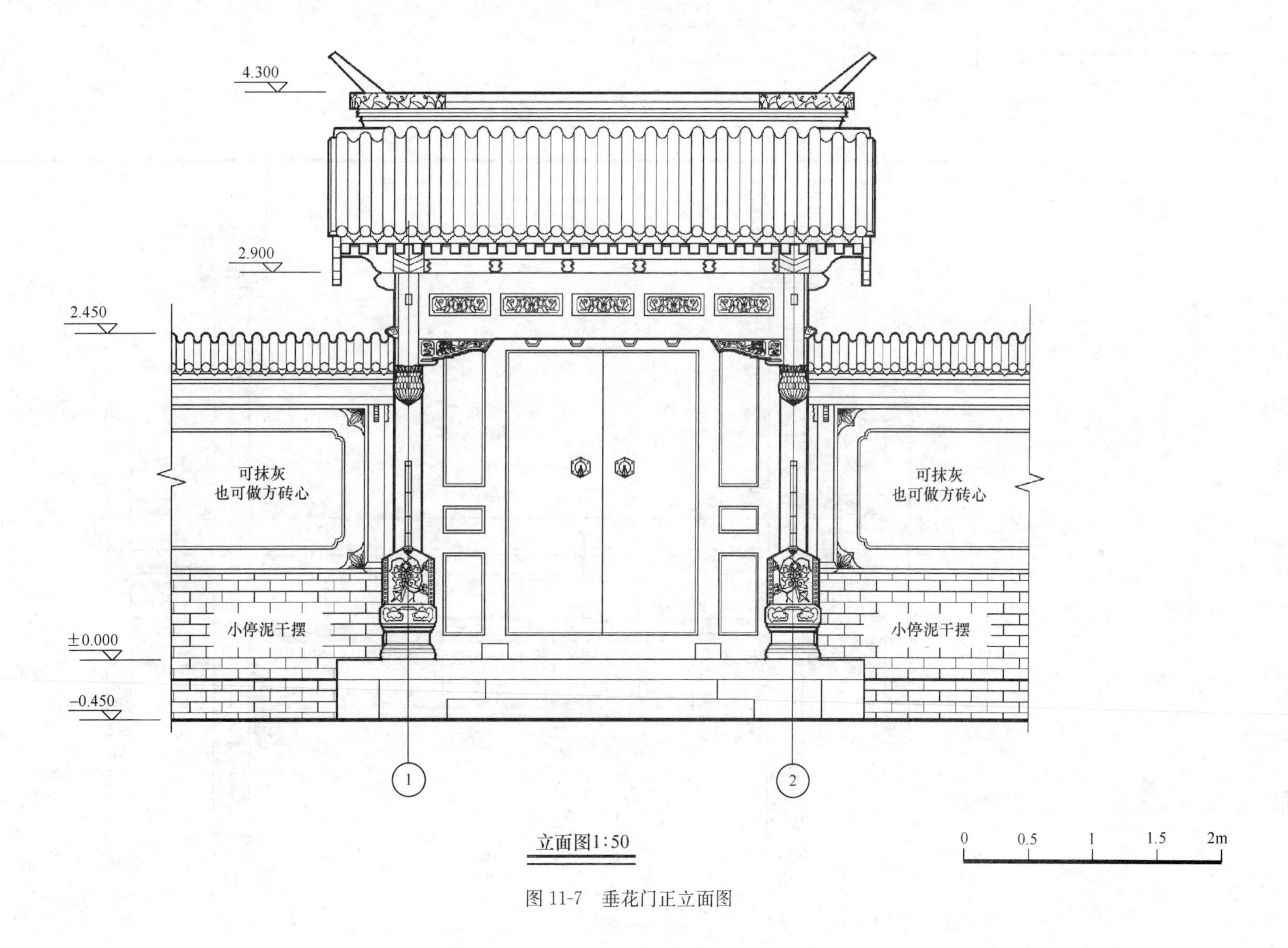

图 11-7　垂花门正立面图

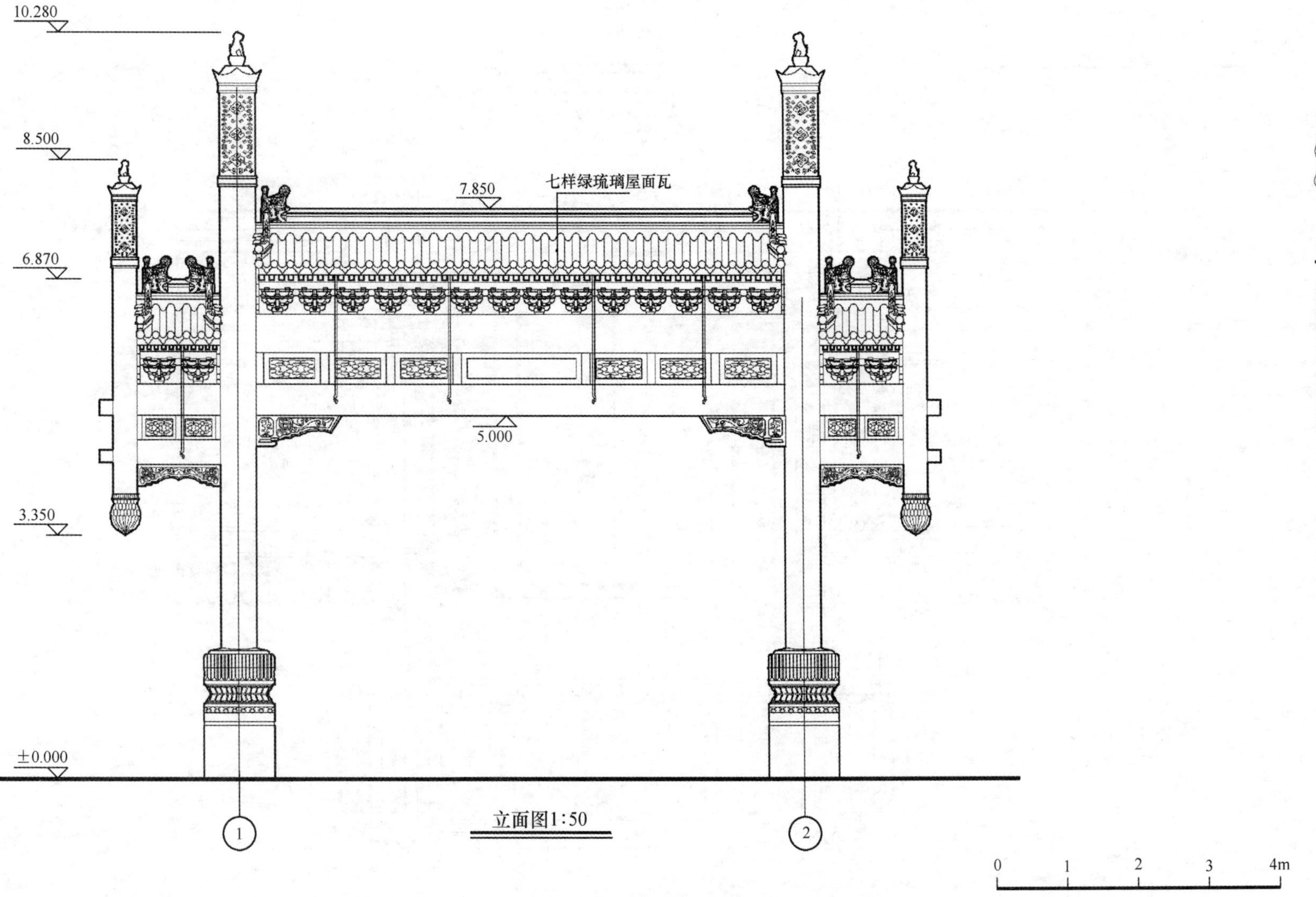

图 11-8　牌楼正立面图画法一

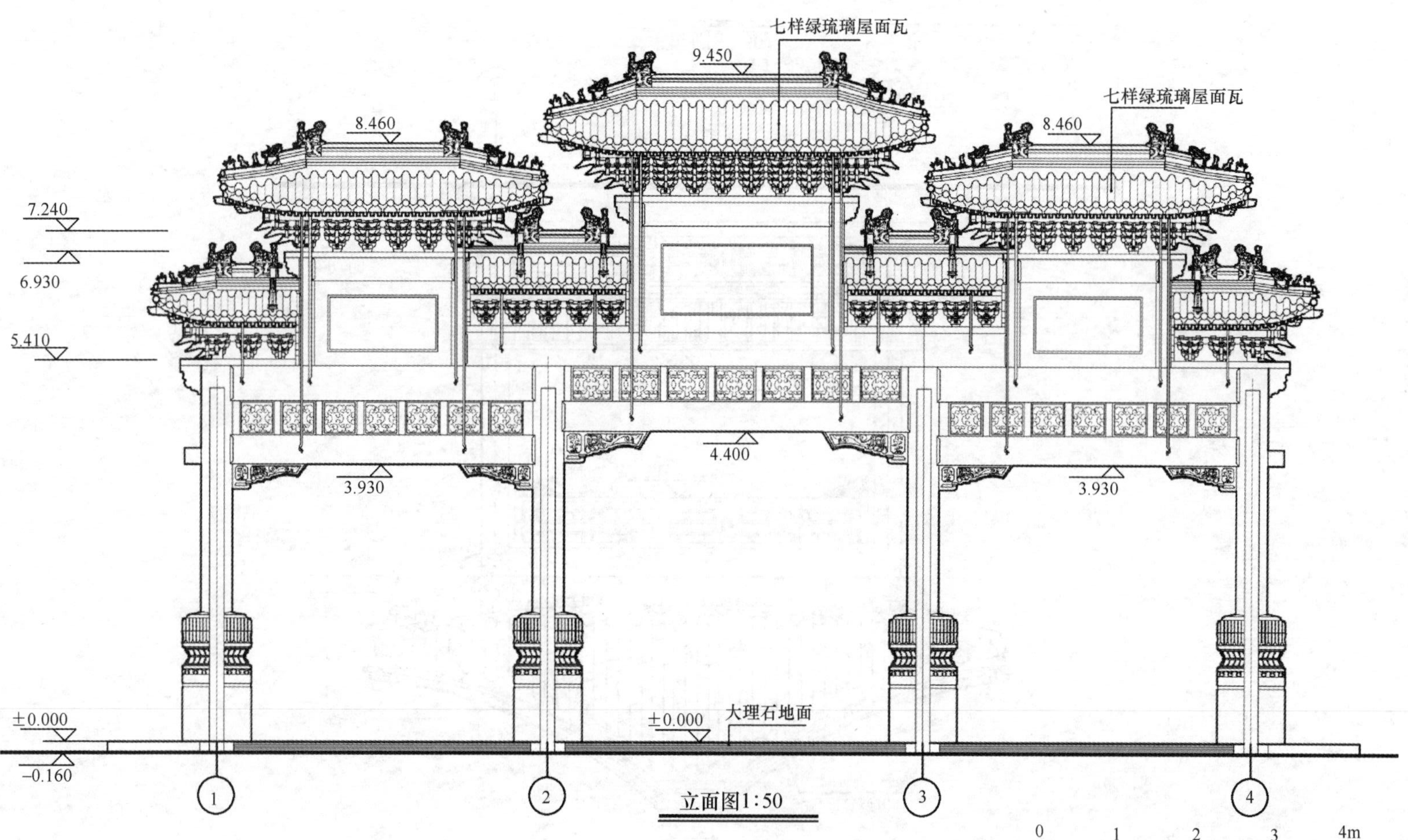

图 11-9　牌楼正立面图画法二

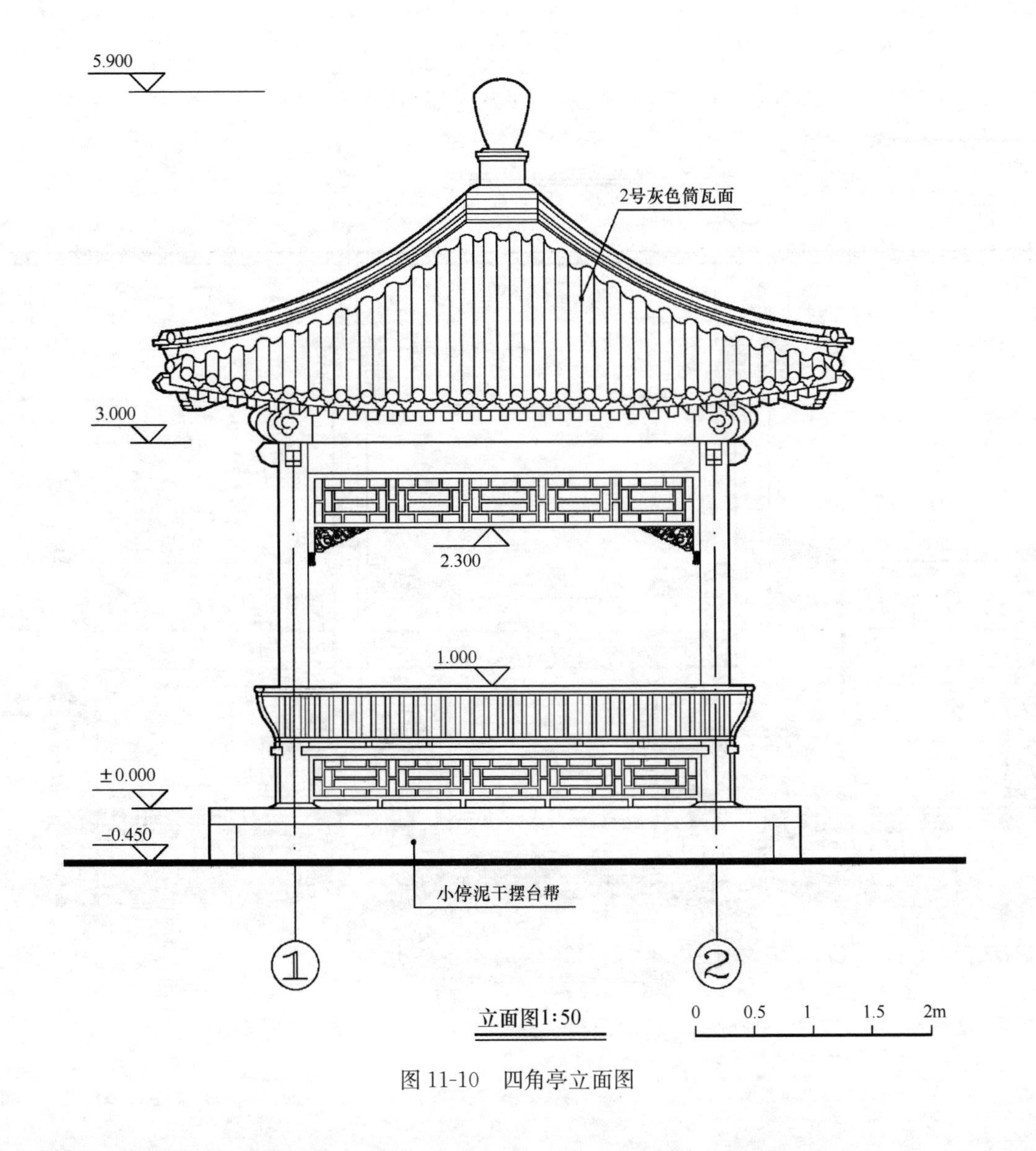

图 11-10　四角亭立面图

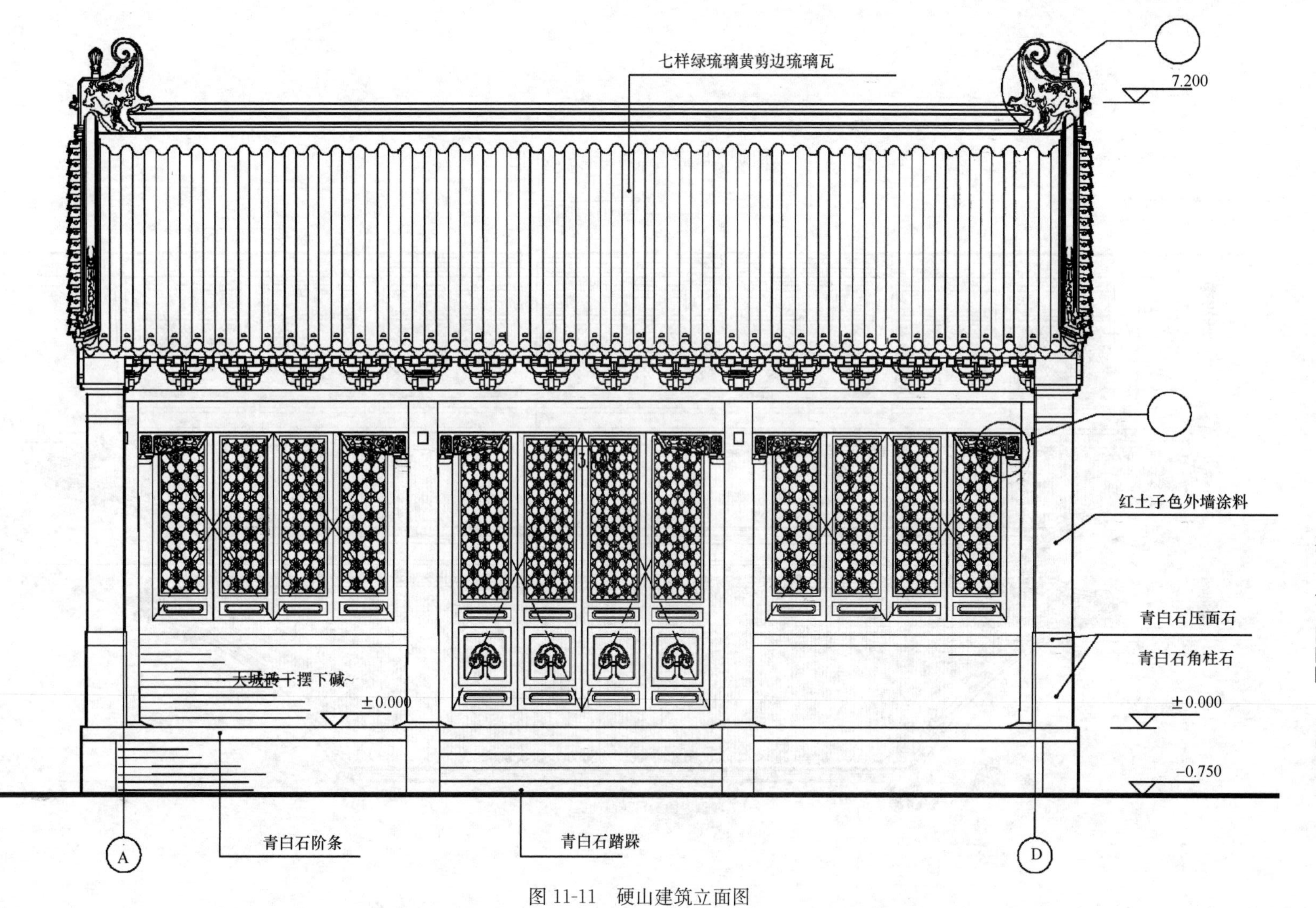

图 11-11　硬山建筑立面图

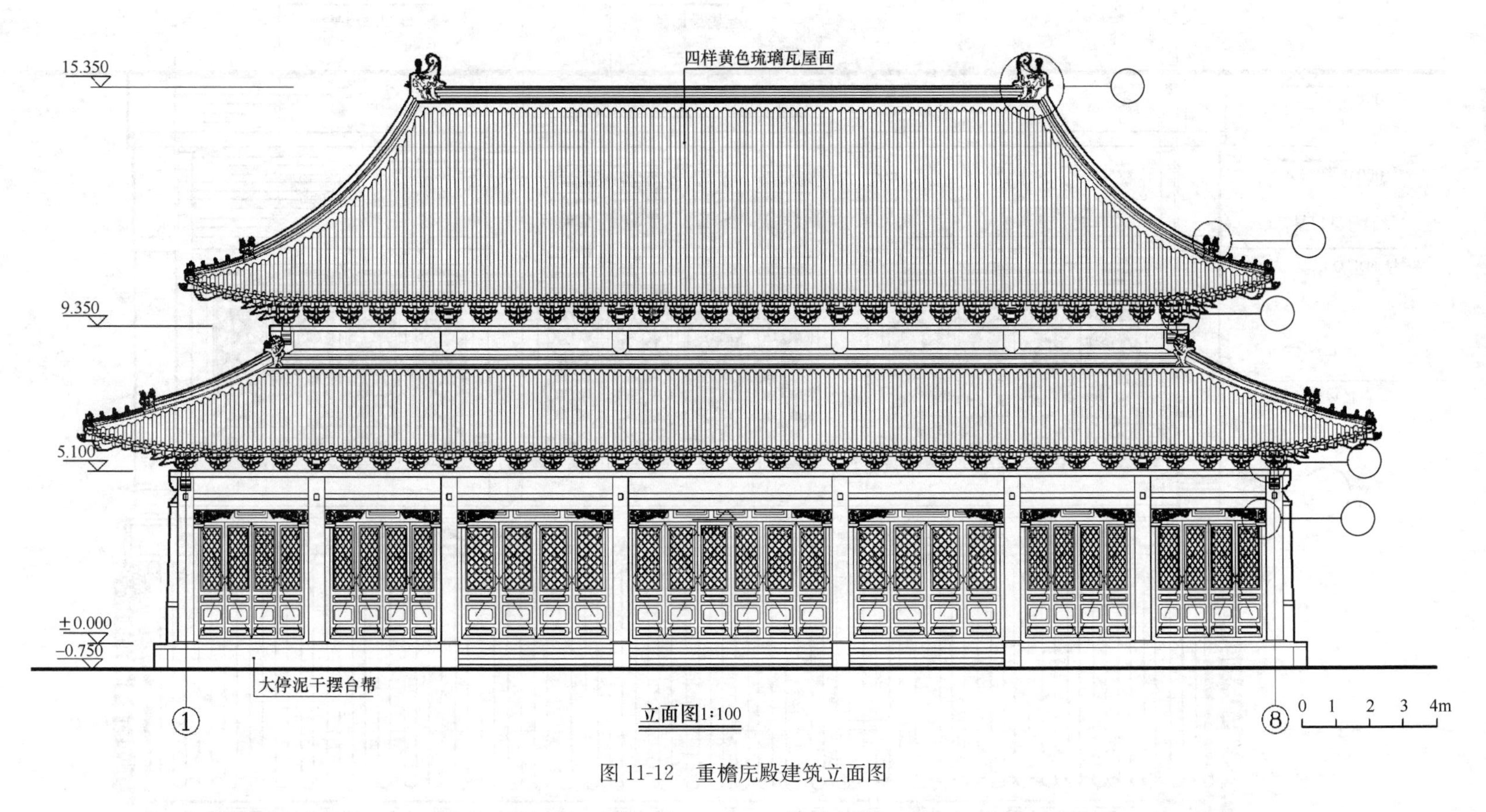

图 11-12 重檐庑殿建筑立面图

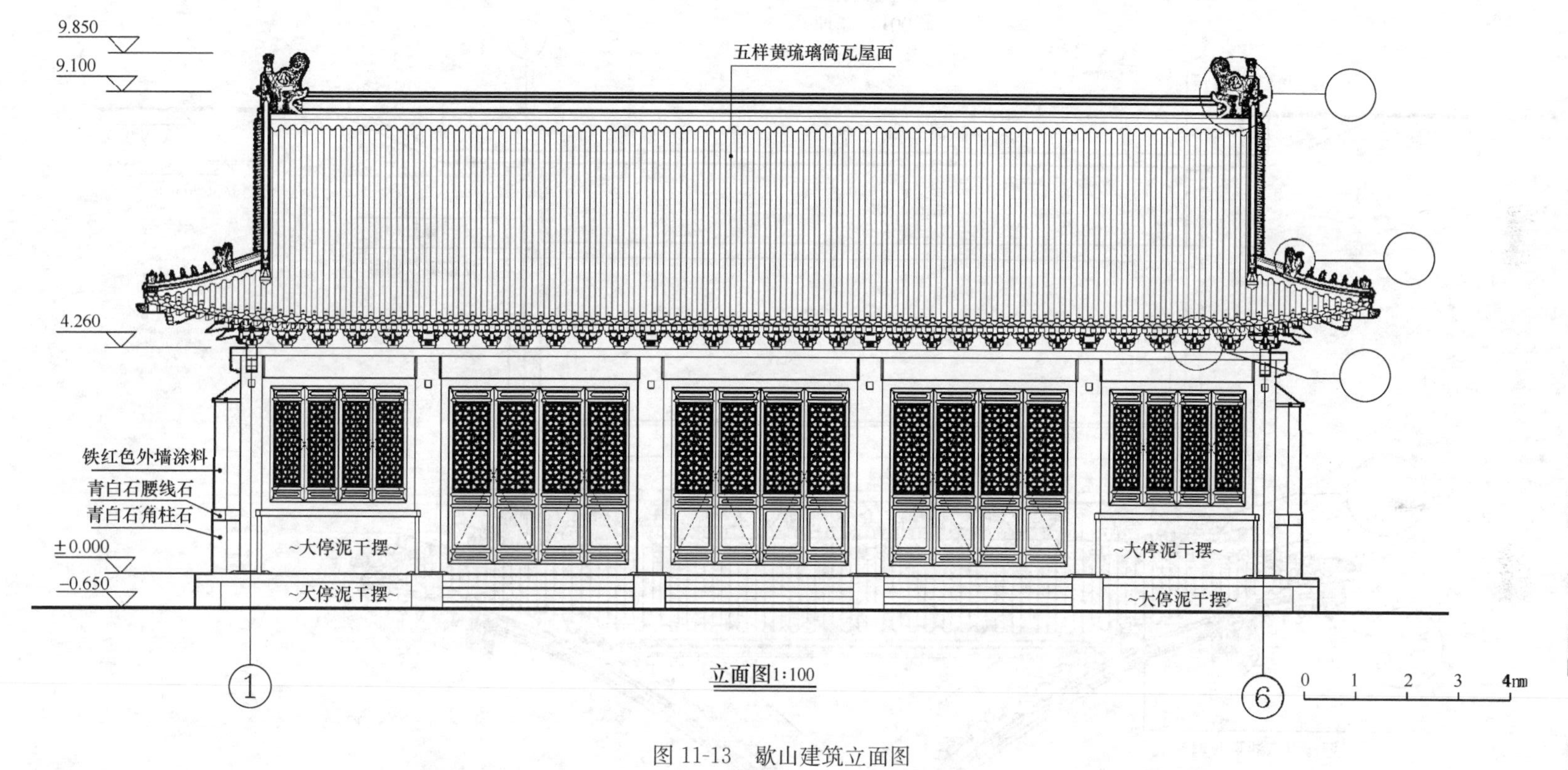

立面图1:100

图 11-13　歇山建筑立面图

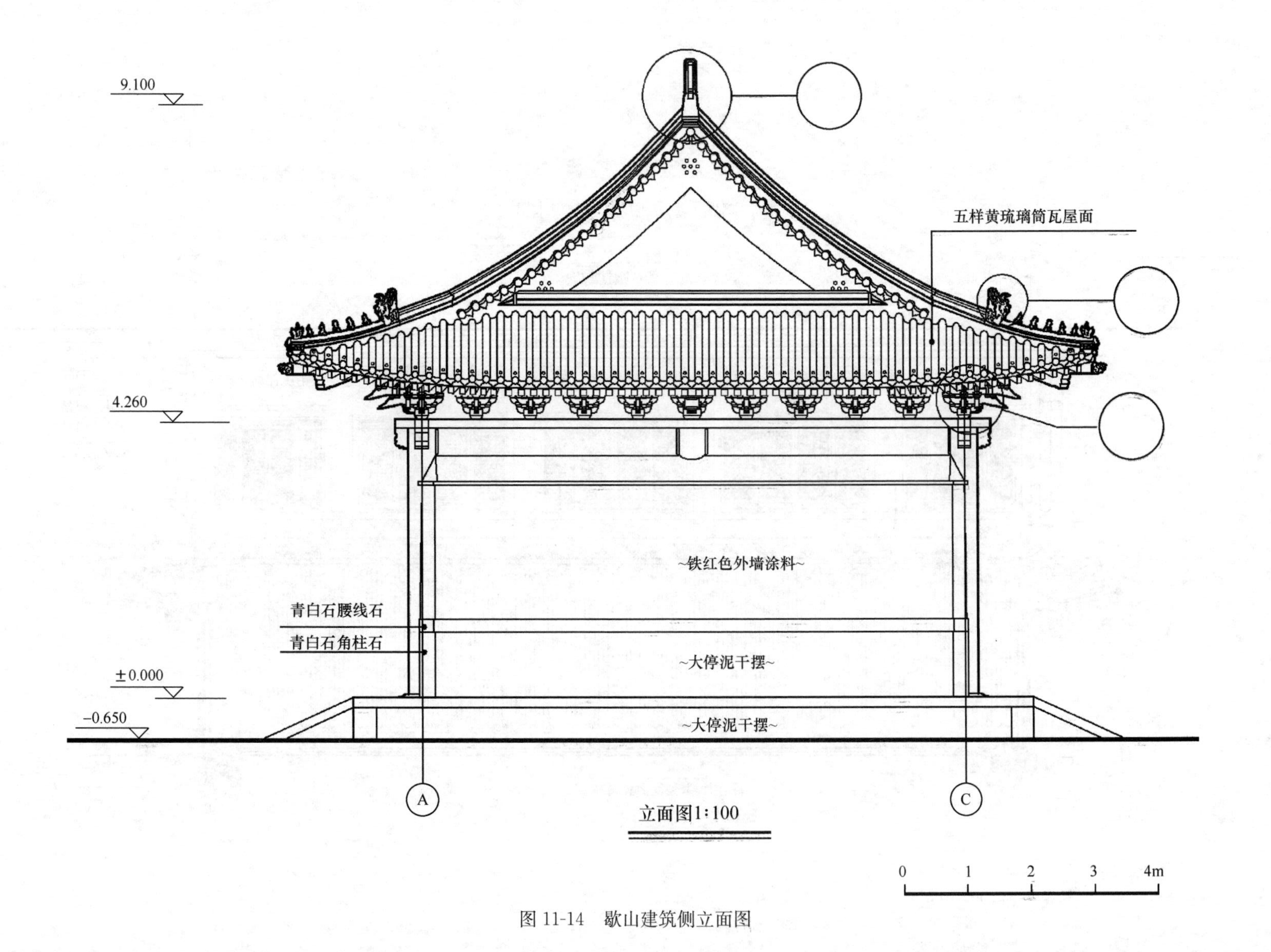

图 11-14 歇山建筑侧立面图

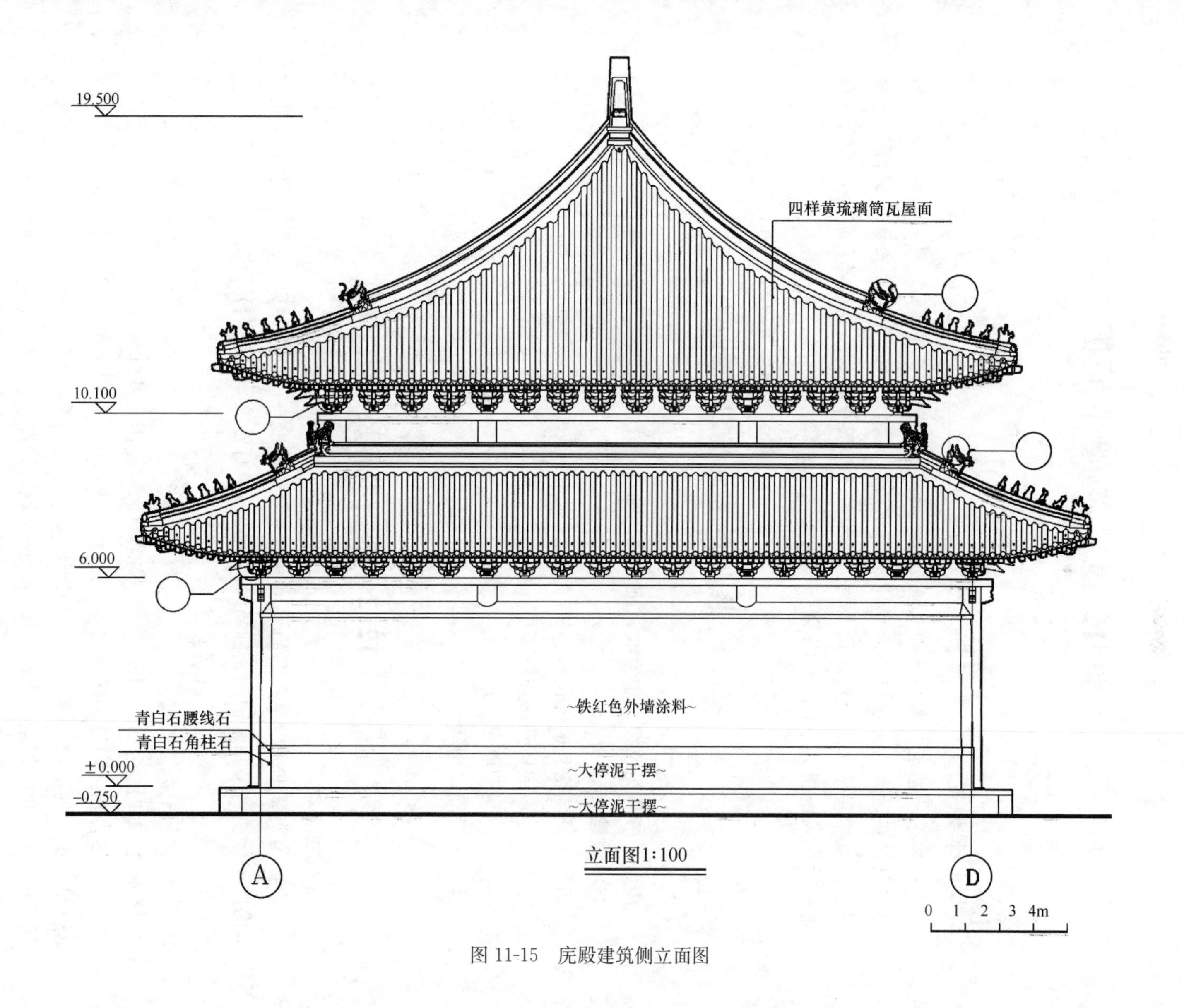

图 11-15　庑殿建筑侧立面图

第 12 章 构架平面图

本章要点

构架平面图主要表示柱头至屋面板下的梁、檩、垫板、檩枋、斗栱等构件的结构形式及搭接方式。为了能够清楚地反映屋面内的构架形式，经常采取仰视构架平面图、俯视构架平面图两种方式表现。在构架平面图中往往会涉及翼角部分，因此将翼角如何融入绘图部分在此章节分析。制图比例通常为 1∶50、1∶30。

12.1 图例的表示方法及线型

1. 线型

线型一般分为粗线、中粗线、细实线，细点划线。

2. 常规表示方法

粗线——剖切到的部位；

中粗——未剖切到的建筑部位；

细线——图例填充等；

轴线——细点划线。

12.2 制图步骤及画法

1. 制图步骤

根据构架尺度来确定布图的大小→绘制定位轴线→确认柱、梁的位置→绘制其他辅助木构件→标注（尺寸、轴号、标高、材质等）→标注文本（图名）→加入图签。

2. 画法

(1) 构架平面图画法

【例题 12-1】 图 12-1～图 12-4 为构架平面制图步骤及画法。

第一步：画出定位轴线、轴号及尺寸（图 12-1）。

第二步：画出梁、檩等主要构架（图 12-2）。

第三步：画出角梁、木椽、屋面出檐位置等构件（图 12-3）。

第四步：整理轴线尺寸、标注构件规格、添加图号等（图 12-4）。

【例题 12-2】 图 12-5～图 12-7 为几种不同类型构架平面的画法。

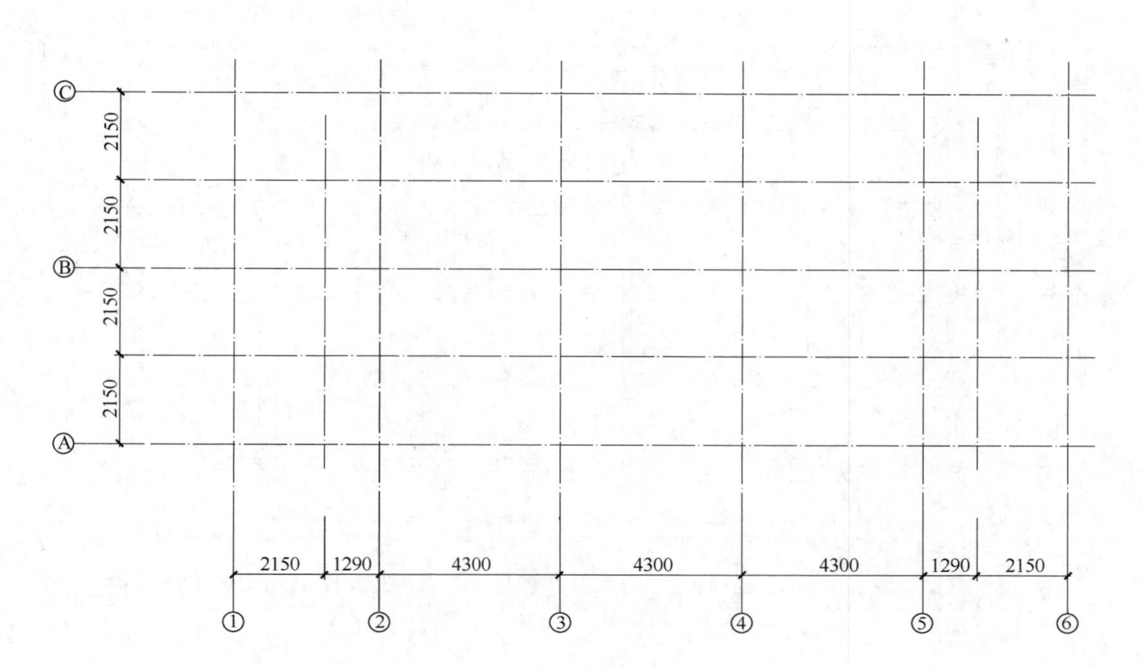

图 12-1 轴线、轴号及尺寸

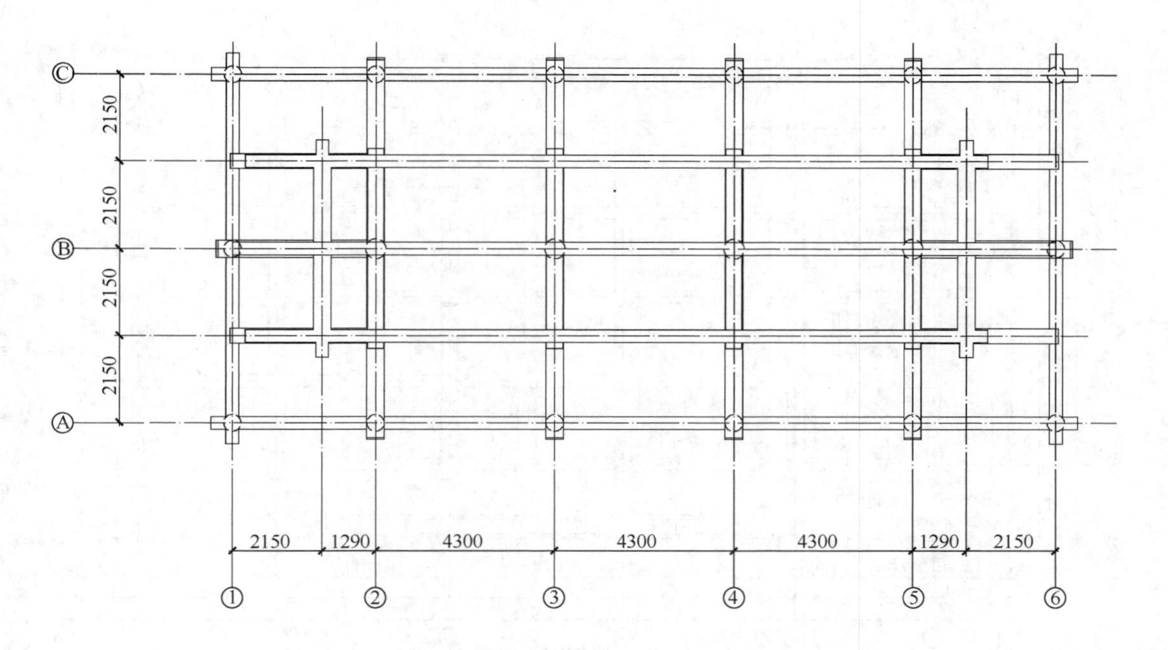

图 12-2 绘制主要构架

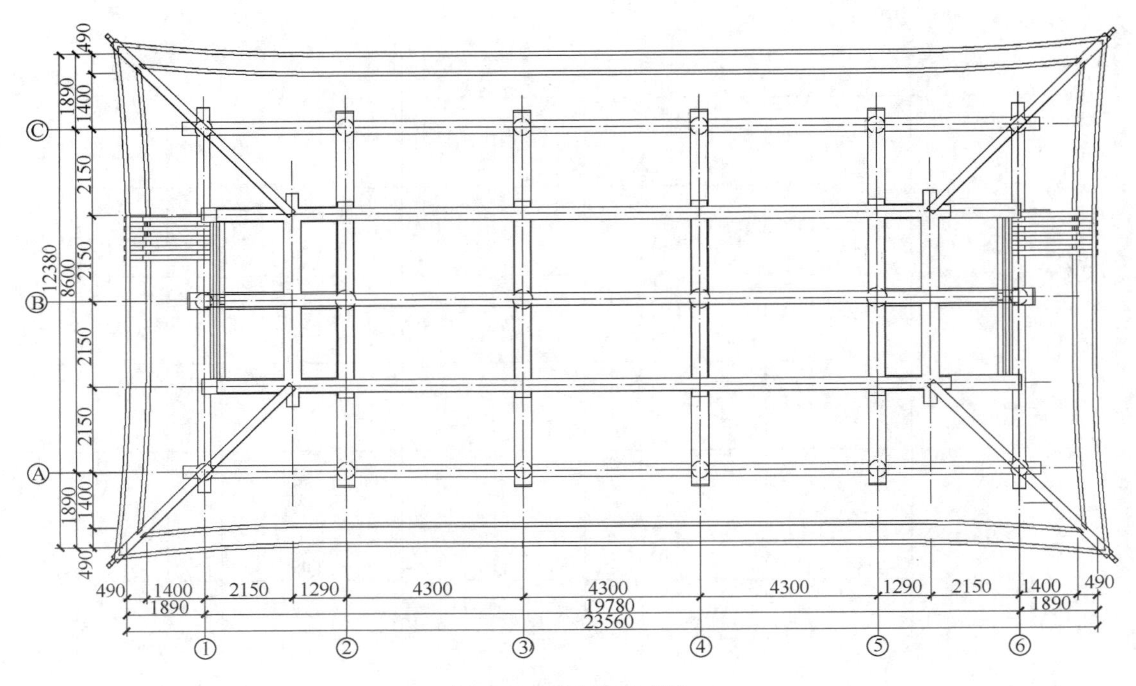

图 12-3　绘制细节部位

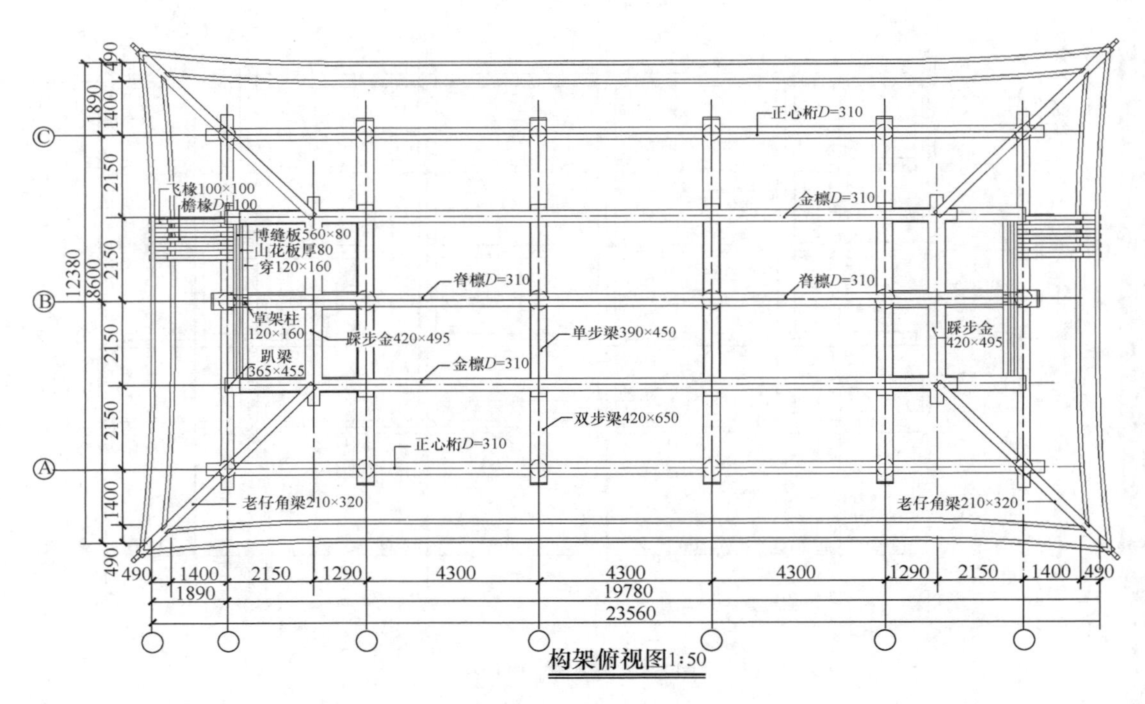

图 12-4　完善图纸

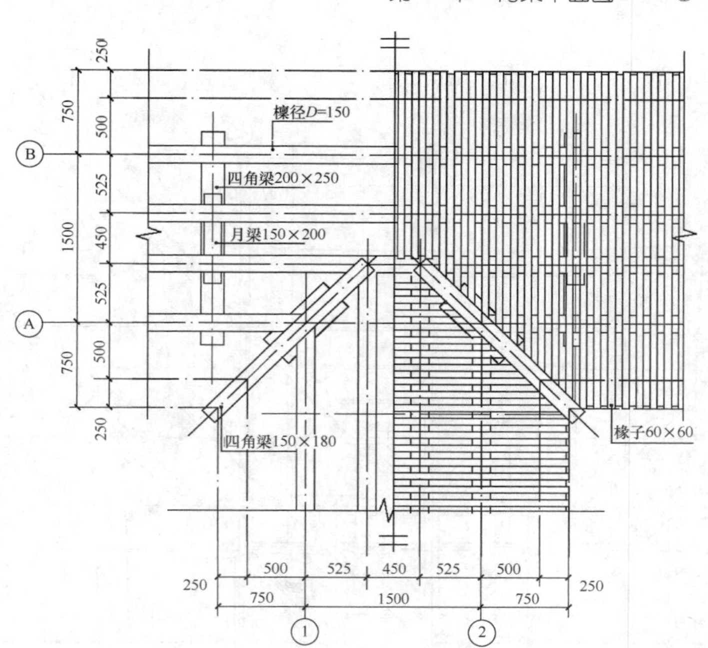

图 12-5　游廊构架俯视平面图

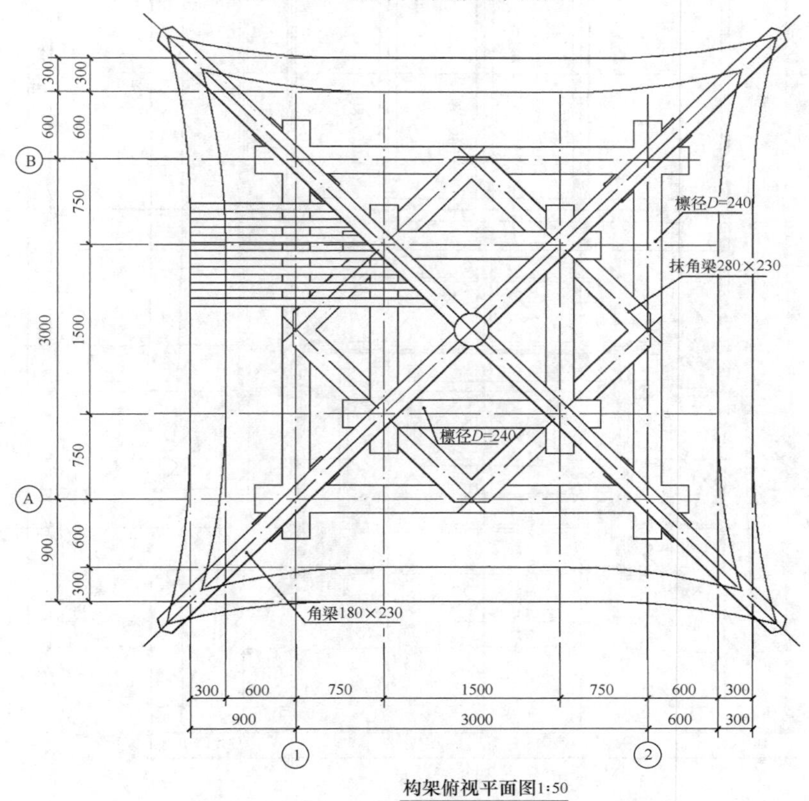

图 12-6　四角亭构架俯视平面图

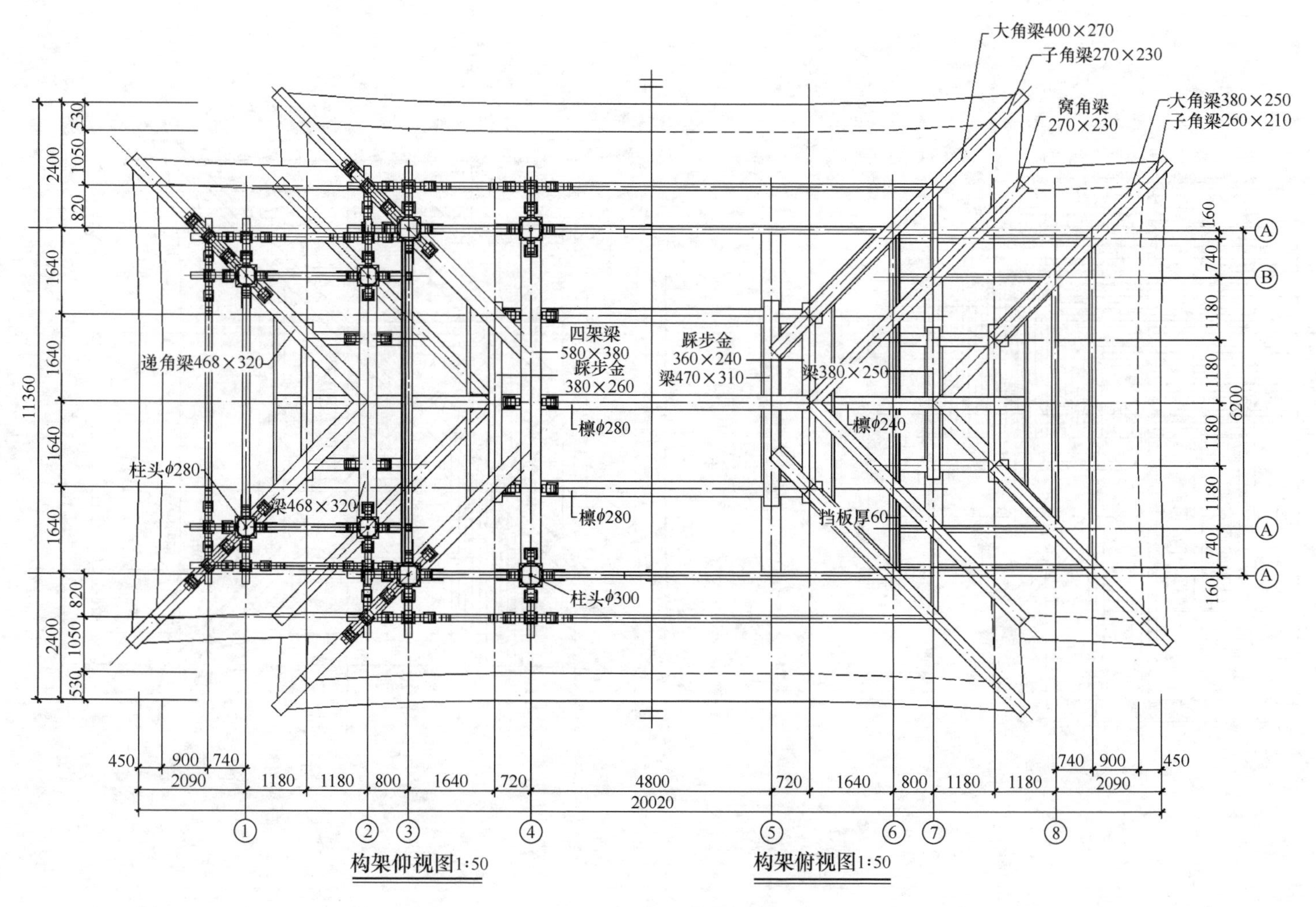

图 12-7　构架仰视及俯视平面图

（2）吊顶平面图画法

【例题12-3】吊顶平面图主要反映屋架内吊顶的高度、形式及与相邻构件之间的关系，如图12-8所示。

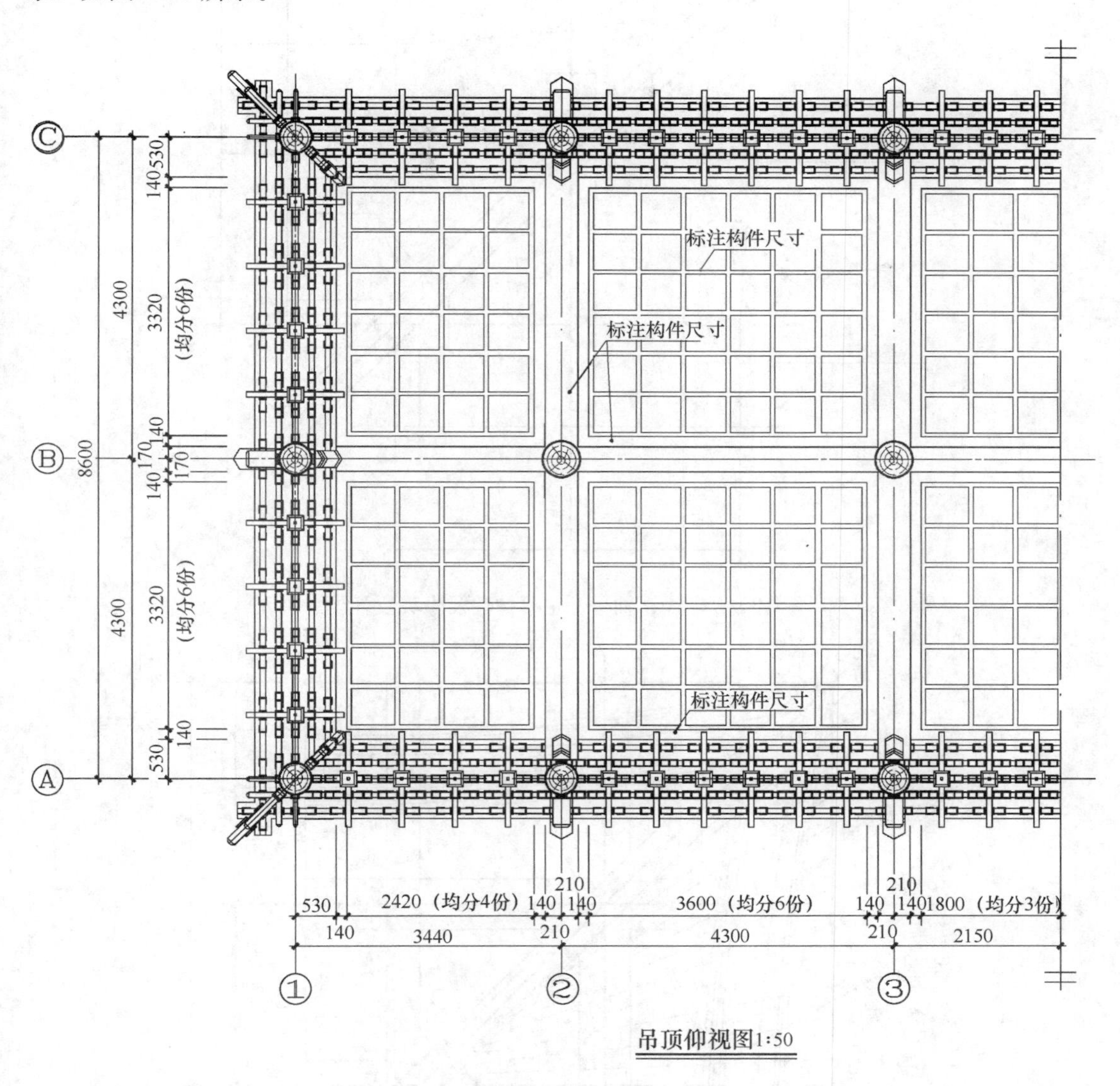

图12-8　吊顶仰视平面图

（3）翼角平面图画法

【例题12-4】图12-9～图12-11为翼角平面制图步骤及画法。

第一步：画出定位轴线、轴号、主要构件及椽头的位置线（用来确定椽子外皮的参考线），如图12-9所示。

第二步：先标注椽尾控制线，再根据作好的椽头边线分位标注清楚，进行连线即为椽子分位控制轴线，如图12-10所示。

第三步：根据已确定的椽子控制轴线，画出飞椽、檐椽的位置，如图12-11所示。

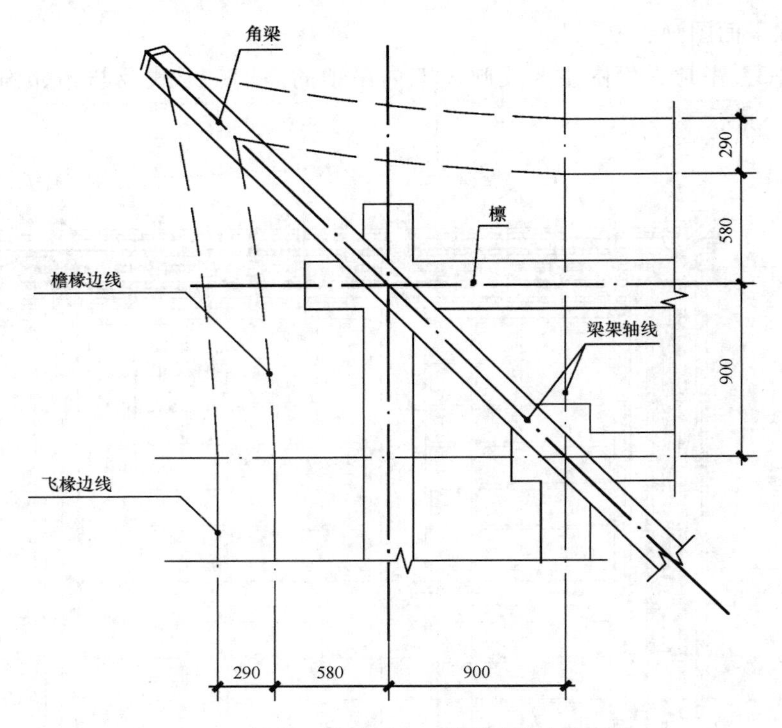

图 12-9　轴线、轴号、主要构件及椽头位置线

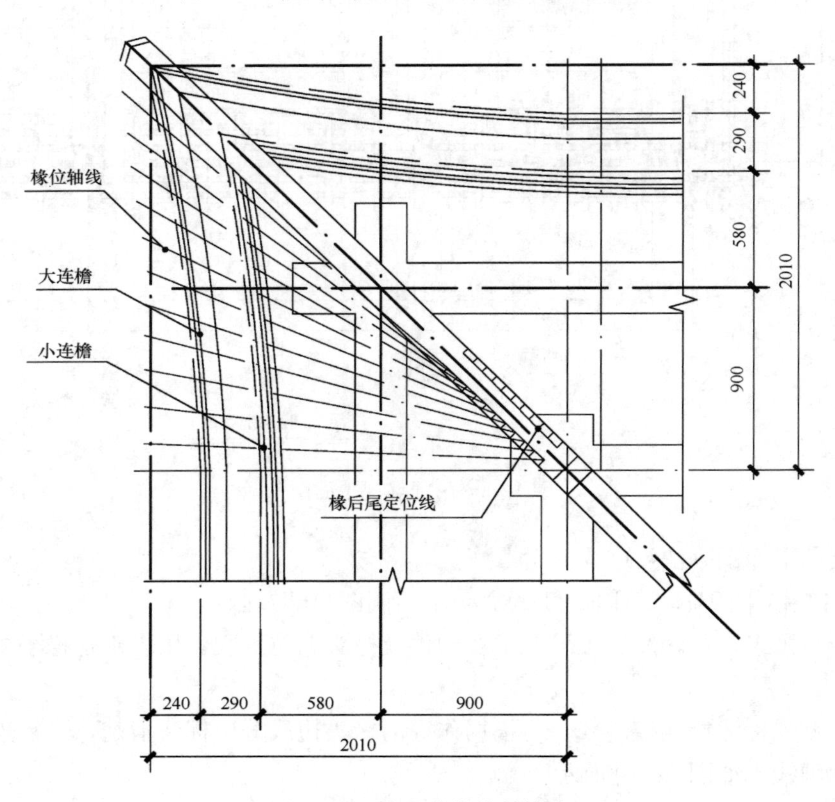

图 12-10　椽子分位控制轴线

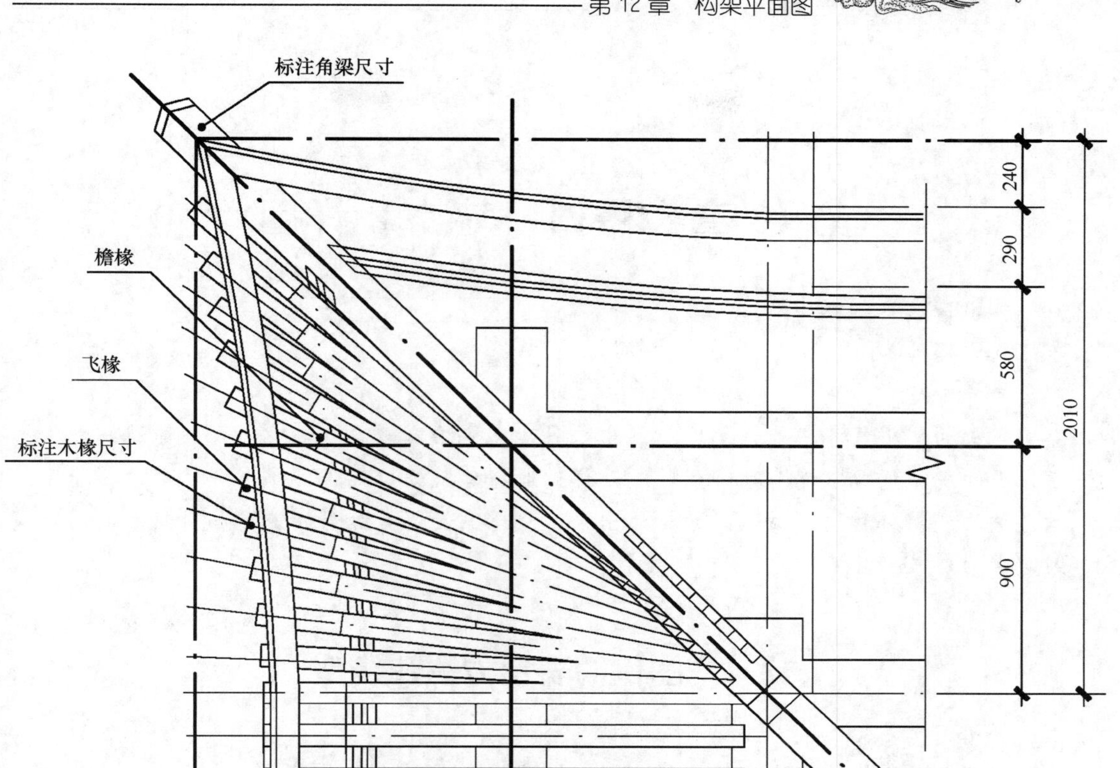
标注角梁尺寸
檐椽
飞椽
标注木椽尺寸
240
290
580
900
2010
240
290
580
900
2010
角梁平面图1:30

图 12-11　完善图纸

第 13 章　檐口（墙身）详图

本章要点

当剖面图中尺寸不能详细地标注出来时，需要绘制檐口（墙身）详图体现细部尺寸。因此所谓檐口（墙身）详图，就是详细地将建筑檐口部位、墙身部位形式、墙体构造做法、材料种类等细部尺寸标注出来，相比剖面图更加详细，更加清楚。制图比例通常为1∶20、1∶30。

13.1　图例的表示方法及线型

1. 线型

线型一般分为粗线、中粗线、细实线，轴线是细点划线。

2. 常规表示方法

粗线——剖切到的建筑部位；

中粗——未剖切到的建筑部位；

细线——图例填充等；

轴线——细点划线。

13.2　制图步骤及画法

1. 制图步骤

设置绘图布局→绘制定位轴线→绘制柱子、墙、木构件→标注（尺寸、轴号、标高、材质等）→标注文本（图名）→加入图签。

2. 画法

【例题 13-1】 硬山建筑前檐檐口详图画法如图 13-1 所示。

【例题 13-2】 硬山建筑后檐檐口详图画法如图 13-2 所示。

【例题 13-3】 垂花门及四角亭檐口详图画法如图 13-3、图 13-4 所示。

【例题 13-4】 歇山建筑檐口详图画法如图 13-5 所示。

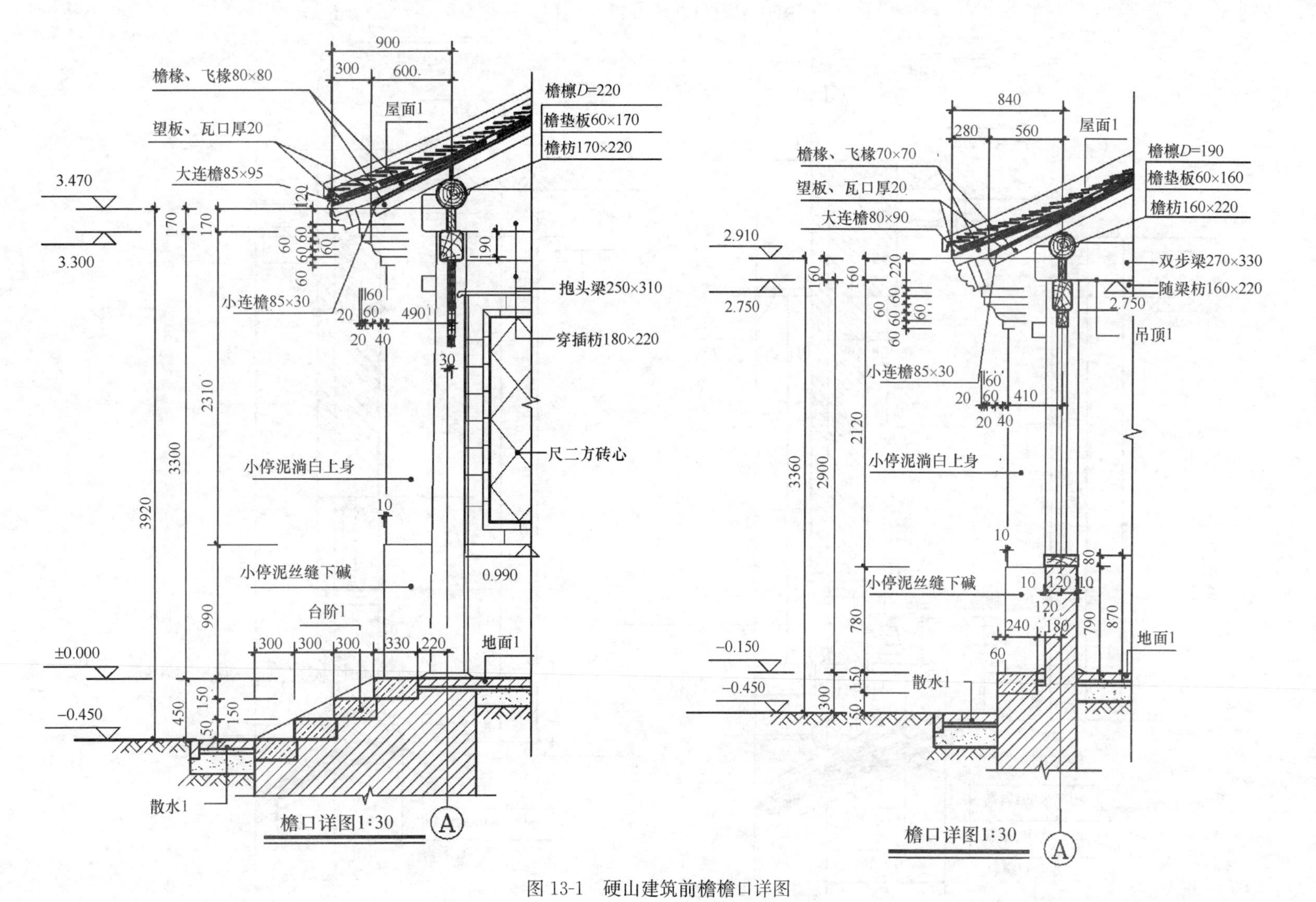

图 13-1 硬山建筑前檐檐口详图

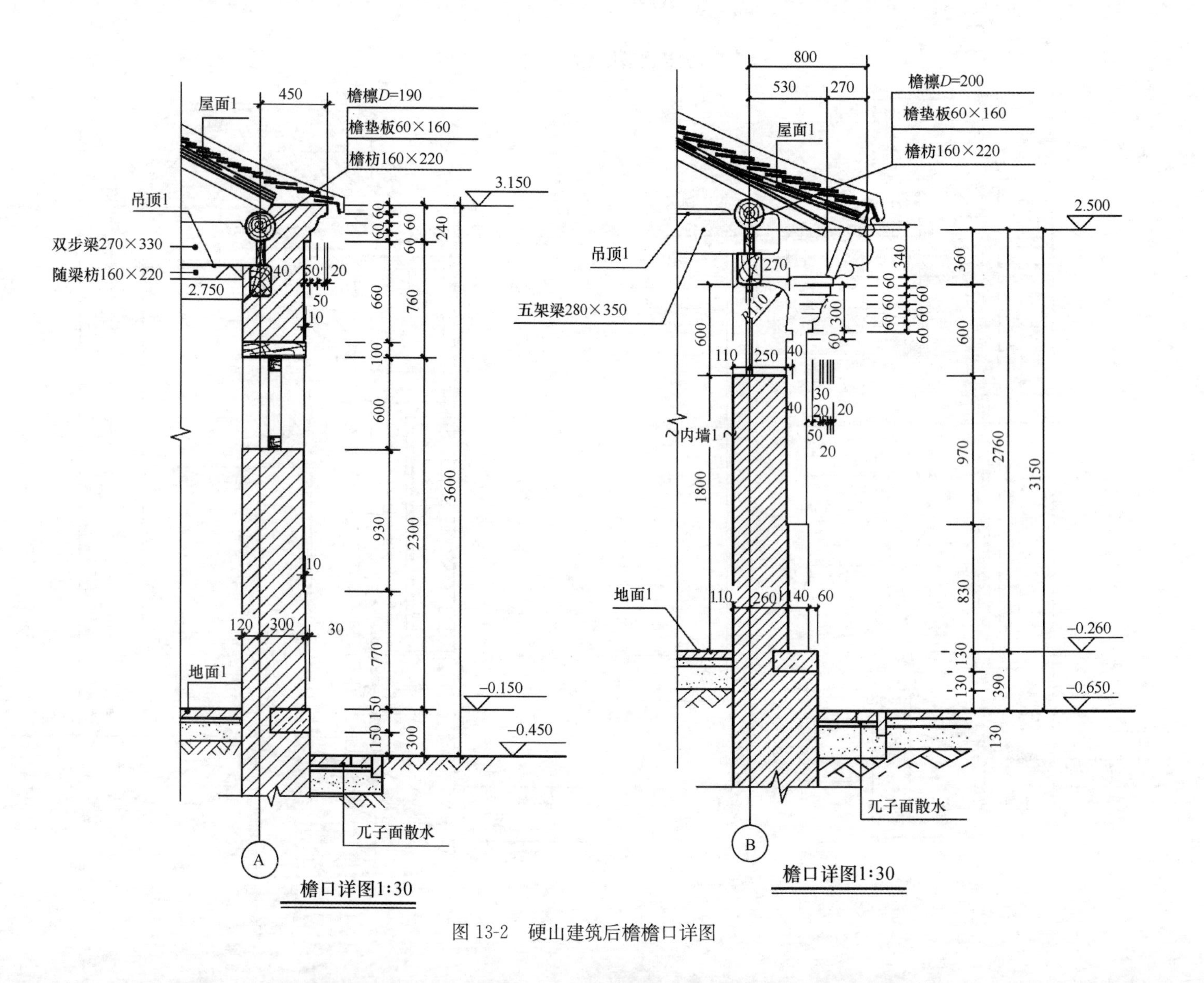

图 13-2　硬山建筑后檐檐口详图

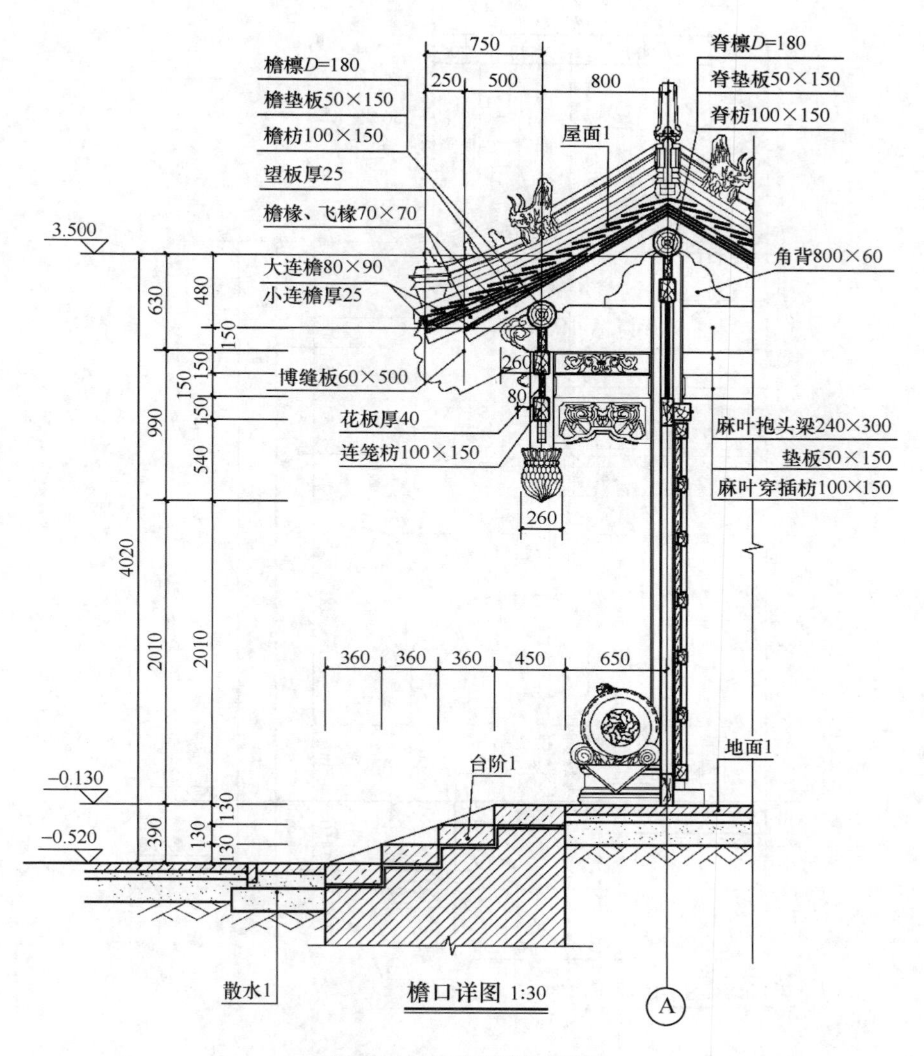

图 13-3　垂花门檐口详图

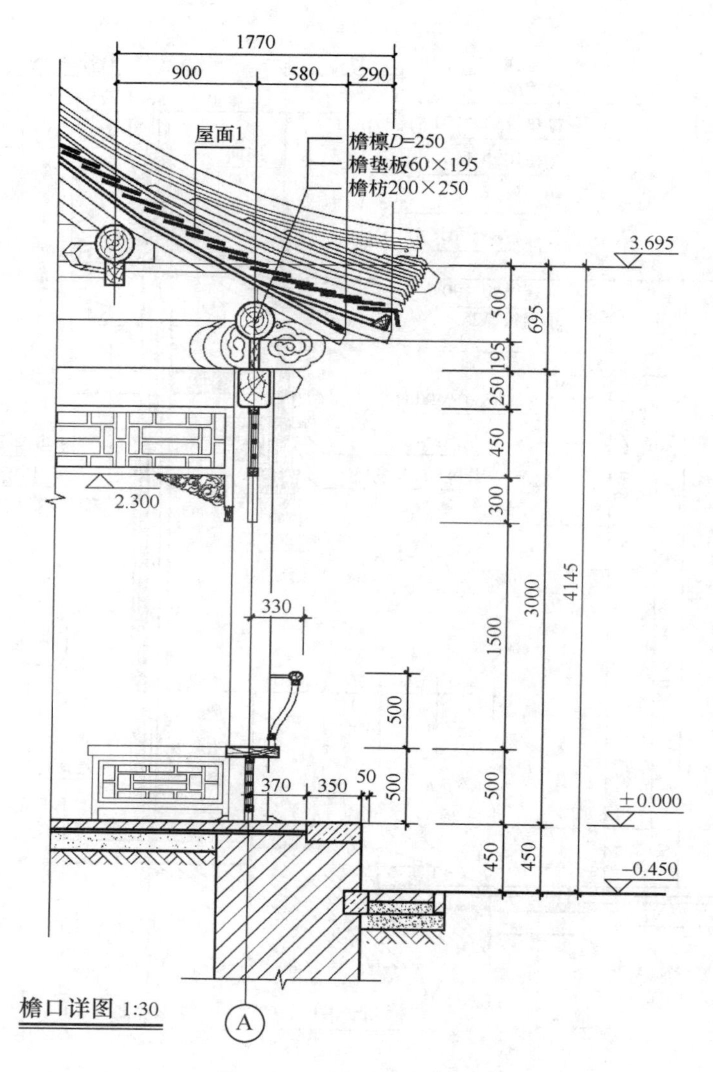

图 13-4　四角亭檐口详图

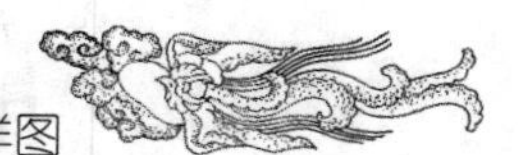

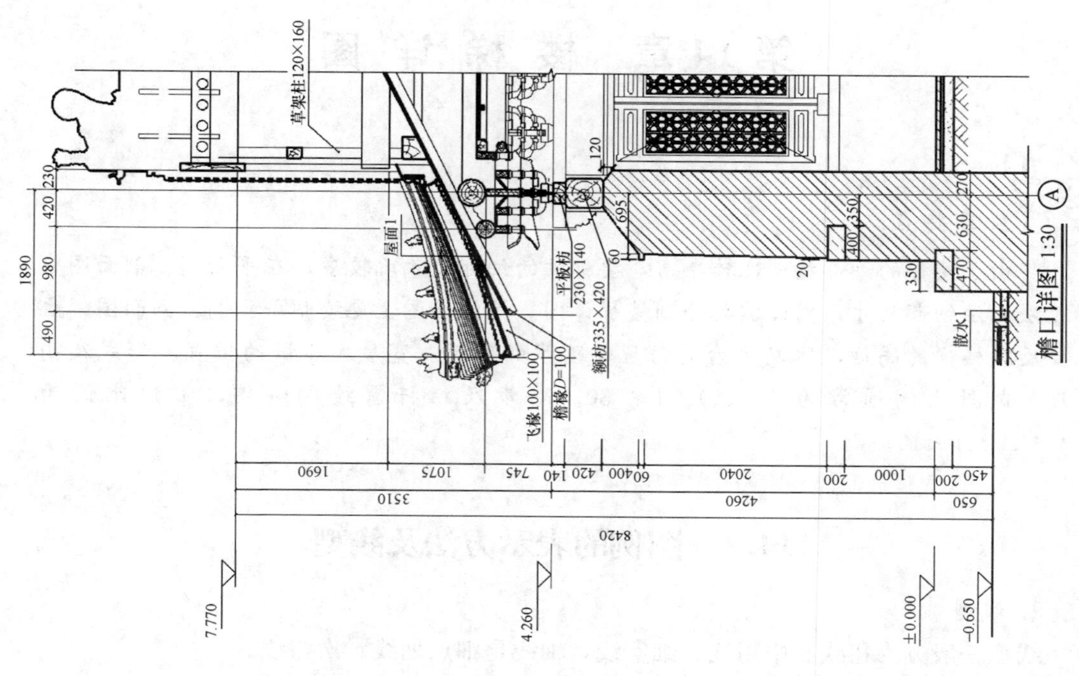

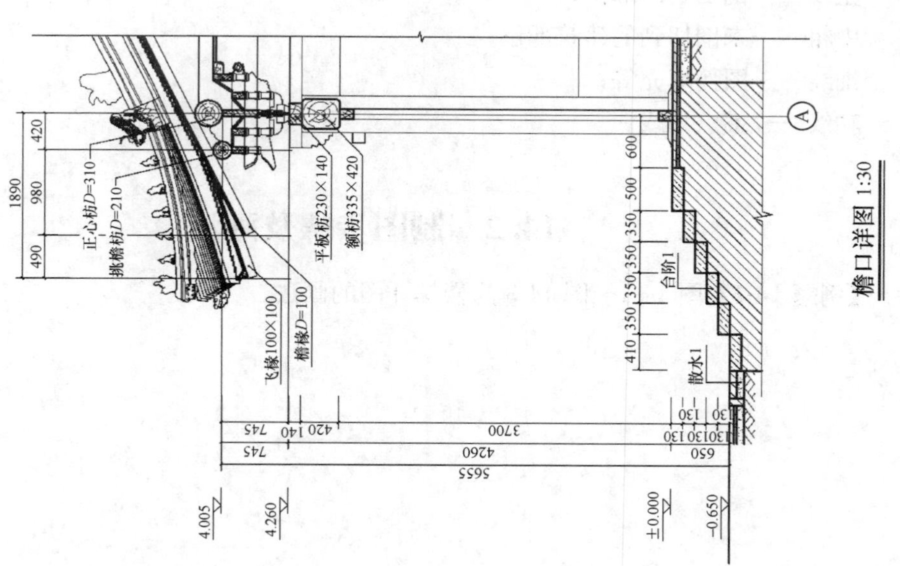

图 13-5　歇山建筑檐口详图

第 14 章　楼 梯 详 图

本章要点

由于楼梯的细部构造比较丰富，要标注的细部尺寸比较多，在平面图、剖面图中无法标注细部尺寸，因此需要绘制楼梯详图。楼梯详图主要绘制平、剖、立面图，主要反映楼梯的高度，休息平台的位置，踏步的高度、宽度，栏板的位置、形式及高度。制图比例通常为 1 ∶ 50、1 ∶ 30。踏步及栏杆需绘制详图，常用比例为 1 ∶20、1∶10。

14.1　图例的表示方法及线型

1. 线型

线型一般分为粗线、中粗线、细实线，轴线是细点划线、次粗线。

2. 常规表示方法

粗线——剖切到的部位；

中粗——未剖切到的建筑部位；

细线——图例填充等；

轴线——细点划线。

14.2　制图步骤及画法

【例题 14-1】 图 14-1～图 14-3 为楼梯详图的画法。

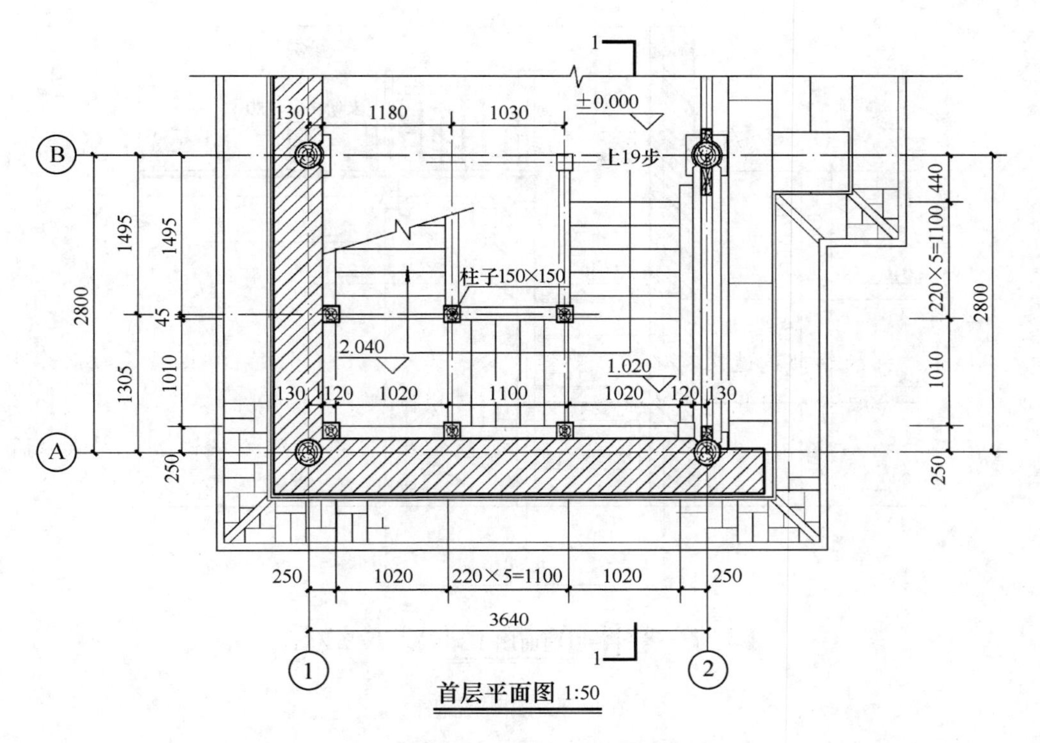

图 14-1　楼梯首层平面图

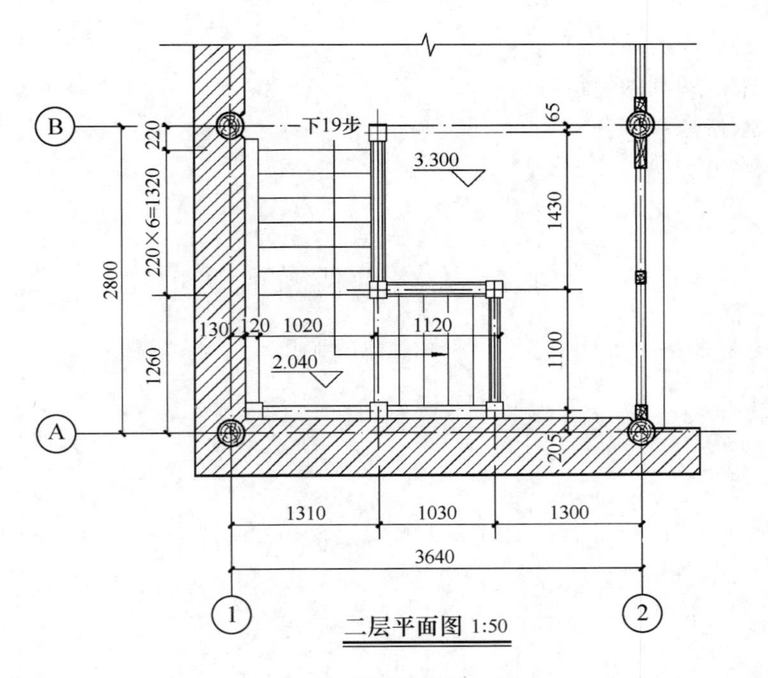

图 14-2　楼梯二层平面图

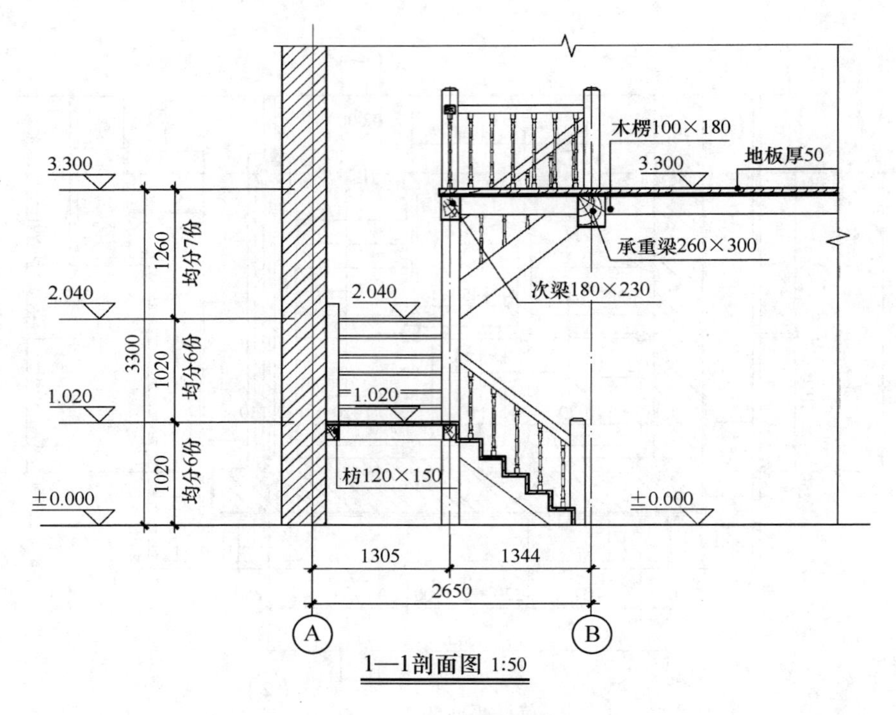

1—1剖面图 1:50

图 14-3 楼梯剖面图

第 15 章　装 修 详 图

本章要点

装修详图主要表示建筑立面具体装修样式及装修各部位构件尺寸，为了更加清楚全面地表示装修细部构造，必要时可以增加装修的平面图及剖面图，常用比例 1∶30、1∶20。

15.1　图例的表示方法及线型

1. 线型

线型一般分为粗线、中粗线、细实线，轴线是细点划线。

2. 常规表示方法

粗线——剖切到的部位及地面线；

中粗——未剖切到的建筑部位；

细线——棂条、图例填充等。

15.2　制图步骤及画法

1. 制图步骤

设置绘图布局→绘制定位轴线→绘制柱子或墙→绘制槛、框→绘制边梃、仔边等→绘制棂条→标注（尺寸、轴号、标高、材质等）→标注文本（图名）→加入图签。

2. 画法

【例题 15-1】 图 15-1～图 15-4 为装修详图制图步骤及画法。

第一步：画出定位轴线、轴线尺寸及柱、梁等主要构件，柱子高度控制到梁下皮即可（图 15-1）。

第二步：画出槛墙及槛框的位置（图 15-2）。

第三步：画出装修形式、开启方式等（图 15-3）。

第四步：完善尺寸标注及图名等（图 15-4）。

【例题 15-2】 图 15-5～图 15-7 为几种不同类型装修立面和详图的画法。

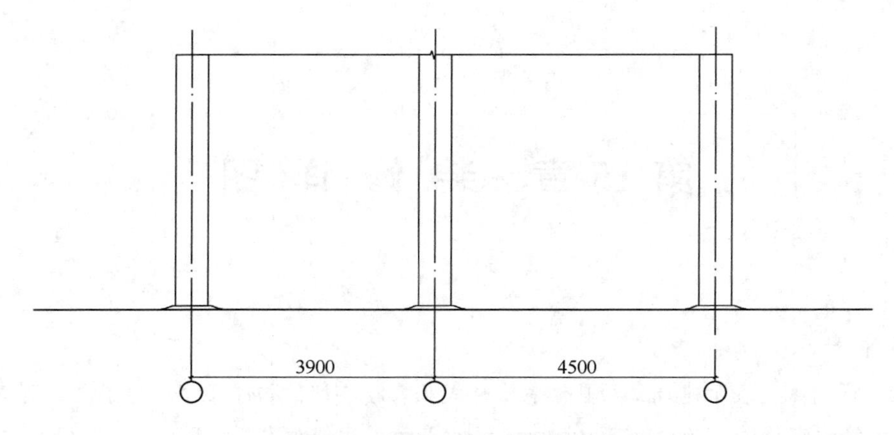

图 15-1　轴线、尺寸及主要构件

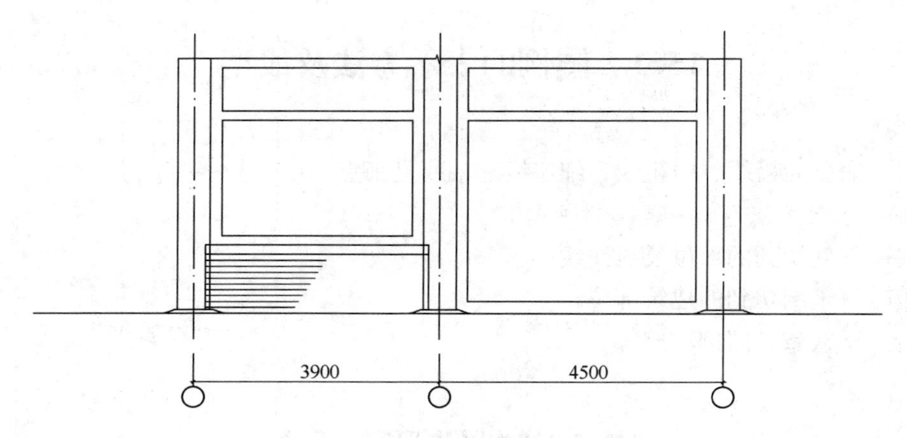

图 15-2　槛墙及槛框位置

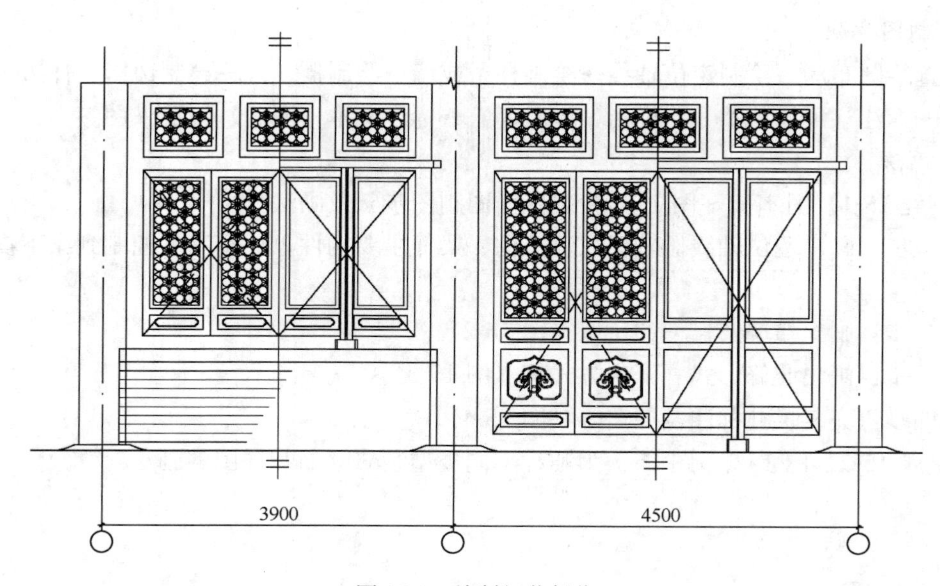

图 15-3　绘制细节部位

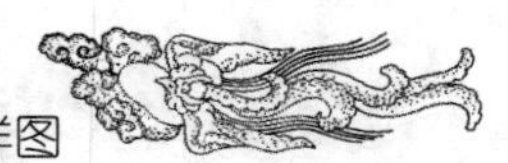

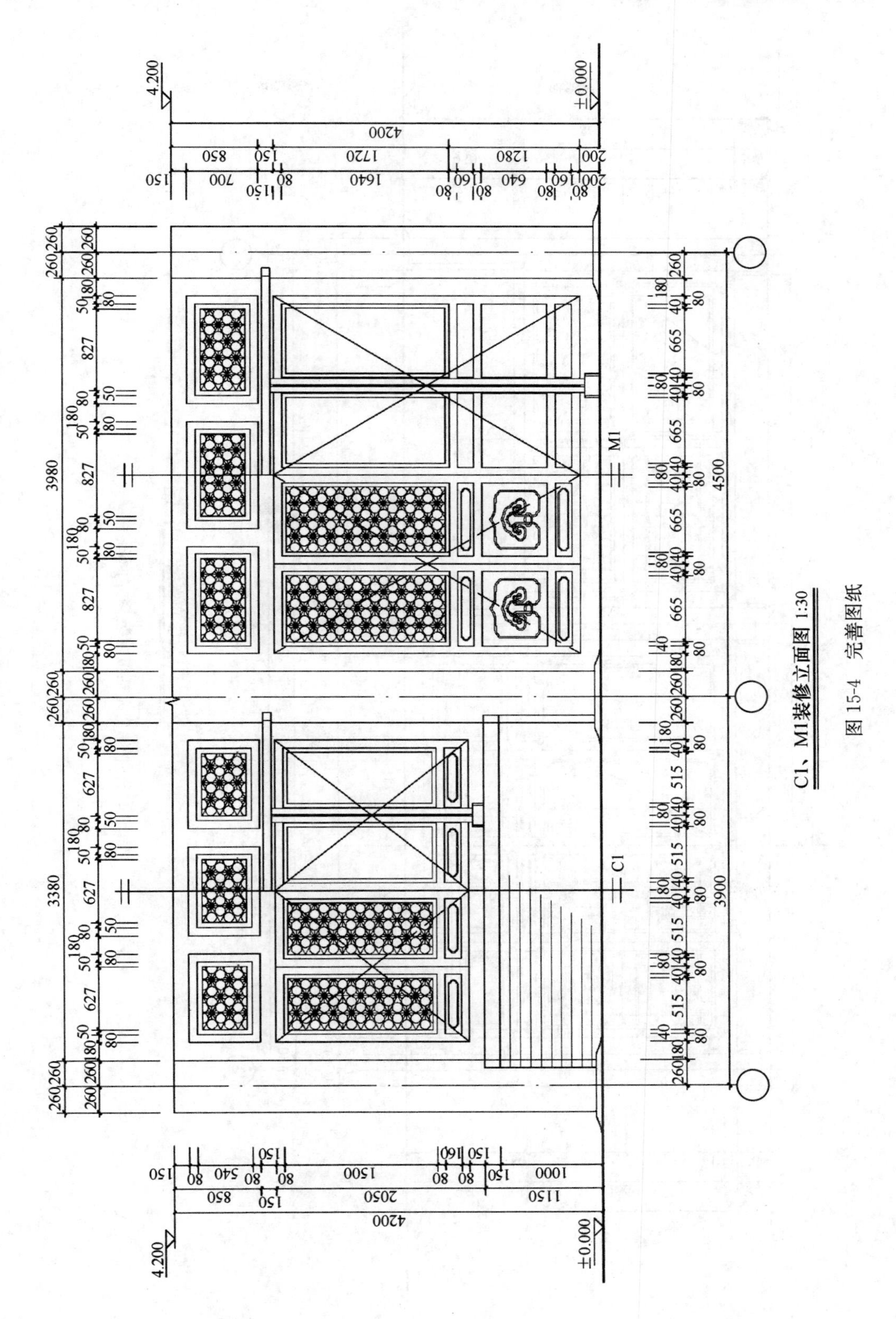

C1、M1装修立面图 1:30

图 15-4　完善图纸

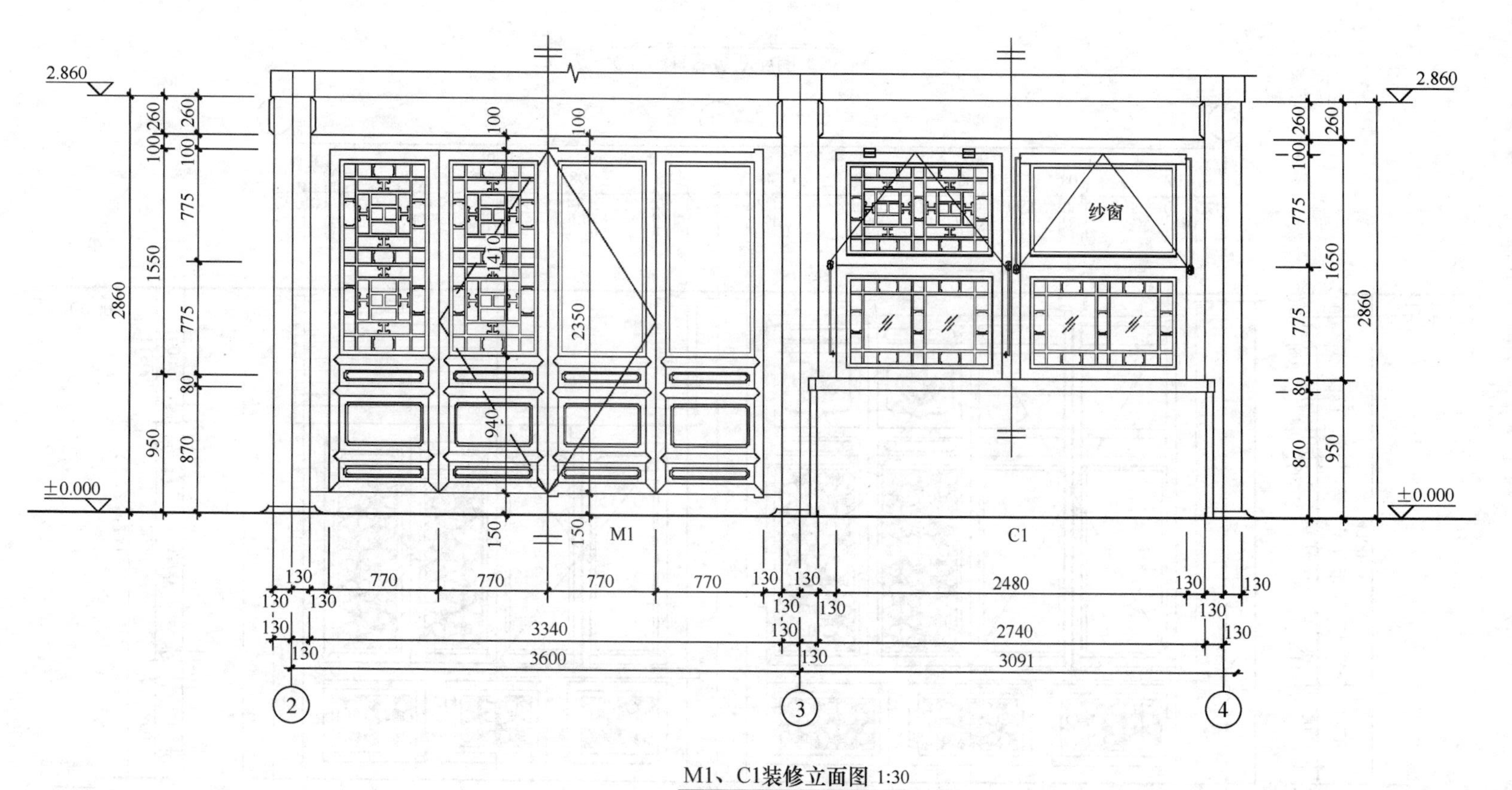

M1、C1装修立面图 1:30

图 15-5　无横披窗装修立面图

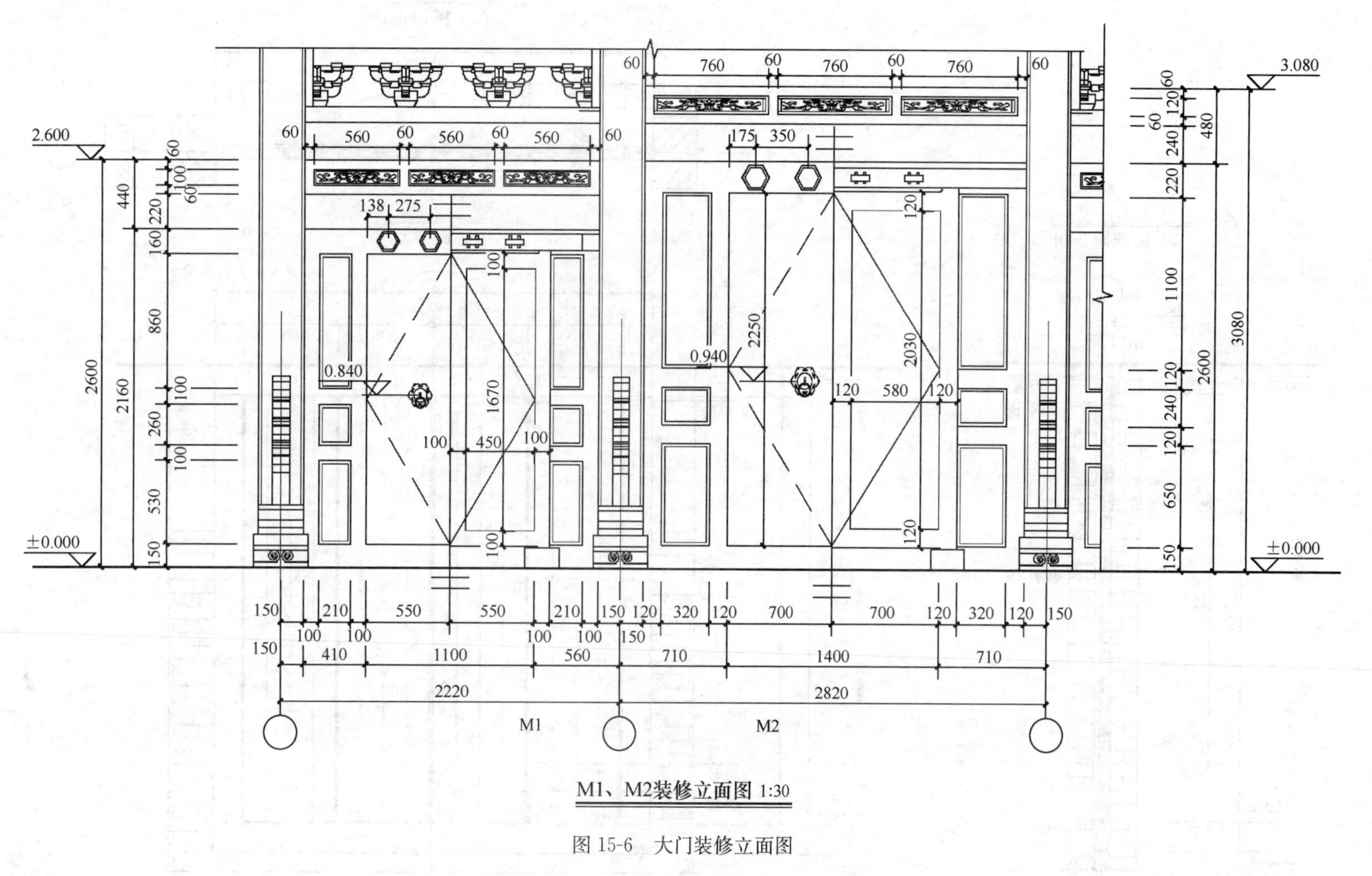

图 15-6　大门装修立面图

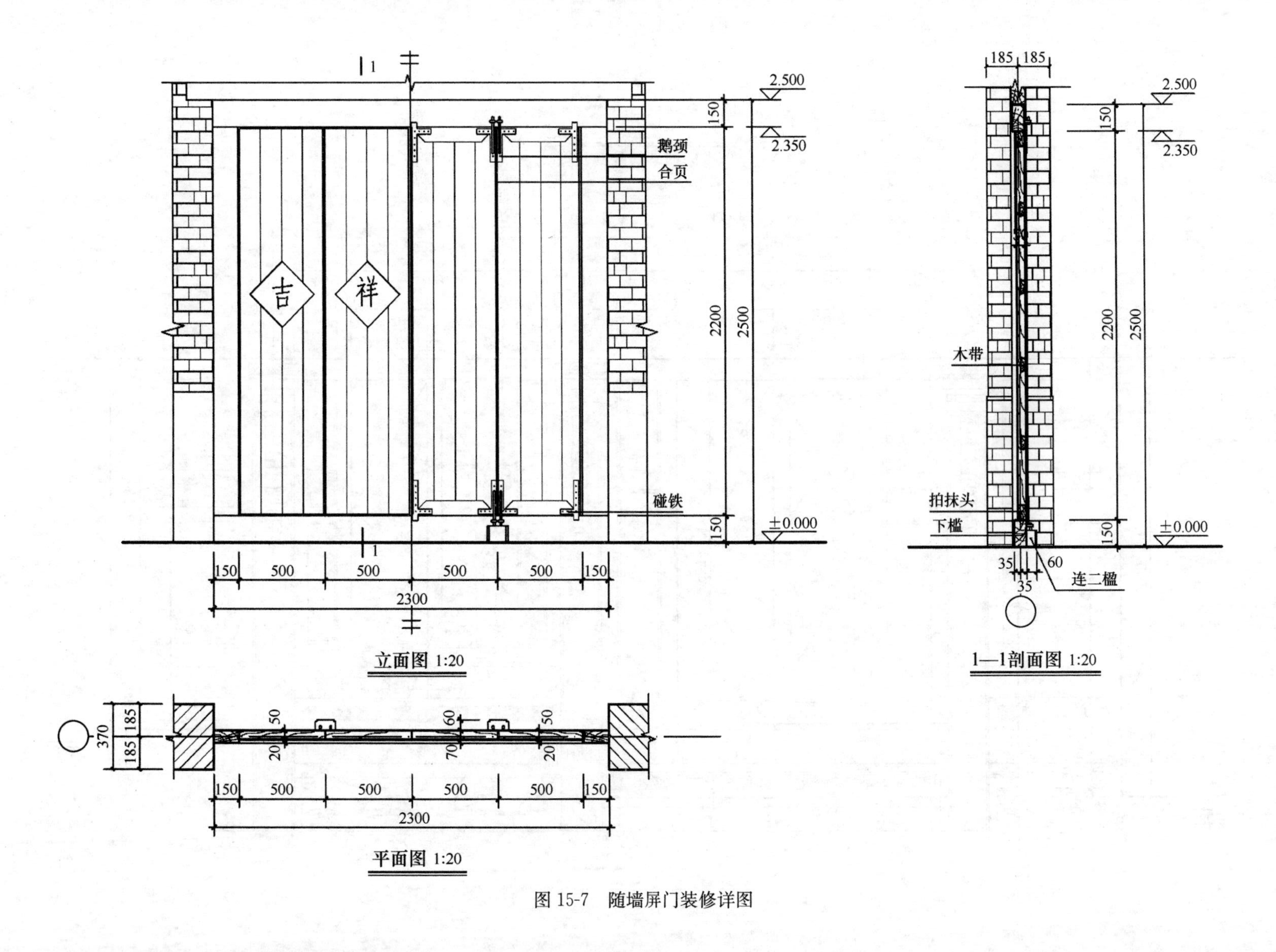

图 15-7 随墙屏门装修详图

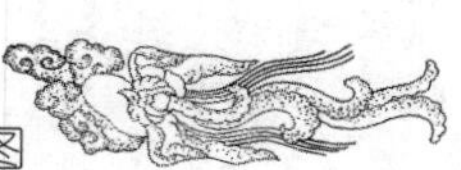

第 16 章　节 点 详 图

本章要点

表示建筑平、立、剖面图中某个部位需另画节点详图，故详图索引符号是标注在需要画出详图的位置附近，并将引出线标明。

为了便于看图，常采用详图标志和详图索引符号，详图符号画在详图的下方；节点详图是反映节点处的代号，连接材料、连接方法以及对施工安装等，更重要的是表达清楚节点处的施工材料、工艺、具体尺寸等，也就是用来详细说明这个节点的，会在整个平面图以外，再放大画个详图，常用比例 1∶20、1∶10、1∶5。

16.1　图例的表示方法及线型

1. 线型

线型一般分为粗线、中粗线、细实线，轴线是细点划线。

2. 常规表示方法：

粗线——剖切到的部位及地面线；

中粗——未剖切到的建筑部位；

细线——图例填充等。

16.2　制图步骤及画法

1. 制图步骤

设置绘图布局→绘制定位轴线→绘制节点构造内容→标注（尺寸、轴号、标高、材质等）→标注文本（图名）→加入图签。

详图索引标志又称索引符号，在标准作图中详图符号用一粗直线圆绘制，直径为 14mm，如详图与被索引的图样同在一张图纸内，直接用阿拉伯数字注明详图编号，如不在一张图纸内，用细直线在圆圈内画一水平直线，上半圆注明详图编号，下半圆注明被索引图纸纸号。

2. 图示

【例题 16-1】图 16-1～图 16-7 为节点详图制图步骤及画法。

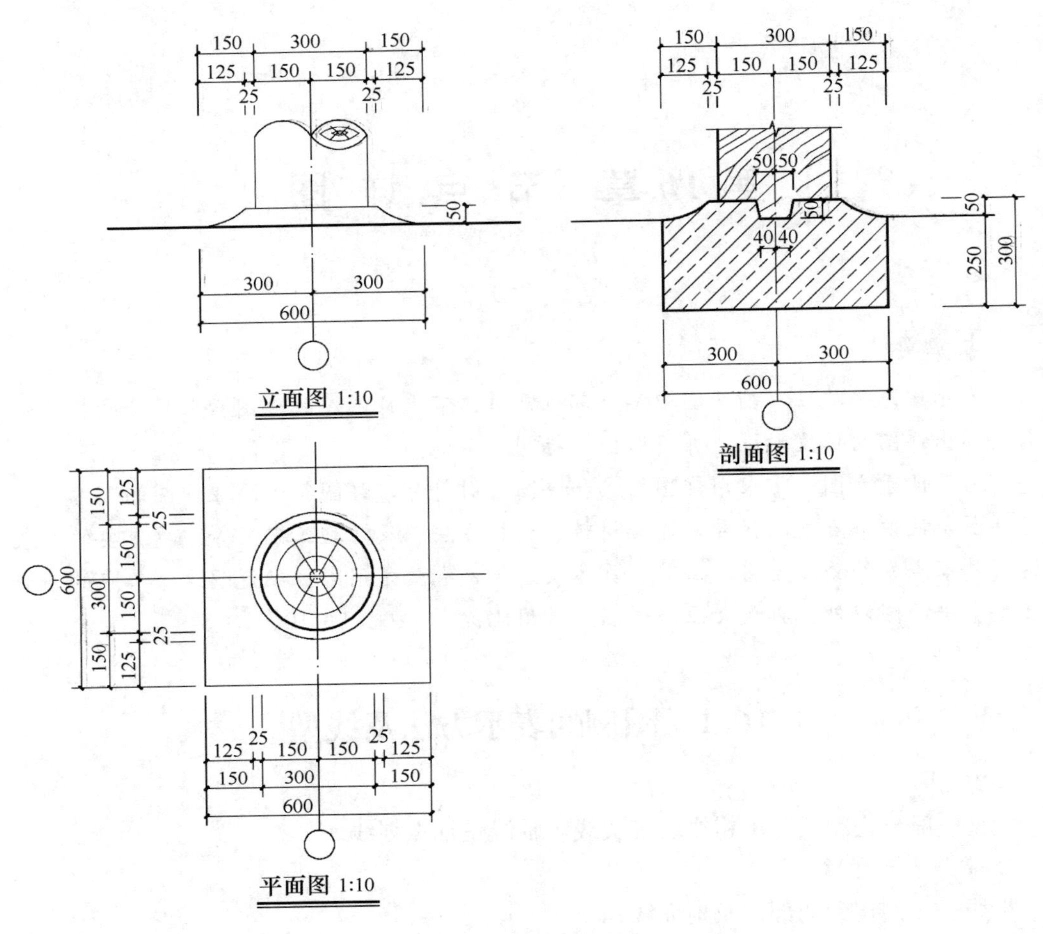

图 16-1　柱顶石详图

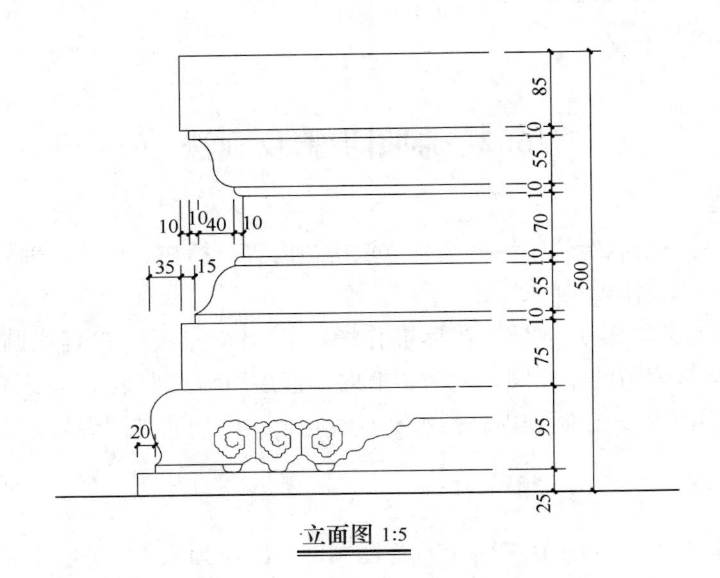

图 16-2　须弥座详图

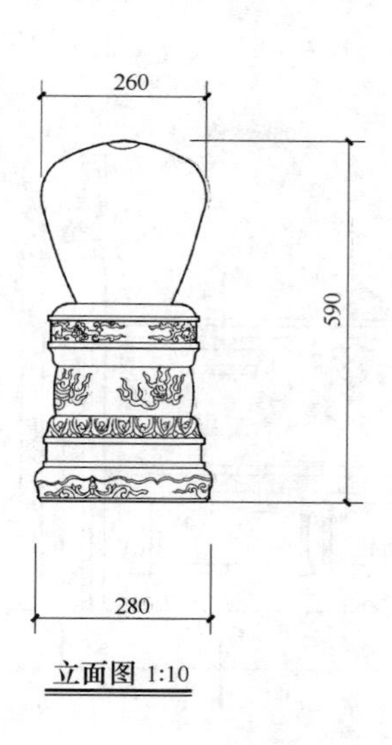

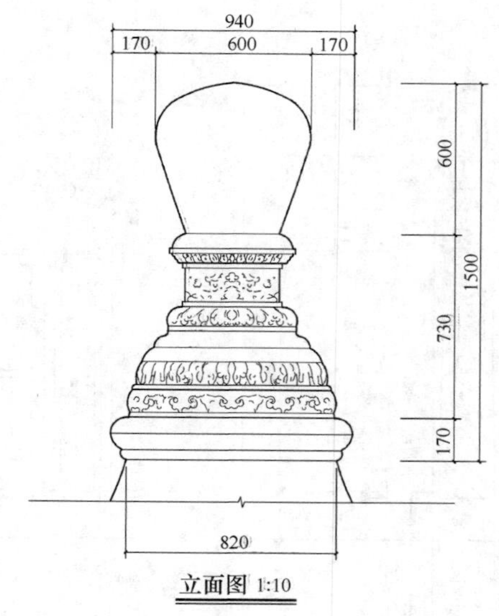

图 16-3　宝顶详图

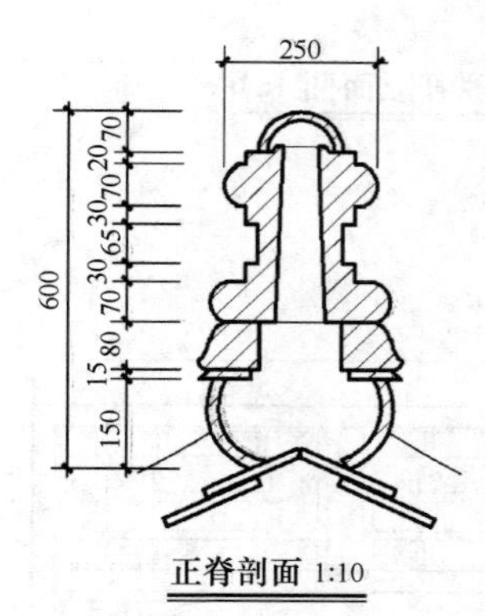

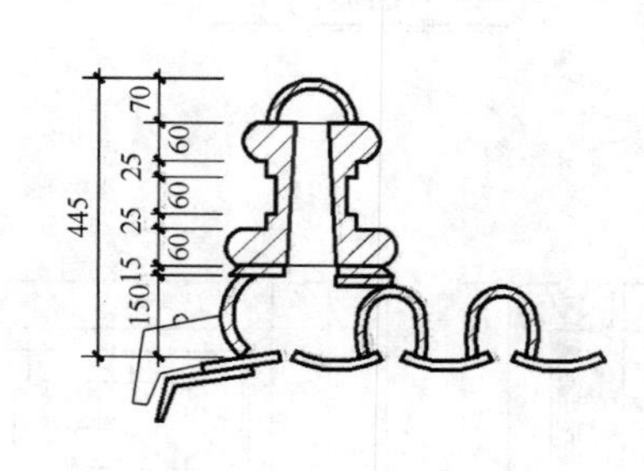

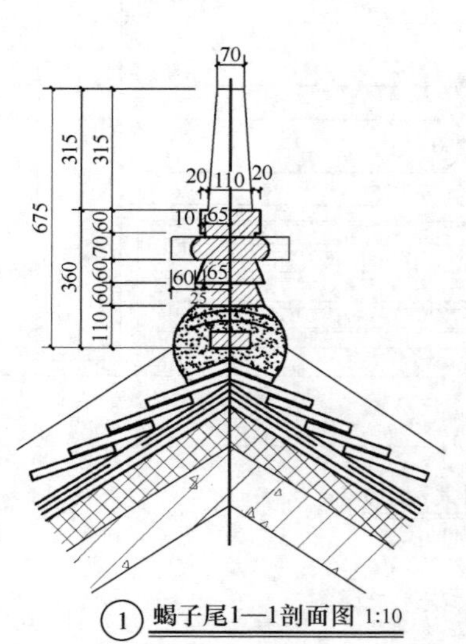

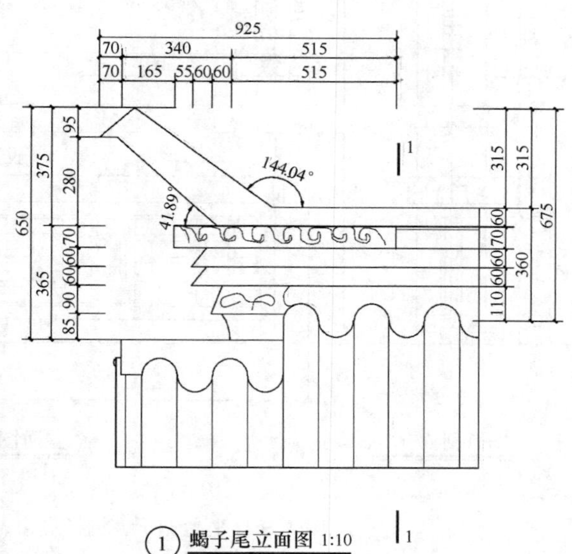

图 16-4　屋脊详图

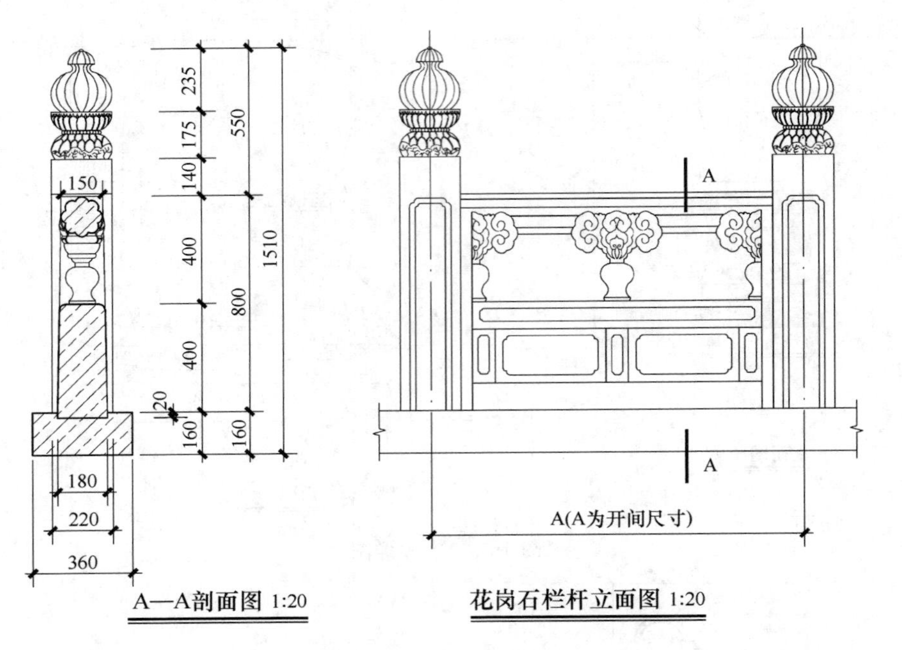

图 16-5　栏板详图

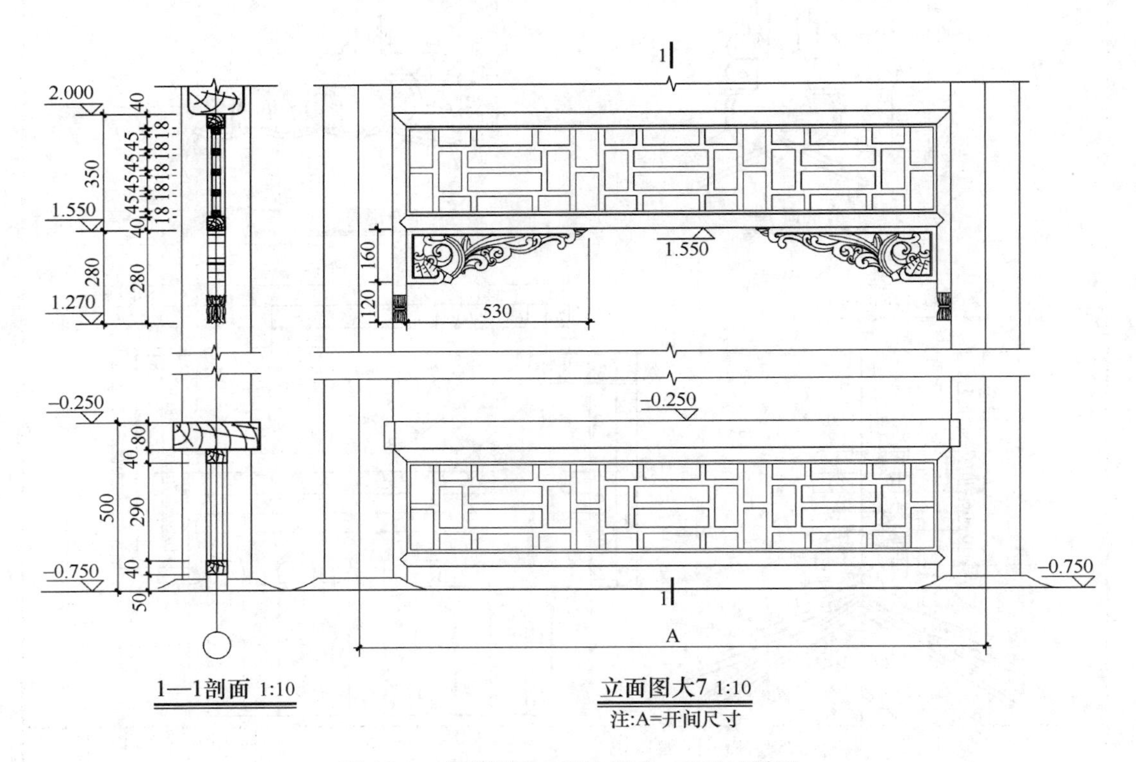

图 16-6　坐凳楣子、倒挂楣子、花牙子详图

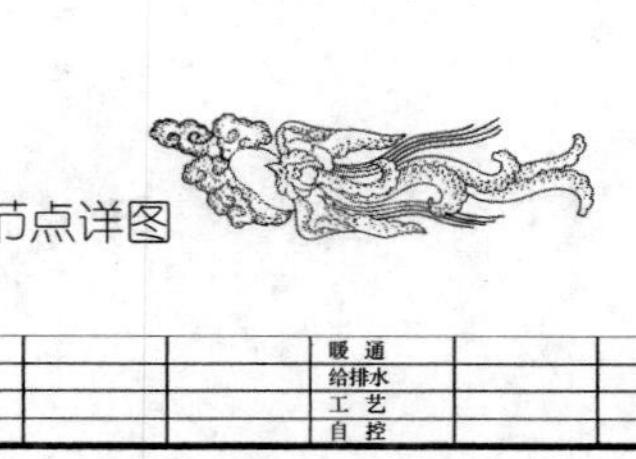

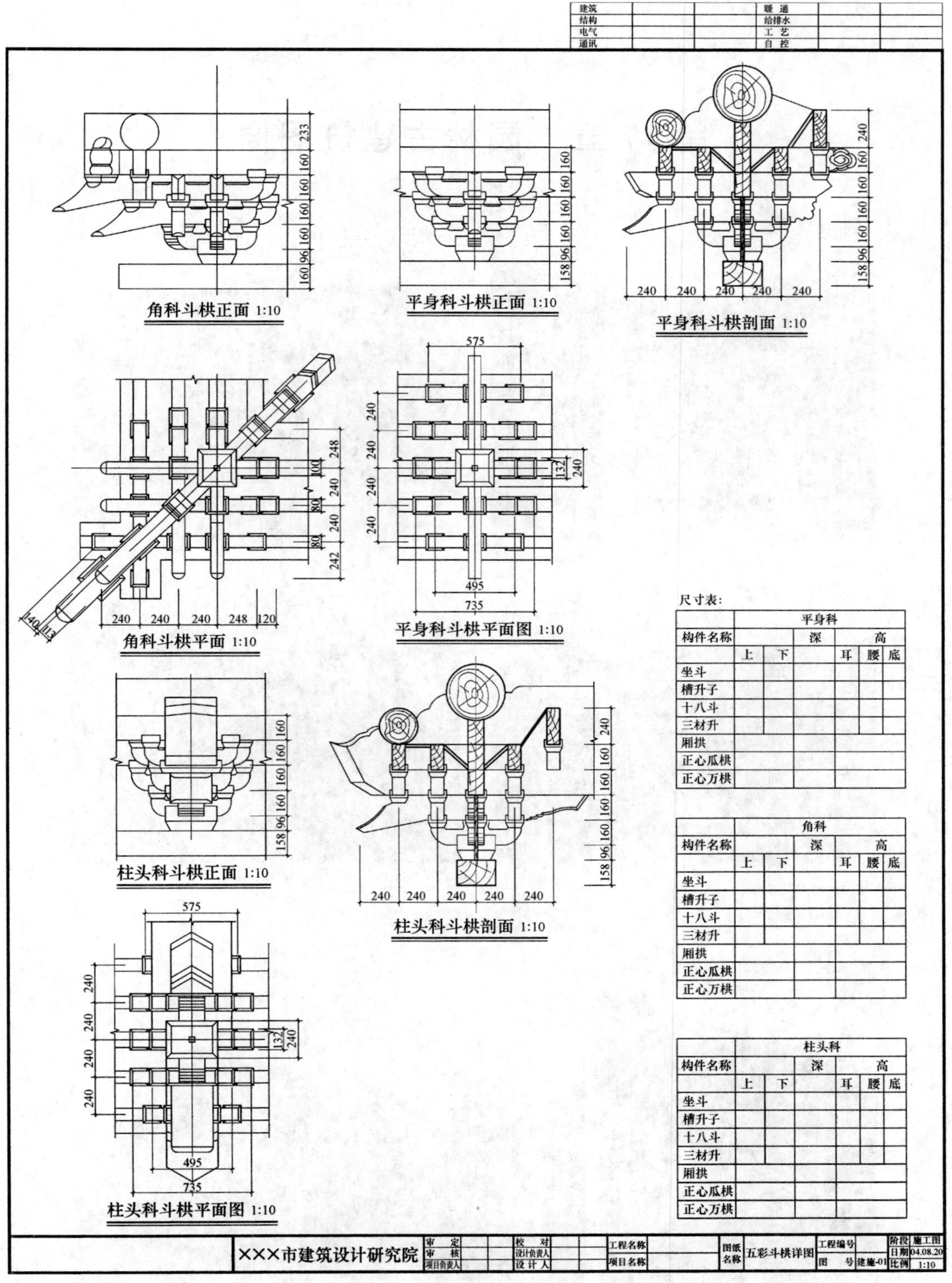
建筑
结构
电气
通讯
暖 通
给排水
工 艺
自 控
角科斗栱正面 1:10
平身科斗栱正面 1:10
平身科斗栱剖面 1:10
角科斗栱平面 1:10
平身科斗栱平面图 1:10
柱头科斗栱正面 1:10
柱头科斗栱剖面 1:10
柱头科斗栱平面图 1:10
尺寸表:
平身科
角科
柱头科
构件名称
深
高
上
下
耳
腰
底
坐斗
槽升子
十八斗
三材升
厢拱
正心瓜栱
正心万栱
×××市建筑设计研究院
审 定
审 核
项目负责人
校 对
设计负责人
设 计 人
工程名称
项目名称
图纸名称
五彩斗栱详图
工程编号
图 号
建施-01
阶段
施工图
日期
04.08.20
比例
1:10

图 16-7　斗栱详图

第 17 章　园林古建筑图像

1. 硬山建筑

2. 悬山建筑

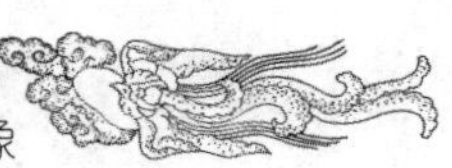

3. 歇山建筑

4. 庑殿建筑

5. 攒尖建筑

6. 垂花门

7. 爬山廊

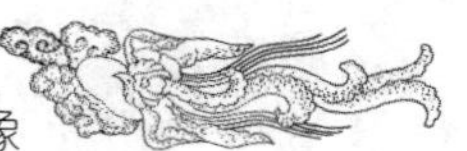

8. 八角亭

9. 五角亭

10. 四角亭

11. 圆亭

参 考 文 献

［1］ 宋安平．建筑制图[M]. 北京：中国建筑工业出版社，1997.

［2］ 刘大可．中国古建筑瓦石营法[M]. 北京：中国建筑工业出版社，1993.

［3］ 马炳坚．中国古建筑木作营造技术[M]. 北京：中国建筑工业出版社，2003.

［4］ 李武．中式建筑制图与测绘[M]. 北京：中国建筑工业出版社，2013.

作 者 简 介

滕光增，原北京市房地产职工大学教师，副研究员，长期从事中国古建筑专业教学与组织管理工作，现已退休。1968年至1978年在黑龙江生产建设兵团插队，回京后分配到北京市第一房屋修缮工程公司。1979年至1982年进入北京市房地产职工大学学习工业与民用建筑专业，毕业后留校任教，1985年曾参与学校开设中国古建筑工程专业的相关论证工作，组织并参与了教学计划、教学大纲的制定。参与《中国古建筑实训基地》的建设成果获北京市高等教育教学成果二等奖。

胡浩，高级工程师，1999年7月毕业于北京房地产职工大学古建筑专业，1999年9月至2004年5月就职于北京第二房屋修缮工程公司，2004年6月至今就职于北京建工建筑设计研究院。在十几年的工作中，参与或主持了上百个项目，在新建建筑、仿古建筑、文物修缮、街区规划等设计领域具备较为丰富的经验。